對本書的讚譽

在當前資料科學教育環境的嘈雜聲中，本書以其清晰、實用的範例資源脫穎而出，並在其中說明了理解和建構資料所需的基礎知識。透過解釋基礎知識，這本書讓讀者可以使用其中如積木般的堅固思維框架，來導向任何資料科學工作。

—*Vicki Boykis*，*Tumblr* 資深機器學習工程師

資料科學建立在線性代數、機率論和微積分之上。*Thomas Nield* 熟練地指導我們完成這些主題以及其他相關主題，為理解資料科學數學，奠定堅實的基礎。

—*Mike X Cohen, sincXpress*

作為資料科學家，我們每天都在使用複雜的模型和演算法。這本書迅速揭開它們背後數學的神祕面紗，讓您更容易掌握及實作。

—*Siddharth Yadav*，自由資料科學家

我希望我能早點接觸到這本書！*Thomas Nield* 非常出色地以一種容易理解和引人入勝的方式，分解複雜的數學主題。這種令人耳目一新的數學和資料科學方法——無縫接軌地解釋了基本數學概念，以及它們在機器學習中的直接應用方法。這本書是所有懷有抱負的資料科學家必讀之書。

—*Tatiana Ediger*，自由資料科學家、課程開發者和講師

資料科學基礎數學

使用基本的線性代數、機率和統計來掌控您的資料

Essential Math for Data Science

Take Control of Your Data with Fundamental Linear Algebra, Probability, and Statistics

Thomas Nield 著

楊新章　譯

目錄

前言

大概有將近 10 年的時間，開始有人對於如何把數學和統計學應用到日常工作與生活中感到興趣。這是為什麼呢？這是否與被哈佛商業評論稱為「二十一世紀最令人垂涎的工作」（*https://oreil.ly/GslO6*）的「資料科學」日益增加的興趣有關？或者它是機器學習和「人工智慧」會改變我們生活的承諾？還是因為新聞頭條充斥著研究、民意調查和研究結果，但我們不確定如何審查這些說法？或者它是「自動駕駛」汽車和機器人在不久的將來實現工作自動化的一種承諾？

我能證明，數學和統計學學科已經引起廣泛興趣，因為資料的可用性越來越高，我們需要數學、統計學和機器學習來理解它。是的，我們確實有科學工具、機器學習和其他像警笛一樣召喚我們的自動化。我們盲目相信這些「黑箱」、裝置和軟體；儘管不理解它們，但還是會使用它們。

雖然很多人相信電腦比我們更聰明（而且經常有人如此堅持），但恰恰相反，這在很多層面上都與事實脫節。在開發人員和任何人都無法解釋演算法及人工智慧如何做出決定的情況之下，您還有辦法信任用這項技術執行刑事判決或駕駛車輛嗎？可解釋性（explainability）是統計計算和人工智慧下一個要努力的目標，但只有打開黑箱並解開數學之謎後，這件事才有可能發生。

您可能還會問，開發人員怎麼可能不知道他們自己的演算法如何運作？我們將在本書的後半部分談到機器學習技術時討論這一點，並強調為什麼需要了解黑箱背後的數學。

另一方面，我們在日常頻繁地使用互相連接的裝置，而得以大規模蒐集資料。不只是桌上型或筆記型電腦，現在連智慧型手機、汽車和家用裝置都在使用網際網路，生活中無所不在。這隱然促成過去 20 年的轉變，讓資料從一種操作型工具，演變成為了不明確目標而蒐集和分析的數據。智慧型手錶不斷蒐集與我們的心率、呼吸、步行距離和其他相關資料，再將這些資料上傳到雲端中，以便與其他使用者一起分析；電腦化的汽車也正在蒐集我們的駕駛習慣，製造商再以此資料來啟用自動駕駛。就連「智慧型牙刷」也正在進入藥局，讓藥局得以追蹤我們的刷牙習慣，並將資料儲存在雲端中；但智慧型牙刷資料是否有用或有其必要性？這又是另一個值得討論的問題！

這些資料蒐集都已滲透到我們生活的每一個角落，某些層面來說令人難以承受，可以寫出一整本關於隱私問題和道德的書。但是，這種資料的可用性，也替數學和統計學創造出在學術環境以外的新興使用方法機會，我們可以更了解使用者體驗、改進產品設計和應用、優化商業策略。如果您認同本書提出的想法，您將能夠理解資料儲存基礎設施所蘊含的價值。這不表示資料和統計工具是解決世界上所有問題的靈丹妙藥，但它們的確提供了可以使用的新工具；有時，光意識到某些資料專案就像兔子洞一樣令人感到不知所措就值得了，因為這讓我們知道最好將精力放在其他地方上。

這種不斷增長的資料可用性，讓資料科學和機器學習成為熱門專業。我們將基本數學（essential math）定義為對機率、線性代數、統計學和機器學習的接觸。如果您正在尋找資料科學、機器學習或工程領域的職業，這些主題是必要的。我將提供足夠的大學數學、微積分和統計資料，以讓您更能了解將會遇到的黑箱程式庫中的內容。

透過這本書，我的目標是讓讀者了解適用於真實世界問題的不同數學、統計和機器學習領域。前四章涵蓋基礎數學概念，包括實用微積分、機率、線性代數和統計學；最後三章將繼續介紹機器學習。教授機器學習的最終目的是要整合我們所學的一切，並展示在使用機器學習和統計程式庫時的實用洞察，以超越黑箱式的理解。

遵循範例所需的唯一工具是 Windows / Mac / Linux 電腦和您選擇的 Python 3 環境。我們需要的主要 Python 程式庫是 `numpy`、`scipy`、`sympy` 和 `sklearn`。如果您不熟悉 Python 的話，它是一種友善且容易上手的程式語言，背後有海量的學習資源。以下推薦一些學習用書：

Data Science from Scratch, 2nd Edition，Joel Grus 著（O'Reilly）

　　這本書的第二章是我看過最好的 Python 速成課程。即使您以前從未編寫過程式碼，Joel 也出色地完成他的工作，讓您盡可能在最短的時間內，有效啟動並執行 Python。這也是一本很棒的書，可以放一本在書架上，隨時運用其中的數學知識！

Python for the Busy Java Developer，Deepak Sarda 著（Apress）

　　如果您是一名來自靜態型別、物件導向程式設計背景的軟體工程師，這本書絕對值得一看。作為一個一開始使用 Java 來設計程式的人，我非常欣賞 Deepak 是如何分享 Python 的特性，並將它們和 Java 的開發人員聯繫起來。如果您使用過 .NET、C++ 或其他類似 C 的語言，您可能也會從本書中有效地學習 Python。

本書不會讓您成為專家或擁有博士級的知識。我盡量避免使用充滿希臘符號的數學運算式，而是努力使用簡單英語。但這本書的作用是，讓您能更輕易地談論數學和統計學，並為您提供成功駕馭這些領域的基本知識。我相信通往成功的最廣泛途徑，不是在一個主題上擁有深厚的專業知識，而是在多個主題上擁有實戰經驗。這就是本書的目標，您將學到足以邁向專業的知識，並能提出那些對你來說曾經難以捉摸的關鍵問題。

那我們就開始吧！

本書使用的印刷慣例

斜體字（*italic*）

　　表示新的術語、URL、電子郵件地址、檔名和延伸檔名。中文以楷體字表示。

定寬字（`constant width`）

　　用於程式列表，以及在段落中參照的程式元素，例如變數或函數名稱、資料庫、資料型別、環境變數、敘述和關鍵字。

定寬粗體字（**`Constant width bold`**）

　　顯示命令或其他應由使用者輸入的文字。

定寬斜體字（*`Constant width italic`*）

　　顯示應該由使用者提供的值，或根據語境（context）決定的值所取代的文字。

代表提示或建議。

代表一般性注意事項。

代表警告或警示事項。

使用程式碼範例

您可以在 *https://github.com/thomasnield/machine-learning-demo-data* 中下載補充資料（程式碼範例、習題等）。

如果您在使用程式碼範例時遇到技術性等問題，請發送電子郵件至 *bookquestions@oreilly.com*。

本書是用來幫助您的。一般而言，您可以在程式及說明文件中使用本書所提供的程式碼。除非重製大部分的程式碼，否則均可自由取用。例如說，在您的程式中使用書中的數段程式碼，並不需要獲得我們的許可。但是販售或散布歐萊禮範例的光碟則必須獲得授權。引用本書或書中範例來回答問題不需要獲得許可，但在您的產品文件中使用大量的本書範例則應獲得許可。

雖然不需要，但如果您註明出處我們會很感謝。一般出處說明包含書名、作者、出版商與 ISBN。例如：「*Essential Math for Data Science* by Thomas Nield (O'Reilly). Copyright 2022, Thomas Nield, 978-1-098-10293-7.」。

若您覺得對範例程式碼的使用已超過合理使用或上述許可範圍，請透過 *permissions@oreilly.com* 與我們聯繫。

致謝

這本書是許多人一年多的努力。首先，我要感謝我的妻子 Kimberly 在我寫這本書時給予的支持，尤其是我們的兒子 Wyatt 那時候差不多要一歲時。Kimberly 是一位了不起的妻子和母親，我現在所做的一切，都是為了給我們的兒子和家庭更美好的未來。

我要感謝我的父母教我努力超越自己的極限，永遠不要認輸。鑑於這本書的主題，我很高興他們鼓勵我在高中和大學認真修讀微積分，沒有人有辦法在不離開舒適區的情況下寫書。

我要感謝 O'Reilly 出色的編輯和員工團隊，自從我在 2015 年寫了第一本關於 SQL 的書以來，他們一直對我敞開大門。Jill 和 Jess 在編寫和出版這本書的過程中，表現地非常出色，真的很感激 Jess 在構思這個主題時想到我。

我要感謝南加州大學航空安全和保全專案的同事。有機會在人工智慧系統安全領域開創概念，這讓我學到了很少人擁有的見解，我期待看到我們在未來幾年繼續取得的成就。Arch，您總是讓我驚訝不已，我擔心世界會在您退休的那一天停止運轉。

最後，我要感謝我的兄弟 Dwight Nield 和我的朋友 Jon Ostrower，他們和我合夥創辦了 Yawman Flight 企業。引導一家新創公司很難，他們的幫助提供我寶貴的頻寬來寫這本書。Jon 帶我到南加州大學，他在航空新聞界的不懈成就非比尋常（抬頭看看他！）很榮幸他們和我一樣，對我在車庫裡裡的新發明充滿熱情，沒有他們，我無法讓它問世。

至於我沒提到的那些人，感謝您所做的大大小小事情。通常情況下，我因好奇和提出問題而獲得獎勵。我不認為這是理所當然的。正如影集《泰德．拉索：錯棚教練趣事多》（Ted Lasso）的男主角 Ted Lasso 所說，「保持好奇心，而不是只想批評。」

第一章

基本數學和微積分複習

我們將在第一章介紹數字的定義，以及如何在笛卡爾（Cartesian）系統上運作變數和函數，接著將介紹指數和對數，並學習微積分的兩個基本運算：微分和積分。

在深入探討基本數學的應用領域（例如機率、線性代數、統計學和機器學習）之前，我們也應該回顧一些基本的數學和微積分概念。在您丟下這本書並尖叫著跑掉之前，別擔心！我將以您在大學裡可能沒有學過的方式，來介紹計算函數的微分和積分法則。我們身邊有 Python 在，而不是鉛筆和紙，即使您不熟悉微分和積分，也不必擔心。

我會讓這些主題盡可能地緊湊和實用，只會關注在後面的章節中對我們有幫助的內容，以及屬於「基本數學」的範疇。

這不是完整的數學速成課程！

這絕不是對高中和大學數學的全面複習。如果您想要的是那種書，推薦你 Ivan Savov 的 *No Bullshit Guide to Math and Physics*（請原諒我說粗話）。前幾章是我見過最好的高中和大學數學速成課程。Richard Elwes 博士所著的 *Mathematics 1001* 一書也有一些很棒的內容，而且也解釋地很簡單。

數論

什麼是數字？我保證不會在這本書中過於哲學化，但是數字不是我們已經定義好的結構嗎？為什麼我們的數字只有從 0 到 9？為什麼我們有分數和小數，而不僅僅是整數？思考數字以及為何要以某種方式來設計它們的這個領域，可稱為數論。

數論（*number theory*）可以追溯到遠古時代，當時數學家研究不同的數字系統（number system），形成今日最常見的模式。以下是您可能認識的各種數字系統：

自然數（*natural number*）

指數字 1、2、3、4、5……等等。這裡只包括正數，它們是已知最早的系統。自然數非常古老，穴居人就已在骨頭和洞穴牆壁上刻出計數標記，以求記錄。

非負整數（*whole number*）

「0」的概念後來被接受並添加到自然數中；我們稱這些為「非負整數」。巴比倫人還提出了有用的想法，也就是為大於 9 的數字（例如「10」、「1,000」或「1,090」）上的空「行」使用占位符。這些 0 表示沒有值占用該行。

整數（*integer*）

整數包括正的、負的自然數以及 0。現在看來理所當然，但古代數學家對負數的概念十分懷疑。但是當您用 3 減去 5 時會得到 –2，這在衡量損益的財務方面尤其有用。西元 628 年，一位名叫 Brahmagupta 的印度數學家，證明負數對於使用二次式來算術有其必要性，因此有了整數的概念。

有理數（*rational number*）

任何可以表示為分數的數字，例如 2/3，都是有理數。這包括所有有限小數和整數，因為它們也可以表示為分數，例如 687/100 = 6.87 和 2/1 = 2。它們被稱為**有理**（*rational*），因為它們是**比率**（*ratio*）。有理數相當重要，因為時間、資源和其他數量並不總是以離散的單位來衡量。牛奶並不總是以 1 加侖，它有可能只占 1 加侖的一部分；如果我跑步跑了 12 分鐘，共跑了 9/10 英哩，也沒辦法直接用「1 英哩」來測量。

無理數（*irrational number*）

無理數無法以分數表達。這包括著名的 π、某些數字的平方根（例如 $\sqrt{2}$），和我們後面會介紹的歐拉數（Euler's number）e。這些數字有無限多的小數，例如 3.141592653589793238462…

無理數背後有一段有趣的歷史。希臘數學家畢達哥拉斯（Pythagoras）認為所有數字都是有理數。他堅信不疑到因此創立了一個向數字 10 祈禱的宗教。「祝福我們，神聖的數字，您創造了神和人！」他和他的追隨者會向 10 祈禱（我不知道為什麼他覺得「10」這麼特別）。據說，他的追隨者之一希帕索斯（Hippasus）只用 2 的平方根，就證明並非所有數字都是有理數，而這嚴重破壞畢達哥拉斯的信仰體系，於是他在海上淹死了希帕索斯。

無論如何，我們現在知道，並非所有數字都是有理數。

實數（*real number*）

實數包括有理數和無理數。實際上，當您進行任何資料科學工作時，您可以將用到的任何小數視為實數。

複數（*complex number*）和虛數（*imaginary number*）

取負數的平方根時就會遇到這種數字類型。雖然複數和虛數會和某些類型的問題相關，但我們大多會避開它們。

在資料科學中，您會發現大部分工作將使用非負整數、自然數、整數和實數。在更進階的使用案例中可能會遇到虛數，例如我們將在第 4 章討論的矩陣分解。

複數和虛數

如果您真的想要更了解虛數，可見以下 YouTube 的播放清單，非常棒：*Imaginary Numbers are Real*（*https://oreil.ly/bvyIq*）。

運算順序

希望您已經熟悉了**運算順序**（*order of operations*），也就是數學運算式中每個部分求解的順序。這裡簡單複習一下，先計算括號中的成分、然後是指數、然後是乘法、除法、加法和減法。您可以透過助記碼 PEMDAS（Please Excuse My Dear Aunt Sally）來記住運算的順序，它依序對應到括號（parenthesis）、指數（exponent）、乘法（multiplication）、除法（division）、加法（addition）和減法（subtraction）。

以這個運算式為例：

$$2 \times \frac{(3+2)^2}{5} - 4$$

首先計算括號（3 + 2），結果等於 5：

$$2 \times \frac{\mathbf{(5)}^2}{5} - 4$$

接下來求解指數，也就是剛剛相加後所得的 5 的平方，25：

$$2 \times \frac{\mathbf{25}}{5} - 4$$

接下來是乘法和除法。這兩者的順序可以交換，因為除法也是乘法（使用分數）的一種。相乘 2 和 $\frac{25}{5}$，得到 $\frac{50}{5}$：

$$\frac{50}{5} - 4$$

接下來執行除法，把 50 除以 5，得到 10：

$$\mathbf{10} - 4$$

最後，執行任何加法和減法。當然，10 − 4 將得到 6：

$$10 - 4 = 6$$

如果用 Python 來表達這一點，也會得到 6.0 的值，如範例 1-1 所示。

範例 *1-1* 在 *Python* 中求解運算式

```
my_value = 2 * (3 + 2)**2 / 5 - 4

print(my_value) # 印出 6.0
```

這是基本且關鍵的概念。在程式碼中，就算沒有使用括號，仍然可以得到正確的結果，但在複雜運算式中大量使用括號，才可以掌控計算的順序。

在這裡，我把運算式的分數部分放在括號中，這有助於把它和範例 1-2 中的其餘運算式區分開來。

範例 1-2　在 Python 中使用括號以更清晰

```
my_value = 2 * ((3 + 2)**2 / 5) - 4

print(my_value) # 印出 6.0
```

雖然這兩個範例在技術上都是正確的，但後者對容易混淆的人來說比較清楚。如果您或其他人更改程式碼，括號能提供您在更改時運算順序的簡單參考。這為程式碼的更改提供一道防線，以防止出錯。

變數

如果您使用 Python 或其他程式語言編寫過一些腳本，您就會知道何謂變數。在數學中，變數（*variable*）是用於未指定或未知數字的命名占位符。

您可能有一個代表任何實數的變數 x，您可以把這個變數相乘而無須宣告它是什麼。在範例 1-3 中，我們從使用者那裡獲取一個變數輸入 x 並把它乘以 3。

範例 1-3　一個 Python 中的變數，然後把它相乘

```
x = int(input("Please input a number\n"))

product = 3 * x

print(product)
```

某些變數類型有一些標準的變數名稱。如果您對這些變數名稱和概念不熟悉，請不用擔心！有些讀者可能會注意到我們使用 theta θ 來表示角度，使用 beta β 來表示線性迴歸（linear regression）中的參數。希臘符號讓 Python 中的變數名稱很難用，因此我們可能會在 Python 中把這些變數命名為 `theta` 和 `beta`，如範例 1-4 所示。

範例 *1-4　Python* 中的希臘變數名稱

```
beta = 1.75
theta = 30.0
```

另請注意，可以用下標（subscript），讓變數有多個名稱。在實務上，只需把它們看作是單獨的變數。如果遇到變數 x_1、x_2 和 x_3，只需把它們看作是 3 個個別的變數，如範例 1-5 所示。

範例 *1-5*　在 *Python* 中表示下標變數

```
x1 = 3  # 或 x_1 = 3
x2 = 10 # 或 x_2 = 10
x3 = 44 # 或 x_3 = 44
```

函數

函數（*function*）是定義兩個或多個變數之間關係的運算式。更具體地說，函數接受輸入變數（*input variable*，也稱為定義域變數（*domain variable*）或自變數（*independent variable*）），把它們插入到運算式中，產生輸出變數（*output variable*，也稱為因變數（*dependent variable*））。

看看這個簡單的線性函數：

$$y = 2x + 1$$

對於任何給定的 x 值，我們使用這個 x 來求解運算式以找到 y。當 $x = 1$ 時，則 $y = 3$。當 $x = 2$ 時；$y = 5$。當 $x = 3$ 時，$y = 7$，依此類推，如表 1-1 所示。

表 1-1　$y = 2x + 1$ 的不同值

x	2x + 1	y
0	2(0) + 1	1
1	2(1) + 1	3
2	2(2) + 1	5
3	2(3) + 1	7

函數很有用，因為它們能對變數之間的可預測關係建模，例如在 x 溫度下我們可以預期會發生 y 次火災。我們將在第 5 章中使用線性函數來執行線性迴歸。

變數 y 的另一個慣例，是把它外顯式地標記為 x 的函數，例如 $f(x)$。因此，除了將函數表達為 $y = 2x + 1$，我們也可以將之表達為：

$$f(x) = 2x + 1$$

範例 1-6 顯示如何宣告一個數學函數，並在 Python 中對其進行迭代。

範例 *1-6* 在 *Python* 中宣告一個線性函數

```
def f(x):
    return 2 * x + 1


x_values = [0, 1, 2, 3]

for x in x_values:
    y = f(x)
    print(y)
```

在處理實數時，函數的一個微妙但重要的特徵是它們通常具有無限數量的 x 值和生成的 y 值。你可以想一下：我們可以透過函數 $y = 2x + 1$ 輸入多少 x 值？為什麼只是 0, 1, 2, 3……而不是如表 1-2 所示的 0, 0.5, 1, 1.5, 2, 2.5, 3？

表 1-2 $y = 2x + 1$ 的不同值

x	2x + 1	y
0.0	2(0) + 1	1
0.5	2(.5) + 1	2
1.0	2(1) + 1	3
1.5	2(1.5) + 1	4
2.0	2(2) + 1	5
2.5	2(2.5) + 1	6
3.0	2(3) + 1	7

或者，為什麼 x 不是每 1/4 為一步？還是 1/10 為一步？我們可以讓這些步長變得無限小，有效地展示了 $y = 2x + 1$ 是一個**連續函數**（*continuous function*），其中對於 x 的每個可能值都有一個 y 值。這讓我們將函數視覺化為一條線，如圖 1-1 所示。

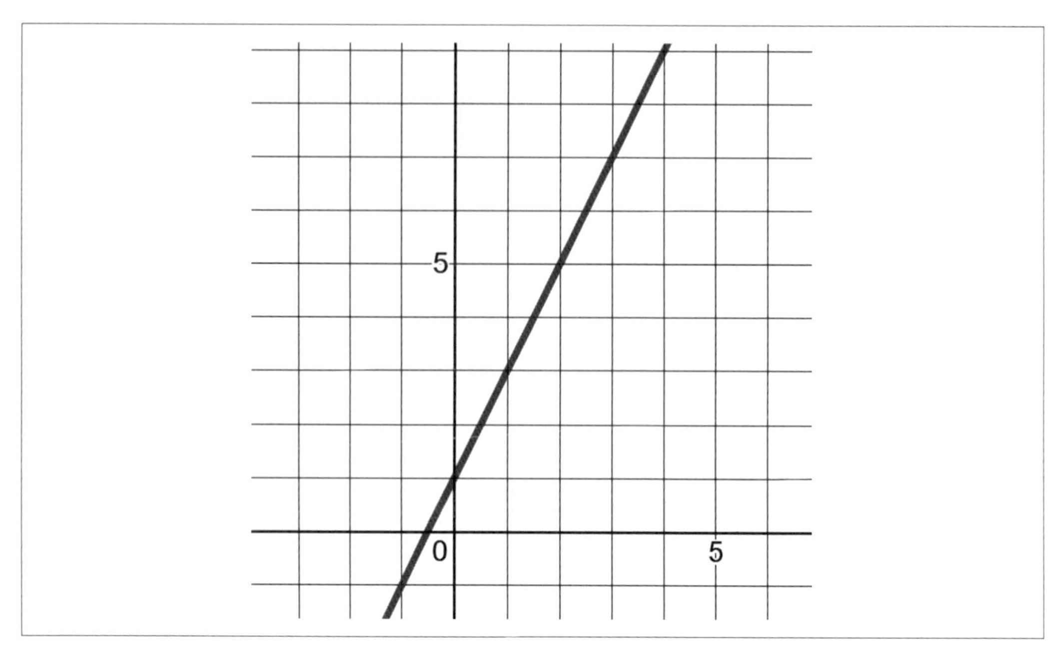

圖 1-1　函數 $y = 2x + 1$ 的圖形

在具有兩條數軸（每個變數一個）的二維平面上繪圖時，即是笛卡爾平面（*Cartesian plane*）、*x-y* 平面（*x-y plane*）或坐標平面（*coordinate plane*）。追蹤給定的 x 值，然後查找對應的 y 值，並把它們的交叉點繪製為一條線。請注意，由於實數（或小數，如果您喜歡的話）的本質，存在著無限數量的 *x* 值。這就是為什麼繪製函數 $f(x)$ 時，會得到一條沒有中斷的連續直線。在那條線上，或那條線上的任何部分上，會有無數個點。

如果您想使用 Python 來繪製它，有許多圖表程式庫可以使用，從 Plotly 到 matplotlib 都是。在本書中，我們將使用 SymPy 來完成許多任務，我們首先要使用的是繪製一個函數。SymPy 使用的是 matplotlib，因此請確保您已安裝該軟體套件。否則它會在您的控制台上印出一個基於文字的醜陋圖表。之後，您只需使用 `symbols()` 來將 *x* 變數宣告為 SymPy、宣告您的函數、然後如範例 1-7 和圖 1-2 所示繪製。

範例 1-7　使用 SymPy 在 Python 中繪製線性函數

```
from sympy import *

x = symbols('x')
f = 2*x + 1
plot(f)
```

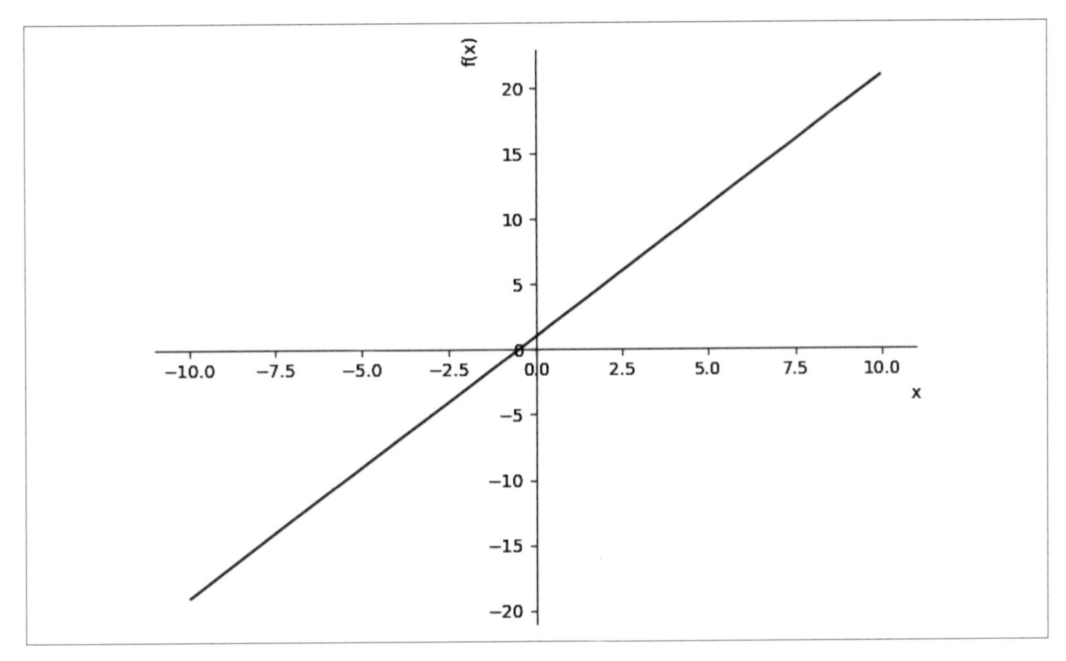

圖 1-2　使用 SymPy 來繪製線性函數

範例 1-8 和圖 1-3 是顯示函數 $f(x) = x^2 + 1$ 的另一個範例。

範例 1-8　繪製指數函數

```
from sympy import *
x = symbols('x')
f = x**2 + 1
plot(f)
```

請注意，在圖 1-3 中，我們得到的不是一條直線，而是一條稱為拋物線的平滑對稱曲線。它是連續的但不是線性的，因為它不會產生位於直線上的值。像這樣的曲線函數在數學上更難處理，但我們將學習一些技巧來應付它。

曲線函數

當一個函數是連續但彎曲的，而不是線性和直線時，我們稱它為**曲線函數**（*curvilinear function*）。

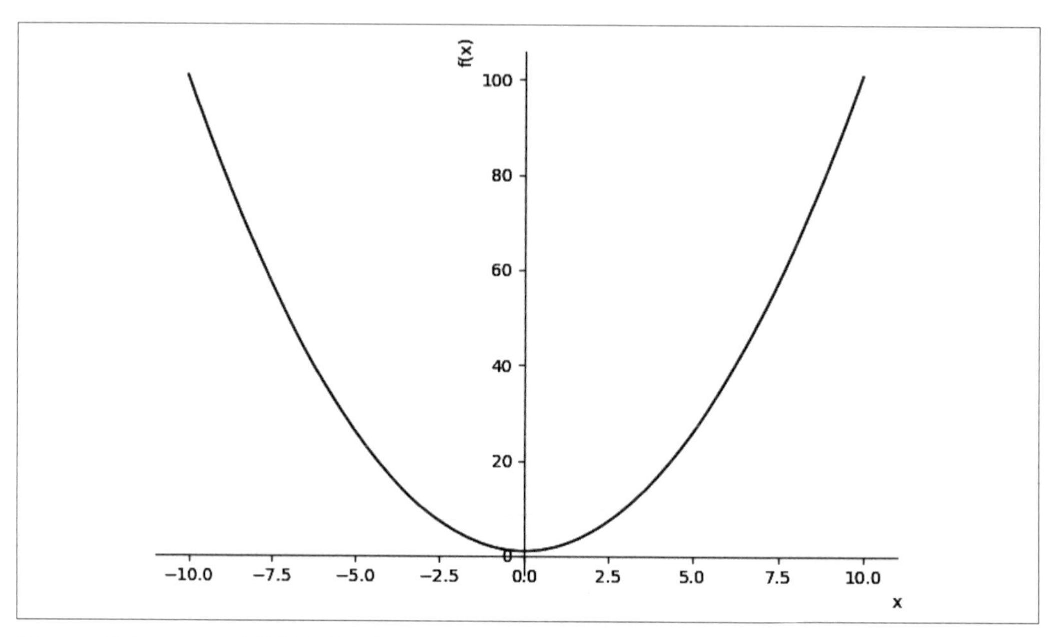

圖 1-3　使用 SymPy 來繪製指數函數

請注意，函數可以使用多個輸入變數，而不僅僅是一個。例如，我們可以有一個具有自變數 x 和 y 的函數。請注意，這裡的 y 不像前面的範例中那樣是一個因變數。

$$f(x, y) = 2x + 3y$$

由於我們有兩個自變數（x 和 y）和一個因變數（$f(x,y)$ 的輸出），所以我們需要在三個維度上繪製此圖，以生成一個值的平面而不是一條線，如範例 1-9 和圖 1-4 所示。

範例 *1-9*　在 *Python* 中宣告具有兩個自變數的函數

```
from sympy import *
from sympy.plotting import plot3d

x, y = symbols('x y')
f = 2*x + 3*y
plot3d(f)
```

無論您有多少個自變數，您的函數通常只會輸出一個因變數。當您求解多個因變數時，您可能要為每個因變數使用單獨的函數。

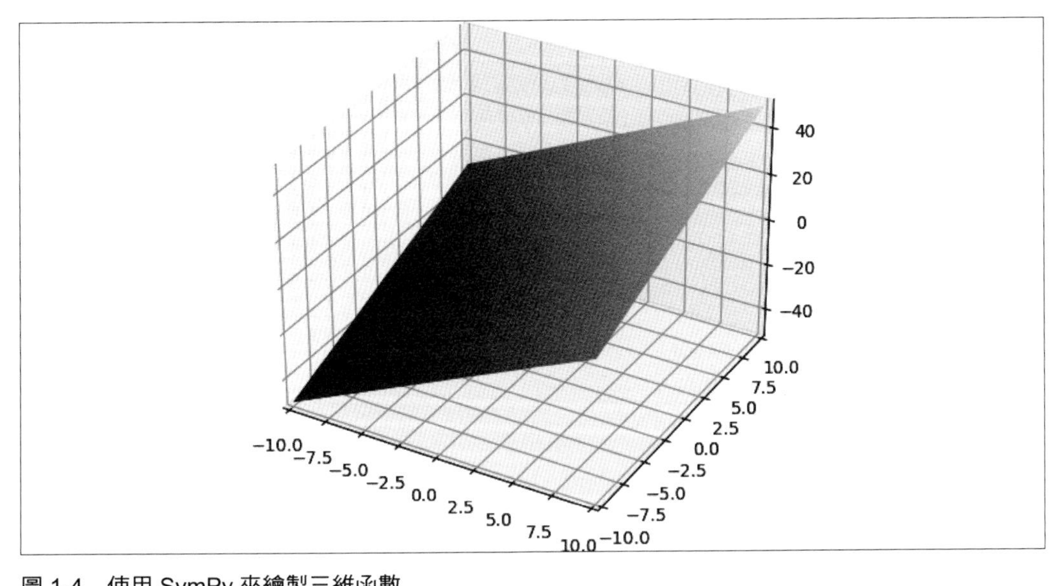

圖 1-4　使用 SymPy 來繪製三維函數

加總

我承諾過不會在本書中使用充滿希臘符號的方程式。然而，其中有一個是如此常見和有用，所以如果不介紹它就是我的怠惰，那就是 Σ（sigma），用來將所有元素相加的**加總**（*summation*）。

例如，我想迭代數字 1 到 5，並將每個數字乘以 2，然後對它們求總和，以下是我利用加總來表達的方式。範例 1-10 則顯示如何在 Python 中執行此運算。

$$\sum_{i=1}^{5} 2i = (2)1 + (2)2 + (2)3 + (2)4 + (2)5 = 30$$

範例 1-10　在 Python 中執行加總

```
summation = sum(2*i for i in range(1,6))
print(summation)
```

請注意，*i* 是一個占位符變數，代表我們在迴圈中迭代的每個連續索引值，把它乘以 2 再加在一起。當您迭代資料時，您可能會看到用 x_i 這樣的變數來指出集合中索引 *i* 處的元素。

range() 函數

回想一下，Python 中的 range() 函數是排除結尾的，這意味著如果您呼叫 range(1,4) 時，它會迭代數字 1、2 和 3。它把 4 當作是上邊界而排除在外。

我們很常使用 n 來代表集合中的項目數，例如資料集中的紀錄數。以下是一個這樣的範例，我們迭代一組大小為 n 的數字、將每個數字乘以 10 再把它們相加：

$$\sum_{i=1}^{n} 10x_i$$

在範例 1-11 中，我們使用 Python 來對 4 個數字的集合執行此運算式。請注意，在 Python（以及常見的大多數程式語言）中，我們通常會參照從索引 0 開始的項目，而在數學中我們會從索引 1 開始。因此，我們在迭代中會相對應地移動到從 range() 中的 0 開始。

範例 1-11　Python 中的元素加總

```
x = [1, 4, 6, 2]
n = len(x)

summation = sum(10*x[i] for i in range(0,n))
print(summation)
```

這就是加總的要旨。簡而言之，加總 Σ 表示「把一堆東西加在一起」，並使用索引 i 和最大值 n 來表達輸入到加總的每次迭代。本書將會一直使用這種表達方式。

SymPy 中的加總

當您了解有關 SymPy 的更多資訊時，請隨時返回此邊欄。我們用來繪製函數的 SymPy 實際上是一個符號式數學程式庫；我們將在本章後面討論它的意義味。但請注意並供將來參考，SymPy 中的加總運算是使用 Sum() 運算子來執行。在下面的程式碼中，我們從 1 到 n 來迭代 i、把每個 i 相乘、然後把它們相加。但隨後我們使用了 subs() 函數來將 n 指定為 5，然後對從 1 到 n 的所有 i 元素進行迭代並求和：

```
from sympy import *

i,n = symbols('i n')

# 對從 1 到 n 的所有 i 元素進行迭代，
# 然後相乘並相加
summation = Sum(2*i,(i,1,n))

# 指明 n 為 5,
# 從數字 1 到 5 進行迭代
up_to_5 = summation.subs(n, 5)
print(up_to_5.doit()) # 30
```

請注意，SymPy 中的加總是惰性的（lazy），這意味著它們不會自動地計算或簡化。所以請使用 **doit()** 函數來執行運算式。

指數

指數（*exponent*）是一個數字和本身相乘指定的次數。當您把 2 提高到三次方（使用 3 作為上標表達為 2^3）時，就是把三個 2 乘在一起：

$$2^3 = 2 * 2 * 2 = 8$$

底數（*base*）是我們要進行指數運算的變數或值，**指數**是我們把底數相乘的次數。對於運算式 2^3 來說，2 是底數，3 是指數。

指數有一些有趣的性質。假設我們要將 x^2 和 x^3 相乘。請觀察當我用簡單的乘法來擴展指數，再把它們合併成一個指數時會發生的事情：

$$x^2 x^3 = (x * x) * (x * x * x) = x^{2+3} = x^5$$

當我們把具有相同底數的指數相乘時，我們只需把指數相加即可，這就是所謂的**乘積規則**（*product rule*）。讓我強調一下，所有相乘指數的底數必須相同，才能應用乘積規則。

接下來讓我們來探索除法。當我們把 x^2 除以 x^5 時會發生什麼事呢？

$$\frac{x^2}{x^5}$$

$$\frac{x * x}{x * x * x * x * x}$$

$$\frac{1}{x * x * x}$$

$$\frac{1}{x^3} = x^{-3}$$

如您所見，當我們把 x^2 除以 x^5 時，我們可以消去分子和分母中的兩個 x，剩下 $\frac{1}{x^3}$。當分子和分母中都存在同一個因子時，我們可以消去此因子。

您想知道 x^{-3} 是什麼意思嗎？這是引入負指數的大好時機，它是在分數的分母中表示指數運算的另一種方式。作為示範目的，$\frac{1}{x^3}$ 和 x^{-3} 其實是相同的：

$$\frac{1}{x^3} = x^{-3}$$

回到乘積規則，我們可以看到它也適用於負指數。為了更了解這背後的邏輯，讓我們以不同的方式來解答這個問題。我們可以把 x^5 的指數「5」設為負數，然後把它和 x^2 相乘，來表達兩個指數的除法。當您添加一個負數時，它實際上是在執行減法。因此，相乘指數相加時的指數乘積規則仍然成立，如下所示：

$$\frac{x^2}{x^5} = x^2\frac{1}{x^5} = x^2x^{-5} = x^{2+-5} = x^{-3}$$

最後的關鍵是，您明白為什麼任何底數，一旦指數為 0 時，都會是 1 嗎？

$$x^0 = 1$$

獲得這種直覺的最好方法是推斷任何數字除以本身都是 1。如果您有 $\frac{x^3}{x^3}$，那麼在代數上很明顯它會化簡為 1。但是該運算式也會計算成 x^0：

$$1 = \frac{x^3}{x^3} = x^3x^{-3} = x^{3+-3} = x^0$$

透過遞移（transitive）性——也就是如果 $a = b$ 且 $b = c$ 時，則 $a = c$——我們知道 $x^0 = 1$。

使用 SymPy 來化簡運算式

如果您對化簡代數運算式不那麼自在，您可以使用 SymPy 程式庫來完成這項工作。以下是化簡之前範例的方式：

```
from sympy import *

x = symbols('x')
expr = x**2 / x**5
print(expr) # x**(-3)
```

現在分數指數又是如何呢？它們是表示根的另一種方法，例如平方根。簡單複習一下，$\sqrt{4}$ 是在問「什麼數字乘以它本身會得到 4？」這當然是 2。請注意，$4^{1/2}$ 和 $\sqrt{4}$ 是相同的：

$$4^{1/2} = \sqrt{4} = 2$$

立方根類似於平方根，但它們會求一個數乘上本身三次以得出結果。8 的立方根可表達為 $\sqrt[3]{8}$，若是問「什麼數字乘以本身 3 次會得到 8？」答案將會是 2，因為 2 * 2 * 2 = 8。在指數中，立方根會表達為分數指數，而 $\sqrt[3]{8}$ 可以重新表達為 $8^{1/3}$：

$$8^{1/3} = \sqrt[3]{8} = 2$$

再把它拉回來，當您把 8 的立方根乘上三次時會怎樣呢？這將撤消立方根並產生 8。或者，如果我們將立方根表達為分數指數 $8^{1/3}$，很明顯地我們會把指數相加而得到指數 1，這也會撤消立方根：

$$\sqrt[3]{8} * \sqrt[3]{8} * \sqrt[3]{8} = 8^{\frac{1}{3}} \times 8^{\frac{1}{3}} \times 8^{\frac{1}{3}} = 8^{\frac{1}{3} + \frac{1}{3} + \frac{1}{3}} = 8^1 = 8$$

最後一個屬性：指數的指數會把指數相乘，這稱為**冪次規則**（*power rule*）。所以 $\left(8^3\right)^2$ 會簡化為 8^6：

$$\left(8^3\right)^2 = 8^{3 \times 2} = 8^6$$

如果您感到懷疑，請嘗試展開它，您會看到加總規則清楚地表明：

$$\left(8^3\right)^2 = 8^3 8^3 = 8^{3+3} = 8^6$$

最後，當我們有一個分子不是 1 的分數指數時，例如 $8^{\frac{2}{3}}$，這意味著什麼？嗯，這是取 8 的立方根，然後再對其進行平方。看一下這個：

$$8^{\frac{2}{3}} = \left(8^{\frac{1}{3}}\right)^2 = 2^2 = 4$$

還有，無理數可以用來當作指數，例如 8^{π}，也就是 687.2913。這可能感覺不太對勁，但可以理解！由於時間關係，我們不深入研究，因為它需要一些微積分。但本質上，我們可以透過用有理數的逼近來計算無理數指數。這實際上就是電腦會做的事，因為它們無論如何只能計算到那麼多的小數位。

例如說 π 有無限個小數位。但是如果我們取前 11 位數字 3.1415926535，我們可以將 π 近似為有理數 31415926535 / 10000000000。果然，結果大約是 687.2913，它應該和任何計算器（calculator）的計算結果大致匹配：

$$8^{\pi} \approx 8^{\frac{31415926535}{10000000000}} \approx 687.2913$$

對數

對數（*logarithm*）是一種數學函數，可以找到特定數字和底數的冪次（power）。一開始可能聽起來並不有趣，但它實際上可應用在許多方面。從測量地震到管理立體聲音響的音量，對數無處不在。它還大量地進入機器學習和資料科學領域。事實上，對數將會是第 6 章中邏輯迴歸的關鍵部分。

一開始請先自問，「2 提高到*什麼冪次*會得到 8？」以數學方式來表達這一點的其中一種方法，是使用 x 作為指數：

$$2^x = 8$$

我們直觀地知道答案，$x = 3$，但如果要用更優雅的方式，來表達這種常見的數學運算，就可以用 *log()* 功能。

$$log_2 8 = x$$

正如您在前面的對數運算式中看到的那樣，我們有一個底數 2，並且正在尋找可以給我們 8 的冪次。更一般地說法，我們可以把變數指數重新表達為對數：

$$a^x = b$$
$$log_a b = x$$

從代數上講，這是一種隔離 x 的方法，這對於求解 x 很重要。範例 1-12 展示如何在 Python 中計算這個對數。

範例 1-12　在 Python 中使用 log 函數

```
from math import log

# 2 的冪次要是多少才能得到 8?
x = log(8, 2)

print(x) # 印出 3.0
```

如果沒有為 Python 等平台上的 `log()` 函數提供底數參數，它通常也有預設底數。在某些領域，如地震測量，log 的預設底數是 10。但在資料科學中，log 的預設底數是歐拉數 e。Python 使用後者，我們將在之後討論。

就像指數一樣，對數在乘法、除法、取冪（exponentiation）等方面也有幾個屬性。考量到時間和本書重點，我只在表 1-3 中介紹。重點關注的關鍵思想是對數會尋找給定底數的指數，以產生特定數字。

如果您需要深入研究對數的屬性，表 1-3 排列出指數和對數的屬性，您可以以此為參考。

表 1-3　指數和對數的屬性

運算子	指數屬性	對數屬性
乘法	$x^m \times x^n = x^{m+n}$	$log(a \times b) = log(a) + log(b)$
除法	$\frac{x^m}{x^n} = x^{m-n}$	$log\left(\frac{a}{b}\right) = log(a) - log(b)$
取冪	$\left(x^m\right)^n = x^{mn}$	$log\left(a^n\right) = n \times log(a)$
零指數	$x^0 = 1$	$log(1) = 0$
倒數	$x^{-1} = \frac{1}{x}$	$log\left(x^{-1}\right) = log\left(\frac{1}{x}\right) = -log(x)$

歐拉數和自然對數

有一個特殊的數字在數學中出現了很多次，稱為歐拉數（Euler's number）e。它是一個很像 Pi π 的特殊數字，大約為 2.71828，因為能在數學上簡化很多問題而大量得到使用。我們將在指數和對數的語境中討論 e。

歐拉數

高中時，我的微積分老師在幾個指數問題中證明了歐拉數。最後我問：「Nowe 老師，e 到底是什麼？它從何而來？」我記得我對他用免子族群和其他自然現象來提供的解釋，從來沒有感到完全滿意過。

為什麼歐拉數如此廣泛應用？

歐拉數的一個性質，是它的指數函數就是它本身的微分，這對指數函數和對數函數很方便。我們將在本章後面學習微分。在許多底數並不重要的應用中，我們會選擇產生最簡單微分的那一個，那就是歐拉數。這也是為什麼它是許多資料科學功能的預設底數。

想發現歐拉數，可以用以下這個我最喜歡的例子。假設您以每年 20% 的利息向某人貸款 100 美元。一般情況下，利息將按月計算，因此每個月的利息為 .20/12 = .01666；這樣兩年後貸款餘額是多少呢？為了簡單起見，我們假設在這兩年結束之前，不需要支付貸款。

把我們目前學到的指數概念（或者可能要拿出一本金融教科書）放在一起，我們可以想出一個計算利息的公式。它由初始投資 P 的餘額（balance）A、利率（interest rate）r、時間跨度（time span）t（年數）和週期（period）n（每年的月數）所組成。公式如下：

$$A = P \times \left(1 + \frac{r}{n}\right)^{nt}$$

因此，如果我們每個月進行複利（compound interest），貸款將增長到 148.69 美元，如下所示：

$$A = P \times \left(1 + \frac{r}{n}\right)^{nt}$$

$$100 \times \left(1 + \frac{.20}{12}\right)^{12 \times 2} = 148.6914618$$

如果您想在 Python 中執行此運算，請使用範例 1-13 中的程式碼來嘗試。

範例 *1-13　在 Python 中計算複利*

```
from math import exp

p = 100
r = .20
t = 2.0
n = 12


a = p * (1 + (r/n))**(n * t)

print(a) # 印出 148.69146179463576
```

但是，如果我們每天複利一次呢？那會發生什麼事？請將 n 更改為 365：

$$A = P \times \left(1 + \frac{r}{n}\right)^{nt}$$

$$100 \times \left(1 + \frac{.20}{365}\right)^{365 \times 2} = 149.1661279$$

哼！如果我們每天而不是每月複利，我們將在兩年結束時多賺 47.4666 美分。現在我們再大膽一點，不按下面所示，以每小時複利一次，這會給我們更多利息嗎？一年有 8,760 小時，因此把 n 設成這個值：

$$A = P \times \left(1 + \frac{r}{n}\right)^{nt}$$

$$100 \times \left(1 + \frac{.20}{8760}\right)^{8760 \times 2} = 149.1817886$$

啊，我們多擠出了大約 2 美分的利息！但我們的收益是否正在遞減中？讓我們嘗試每分鐘複利一次！請注意，一年有 525,600 分鐘，所以把 n 設定成這個值：

$$A = P \times \left(1 + \frac{r}{n}\right)^{nt}$$

$$100 \times \left(1 + \frac{.20}{525600}\right)^{525600 \times 2} = 149.1824584$$

好吧，當我們複利的頻率越高，我們得到的錢也會越來越少。因此，如果我不斷將這些週期無限小到連續複利的程度，這會導致什麼？

讓我介紹一下歐拉數 e，大約是 2.71828。以下是「連續」複利的公式，這意味著我們正在不停地複利：

$$A = P \times e^{rt}$$

回到我們的例子，如果我們連續複利的話，兩年後的貸款餘額將是：

$$A = P \times e^{rt}$$

$$A = 100 \times e^{.20 \times 2} = 149.1824698$$

這個結果並不令人驚訝，考慮到每分鐘複利可以讓我們得到 149.1824584 的餘額，這個數字非常接近我們在連續複利時的 149.1824698。

通常，您會使用 e 作為 Python、Excel 和其他使用了 `exp()` 函數平台裡的指數底數；e 非常常用，它是指數函數和對數函數的預設底數。

範例 1-14 在 Python 中使用了 `exp()` 函數來計算連續利息。

範例 *1-14*　用 *Python* 計算連續利息

```
from math import exp

p = 100 # 本金，開始的餘額
r = .20 # 利率，以年計
t = 2.0 # 時間，年數

a = p * exp(r*t)

print(a) # 印出 149.18246976412703
```

我們是從哪裡得出這個常數 e 呢？比較複利公式和連續利息公式。它們在結構上看起來很相似，但有一些區別：

$$A = P \times \left(1 + \frac{r}{n}\right)^{nt}$$

$$A = P \times e^{rt}$$

更專業地說，e 是運算式 $\left(1 + \frac{1}{n}\right)^{n}$ 的結果值，而 n 會持續變得越來越大，從而接近無窮大。嘗試使用越來越大的 n 值來進行試驗。透過讓它變得越來越大，您會注意到一些事情：

$$\left(1+\frac{1}{n}\right)^n$$

$$\left(1+\frac{1}{100}\right)^{100} = 2.70481382942$$

$$\left(1+\frac{1}{1000}\right)^{1000} = 2.71692393224$$

$$\left(1+\frac{1}{10000}\right)^{10000} = 2.71814592682$$

$$\left(1+\frac{1}{10000000}\right)^{10000000} = 2.71828169413$$

當您讓 n 變大時，所增加的值會遞減，而它大約會收斂在 2.71828 這個值，這就是我們的 e 值。您會發現這個 e 不是只用在研究人口和它的增長上，它在數學的許多領域也都發揮著關鍵作用。

在本書的後面部分，我們將會在第 3 章中使用歐拉數來建構常態分布，並在第 6 章中建構邏輯迴歸。

自然對數

當我們使用 e 來作為對數的底數時，我們稱此對數為**自然對數**（*natural logarithm*）。根據平台不同，我們可能會使用 `ln()` 而不是 `log()` 來指明自然對數。因此，與其用表達為 $log_e 10$ 的自然對數來計算可以讓 e 得到 10 的冪次，倒不如把它簡寫為 $ln(10)$：

$$log_e 10 = ln(10)$$

但是，在 Python 中，自然對數由 `log()` 函數來指明。如前所述，`log()` 函數的預設底數是 e。只需把用來指明底數的第二個參數留空，它就會預設使用 e 作為底數，如範例 1-15 所示。

範例 *1-15*　在 *Python* 中計算 *10* 的自然對數

```
from math import log

# e的冪次要是多少才能得到 10?
x = log(10)

print(x) # 印出 2.302585092994046
```

我們將在本書中大量使用 e，請任意以 Excel、Python、Desmos.com 或您選擇的任何其他平台來試驗指數和對數，製作圖表並熟悉這些函數的外觀。

極限

正如歐拉數所示，當我們永遠遞增或遞減一個輸入變數而且輸出變數會不斷接近但從未達到一個值時，就會出現一些有趣的想法。讓我們正式探討一下這個想法。

以下面這個函數為例，它的圖如圖 1-5 所示：

$$f(x) = \frac{1}{x}$$

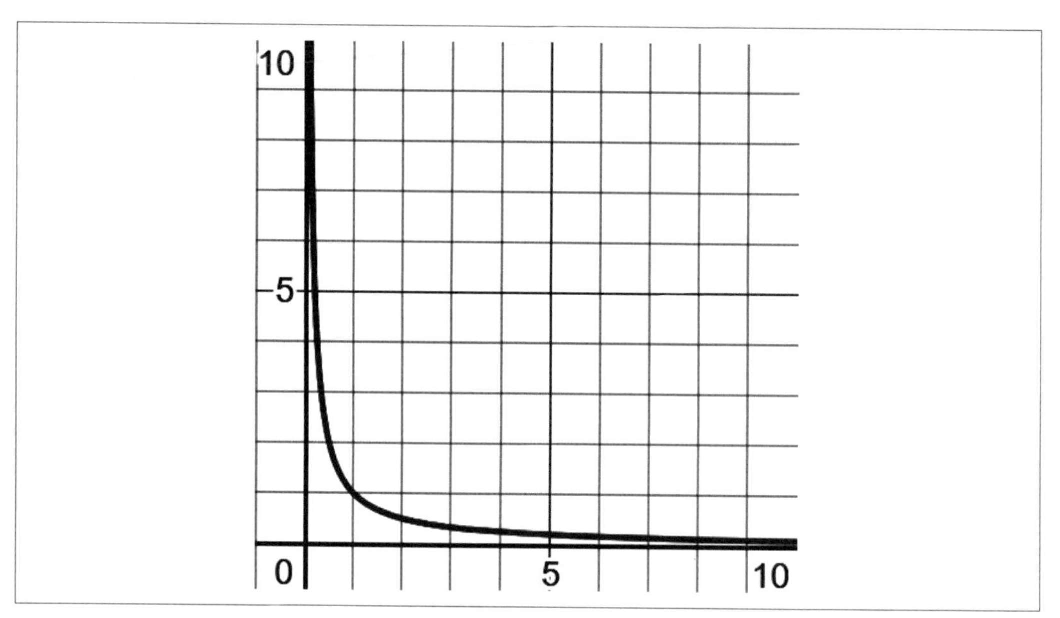

圖 1-5　一個越來越接近 0，但永遠不會達到 0 的函數

我們只關注正的 x 值。請注意，隨著 x 永遠地增加，$f(x)$ 會越來越接近 0。令人著迷的是，$f(x)$ 從未真正達到 0，它只是越來越接近 0。

因此，這個函數的命運是，隨著 x 一直延伸到無窮大，它會不斷地接近 0，但永遠不會到達 0。我們表達一個永遠在接近但從未達到的「值」的方式，是透過極限（limit）：

$$\lim_{x \to \infty} \frac{1}{x} = 0$$

我們讀它的方式是「當 x 接近無窮大時，函數 1/x 會接近 0（但永遠不會達到 0）。」您會經常看到這種「接近但從不碰觸」的行為，尤其是當我們深入研究微分和積分時。

使用 SymPy，我們可以計算在 $f(x) = \frac{1}{x}$ 中當 x 接近無窮大 ∞ 時會接近的值（範例 1-16）。請注意，在 SymPy 中巧妙地用了 oo 來表達 ∞。

範例 1-16　使用 SymPy 來計算極限

```
from sympy import *

x = symbols('x')
f = 1 / x
result = limit(f, x, oo)

print(result) # 0
```

如您所見，我們也是用這種方式發現歐拉數 e。以下是此函數把 n 永遠延伸到無窮大的結果：

$$\lim_{n \to \infty} \left(1 + \frac{1}{n}\right)^n = e = 2.71828169413...$$

有趣的是，當我們在 SymPy 中以極限來計算歐拉數時（如下面的程式碼所示），SymPy 會立即把它識別為歐拉數。我們可以呼叫 evalf() 來把它實際顯示為一個數字：

```
from sympy import *

n = symbols('n')
f = (1 + (1/n))**n
result = limit(f, n, oo)

print(result) # E
print(result.evalf()) # 2.71828182845905
```

> **SymPy 的威力**
>
> SymPy（*https://oreil.ly/mgLyR*）是一個強大且出色的 Python 電腦代數系統（computer algebra system, CAS），它使用精確的符號計算而不是使用小數的近似計算。當您使用「鉛筆和紙」來解決數學和微積分問題時，它會提供不少幫助，並且可以使用熟悉的 Python 語法。它不會透過逼近 1.4142135623730951 來表達 2 的平方根，而是把它保留為精確的 $sqrt(2)$。
>
> 那麼為什麼不把 SymPy 用在所有和數學相關的事情呢？雖然我們會在本書中使用它，但可以輕鬆地使用純小數來進行 Python 數學運算仍然很重要，因為 scikit-learn 和其他資料科學程式庫採用的正是這種方法。電腦使用小數而不是符號時會快得多。此外，當數學運算式開始變得太大時，SymPy 也會遇到困難。請把 SymPy 放在您的後口袋裡，來作為您擁有的優勢，但不要告訴正在念高中和大學的孩子，就怕他們照抄以完成數學作業。

微分

讓我們回到函數的討論，並從微積分的角度來看它們，先從微分開始。**微分**（*derivative*）告訴我們函數的斜率（slope），並且對測量函數中任意點的變化率很有用。

為什麼微分如此重要呢？它們常常運用在機器學習和其他數學演算法，尤其是梯度下降（gradient descent）；當斜率為 0 時，這意味著我們處於輸出變數的最小值或最大值。當我們之後討論線性迴歸（第 5 章）、邏輯迴歸（第 6 章）和神經網路（第 7 章）時，這個概念將會很有用。

讓我們從一個簡單的範例開始。請看一下圖 1-6 中的函數 $f(x) = x^2$。$x = 2$ 處的曲線有多「陡峭」呢？

請注意，我們可以測量曲線中任意點的「陡度」，並且可以用切線來把它視覺化。請把**切線**（*tangent line*）看作在給定點處「剛好碰觸到」曲線的直線，它還提供了給定點的斜率。您可以透過建立一條和這個 x 值，以及在函數上和它**非常接近**的相鄰 x 值相交的線，來粗略估計給定 x 值處的切線。

取 $x = 2$ 以及附近的值 $x = 2.1$，當傳遞給函數 $f(x) = x^2$ 時，會得到 $f(2) = 4$ 和 $f(2.1) = 4.41$，如圖 1-7 所示。通過這兩個點的線的斜率為 4.1。

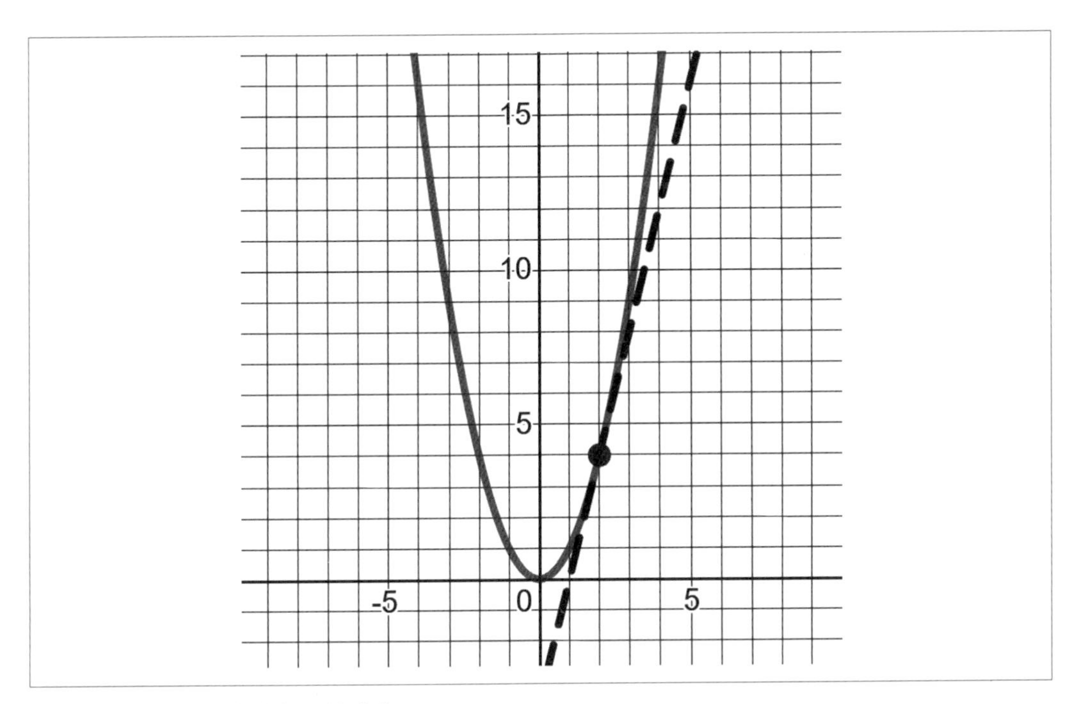

圖 1-6　觀察在函數給定部分的陡度

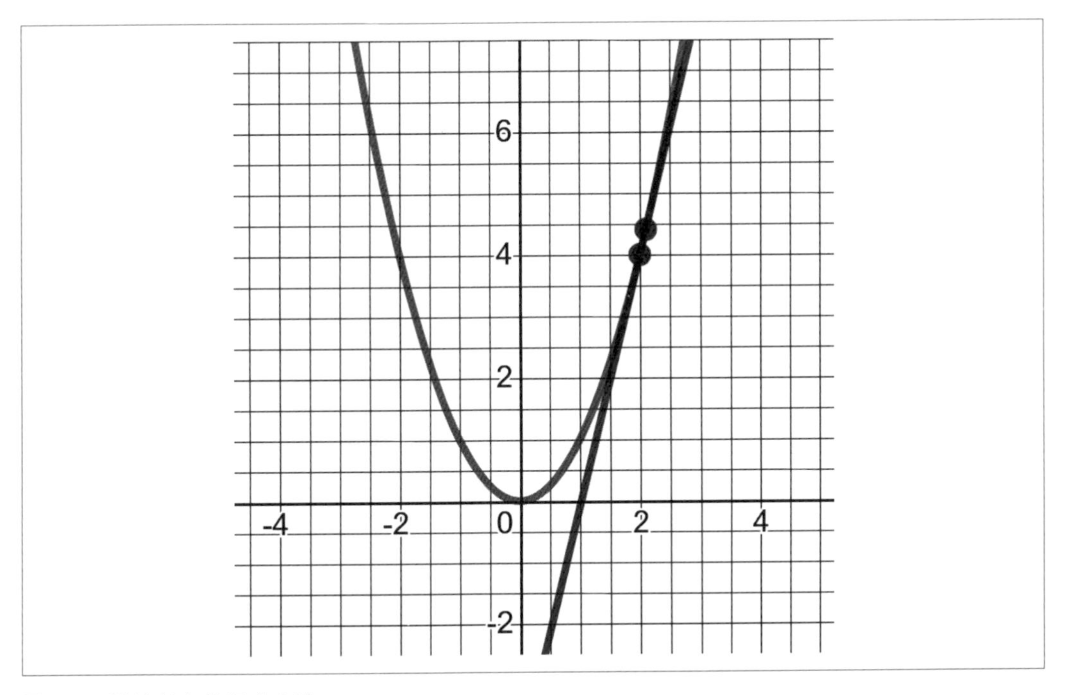

圖 1-7　計算斜率的粗略方法

您可以使用簡單的升降－移步比（rise-over-run）公式來快速計算兩點之間的斜率 m：

$$m = \frac{y_2 - y_1}{x_2 - x_1}$$

$$m = \frac{4.41 - 4.0}{2.1 - 2.0}$$

$$m = 4.1$$

如果讓兩點之間的 x 步距更小，例如 $x = 2$ 和 $x = 2.00001$，將得到 $f(2) = 4$ 和 $f(2.00001) = 4.00004$，而這將會**非常接近**實際斜率 4；所以步距越小，會越接近曲線中給定點的斜率值。就像數學中的許多重要概念一樣，接近無限大或無限小的值時，總能發現一些有意義的東西。

範例 1-17 展示用 Python 來實作的微分計算器。

範例 1-17　以 Python 實作的微分計算器

```
def derivative_x(f, x, step_size):
    m = (f(x + step_size) - f(x)) / ((x + step_size) - x)
    return m


def my_function(x):
    return x**2

slope_at_2 = derivative_x(my_function, 2, .00001)

print(slope_at_2) # 印出 4.000010000000827
```

好消息是，有一種更簡潔的方法可以用來計算函數上任意位置的斜率。我們已經使用了 SymPy 來繪製圖形，但我將向您展示它是如何使用符號計算的魔力，來完成諸如微分之類的任務。

當您遇到像 $f(x) = x^2$ 這樣的指數函數時，微分函數將會讓指數成為乘數，然後把指數減 1，得到微分 $\frac{d}{dx}x^2 = 2x$。$\frac{d}{dx}$ 表示**對 x 的微分**，這表示我們正在建構一個針對 x 值的微分以獲得它的斜率。因此，如果想找到 $x = 2$ 處的斜率，而且有了微分函數，只需插入這個 x 值即可得到斜率：

$$f(x) = x^2$$

$$\frac{d}{dx}f(x) = \frac{d}{dx}x^2 = 2x$$

$$\frac{d}{dx}f(2) = 2(2) = 4$$

如果您打算學習這些規則來手動計算微分，可以參考其他微積分書籍。但是有一些很好的工具可以為您符號式地計算微分，Python 程式庫 SymPy 是免費且開源的，它無違和地融入 Python 語法。範例 1-18 展示如何在 SymPy 上計算 $f(x) = x^2$ 的微分。

範例 1-18　在 SymPy 中計算微分

```
from sympy import *

# 向 SymPy 宣告 'x'
x = symbols('x')

# 現在只需要用 Python 語法來宣告函數
f = x**2

# 計算函數的微分
dx_f = diff(f)
print(dx_f) # 印出 2*x
```

哇！透過在 SymPy 中使用 `symbols()` 函數來宣告變數，我就可以使用普通的 Python 語法來宣告我的函數。之後還可以使用 `diff()` 來計算微分函數。在範例 1-19 中，我們可以把微分函數帶回到一般的 Python，並簡單地把它宣告為另一個函數。

範例 1-19　Python 中的微分計算器

```
def f(x):
    return x**2

def dx_f(x):
    return 2*x

slope_at_2 = dx_f(2.0)

print(slope_at_2) # 印出 4.0
```

如果您想繼續使用 SymPy，可以呼叫 `subs()` 函數，交換 x 變數和值 2，如範例 1-20 所示。

範例 *1-20* 使用 *SymPy* 中的替換功能

```
# 計算 x = 2 處的斜率
print(dx_f.subs(x,2)) # 印出 4
```

偏微分

我們將在本書中遇到的另一個概念是偏微分（*partial derivatives*），第 5、6 和 7 章會使用到它。它們是具有多個輸入變數的函數的微分。

就這樣想吧。我們不是在一維函數上找到斜率，而是在多個方向上對多個變數找出斜率。對於每個給定的變數微分時，我們假設其他的變數都保持不變。看一下圖 1-8 中 $f(x, y) = 2x^3 + 3y^3$ 的 3D 圖，您會看到在這兩個變數的兩個方向上都有斜率。

讓我們使用函數 $f(x, y) = 2x^3 + 3y^3$。*x* 和 *y* 變數都有自己的微分 $\frac{d}{dx}$ 和 $\frac{d}{dy}$。它們表示對多維表面上的每個變數的斜率值。在處理多個維度時，我們在技術上把這些「斜率」稱之為梯度（*gradient*）。以下是 *x* 和 *y* 的微分，隨後是用來計算這些微分的 SymPy 程式碼：

$$f(x, y) = 2x^3 + 3y^3$$

$$\frac{d}{dx}2x^3 + 3y^3 = 6x^2$$

$$\frac{\mathrm{d}}{dy}2x^3 + 3y^3 = 9y^2$$

範例 1-21 和圖 1-8 顯示如何使用 SymPy 來分別計算 x 和 y 的偏微分。

範例 *1-21* 用 *SymPy* 來計算偏微分

```
from sympy import *
from sympy.plotting import plot3d

# 向 SymPy 宣告 x 和 y
x,y = symbols('x y')

# 現在只要用 Python 的語法來宣告函數
f = 2*x**3 + 3*y**3

# 計算 x 和 y 的偏微分
dx_f = diff(f, x)
dy_f = diff(f, y)
```

```
print(dx_f) # 印出 6*x**2
print(dy_f) # 印出 9*y**2

# 畫出函數
plot3d(f)
```

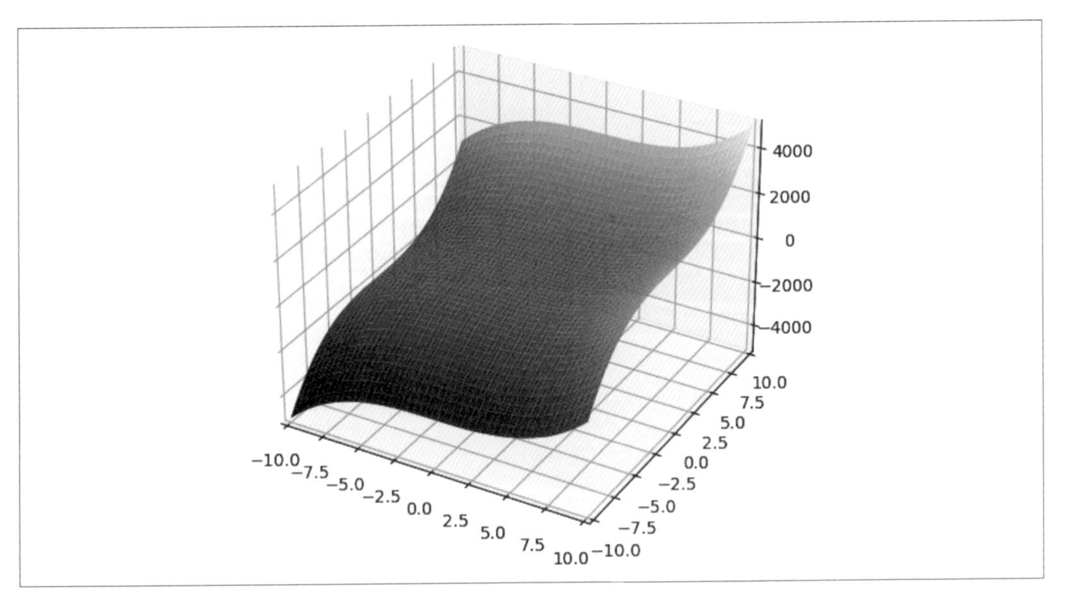

圖 1-8 繪製三維指數函數

因此，對於 (x,y) 的值 (1,2)，它對 x 的斜率是 $6(1) = 6$，對 y 的斜率是 $9(2)^2 = 36$。

使用極限來計算微分

想看看極限如何在計算微分時發揮作用嗎？如果您對我們到目前為止所學的內容感到游刃有餘，請繼續！如果您還在消化中，也許考慮之後再回到這個側邊欄。

SymPy 允許我們以有趣的方式探索數學。令函數為 $f(x) = x^2$；透過添加步長 0.0001 來畫一條穿過相鄰點 $x = 2.0001$ 的線來近似 $x = 2$ 處的斜率。為什麼不使用一個極限來一次性的減少那個步長 s，並看看它會趨近什麼斜率呢？

$$\lim_{s \to 0} \frac{(x+s)^2 - x^2}{(x+s) - x}$$

在範例中，我們對 $x = 2$ 處的斜率感興趣，所以替換它：

$$\lim_{s \to 0} \frac{(2+s)^2 - 2^2}{(2+s) - 2} = 4$$

透過永遠把步長 s 趨近到 0 但從未達到它（請記住，相鄰點不能接觸到 $x = 2$ 這個點，否則無法畫出一條線！）可以使用極限來得到收斂在 4 的斜率上，如範例 1-22 所示。

範例 *1-22* 使用極限來計算斜率

```
from sympy import *

# "x" 與步長大小 "s"
x, s = symbols('x s')

# 宣告函數
f = x**2

# 相距 "s" 的兩點間之斜率
# 替換到升降一移步比公式
slope_f = (f.subs(x, x + s) - f) / ((x+s) - x)

# 把 x 替換為 2
slope_2 = slope_f.subs(x, 2)

# 計算 x = 2 處之斜率
# 把步長大小 _s_ 無限趨近到 0
result = limit(slope_2, s, 0)

print(result) # 4
```

現在，如果我們不給 x 指派特定值，而且不管它的話會怎麼樣呢？如果我們把步長 s 無限減小到 0 會發生什麼事呢？讓我們看一下範例 1-23。

範例 *1-23* 使用極限來計算微分

```
from sympy import *

# "x" 與步長大小 "s"
x, s = symbols('x s')

# 宣告函數
f = x**2
```

```
    # 相距 "s" 的兩點間之斜率
    # 替換到升降一移步比公式
    slope_f = (f.subs(x, x + s) - f) / ((x+s) - x)

    # 計算微分函數
    # 將步長大小 +s+ 無限趨近到 0
    result = limit(slope_f, s, 0)

    print(result) # 2x
```

我們得到微分函數 2x。SymPy 夠聰明，知道永遠不要讓步長達到 0，而是永遠趨近 0。這會收斂 $f(x) = x^2$ 到它的微分對應物 $2x$。

鍊鎖法則

在第 7 章中，當我們建構神經網路時，將會需要一個特殊的數學技巧，稱為鍊鎖法則（chain rule）。當我們組成神經網路層時，必須解開每一層的微分。但是現在讓我們透過一個簡單的代數範例來學習鍊鎖法則。假設您有兩個函數：

$$y = x^2 + 1$$

$$z = y^3 - 2$$

請注意，這兩個函數是相互關聯的，因為 y 是第一個函數的輸出變數，也是第二個函數的輸入變數。這意味著我們可以把第一個函數的 y 代入第二個函數來得到 z，如下所示：

$$z = \left(x^2 + 1\right)^3 - 2$$

而 z 對於 x 的微分又是多少呢？我們已經有用 x 來表達 z 的代換結果。讓我們在範例 1-24 中使用 SymPy 來計算。

範例 1-24　求 z 對 x 的微分

```
from sympy import *

z = (x**2 + 1)**3 - 2
dz_dx = diff(z, x)
print(dz_dx)

# 6*x*(x**2 + 1)**2
```

所以我們的 z 對 x 的微分是 6x（x2 + 1）2：

$$\frac{dz}{dx}\left(\left(x^2+1\right)^3-2\right)$$
$$=6x\left(x^2+1\right)^2$$

但是再看看這個。讓我們重新開始並採取不同的方法。如果我們分別取 *y* 和 *z* 函數的微分，然後把它們相乘，這也會產生 *z* 對 *x* 的微分！讓我們嘗試一下：

$$\frac{dy}{dx}\left(x^2+1\right)=2x$$

$$\frac{dz}{dy}\left(y^3-2\right)=3y^2$$

$$\frac{dz}{dx}=(2x)\left(3y^2\right)=6xy^2$$

好吧，$6xy^2$ 可能看起來不像 $6x\left(x^2+1\right)^2$，但這只是因為我們還沒有代換 *y* 函數。這樣做之後，整個 $\frac{dz}{dx}$ 微分可以用 *x* 而不用 *y* 來表達。

$$\frac{dz}{dx}=6xy^2=6x\left(x^2+1\right)^2$$

所以我們可以得到相同的微分函數 $6x\left(x^2+1\right)^2$！

這就是**鍊鎖法則**，意思是對於一個給定的函數 *y*（其輸入變數為 *x*）組合到另一個函數 *z*（其輸入變數為 *y*）來說，可以透過把兩個相對應的微分相乘，來找到 *z* 對 *x* 的微分：

$$\frac{dz}{dx}=\frac{dz}{dy}\times\frac{dy}{dx}$$

範例 1-25 顯示進行這個比較的 SymPy 程式碼，表明鍊鎖法則的微分等於代換後函數的微分。

範例 *1-25* 使用和不使用鍊鎖法則來計算微分 *dz/dx*，但仍然得到相同的答案

```
from sympy import *

x, y = symbols('x y')


# 第一個函數的微分
```

```
# 在 y 的前面要加上底線以預防變數衝突
_y = x**2 + 1
dy_dx = diff(_y)

# 第二個函數的微分
z = y**3 - 2
dz_dy = diff(z)

# 用和不用鍊鎖法則來計算微分，
# 代換 y 函數
dz_dx_chain = (dy_dx * dz_dy).subs(y, _y)
dz_dx_no_chain = diff(z.subs(y, _y))

# 透過展示二者相等來證明鍊鎖法則
print(dz_dx_chain) # 6*x*(x**2 + 1)**2
print(dz_dx_no_chain) # 6*x*(x**2 + 1)**2
```

鍊鎖法則是訓練具有適當權重和偏差的神經網路的關鍵部分。與其以剝洋蔥的方式來解開每個節點的微分，我們可以把每個節點的微分相乘，這在數學上要容易得多。

積分

與微分相反的是**積分**（*integral*），它會找出給定範圍的曲線下的面積。在第 2 章和第 3 章中，我們將要找到機率分布下的面積。雖然我們不會直接使用積分，而是使用已經進行積分的累積密度函數（cumulative density function），但最好還是了解一下積分如何找到曲線下的面積。附錄 A 包含了在機率分布上使用這種方法的範例。

我想採用一種更直觀的方法來學習積分，稱為黎曼和（Riemann Sum），它可以靈活地適配任何的連續函數。首先，讓我們指出，找到直線下範圍的面積很容易。假設我有一個函數 $f(x) = 2x$，我想找出 0 和 1 之間的直線下的面積，如圖 1-9 中的陰影所示。

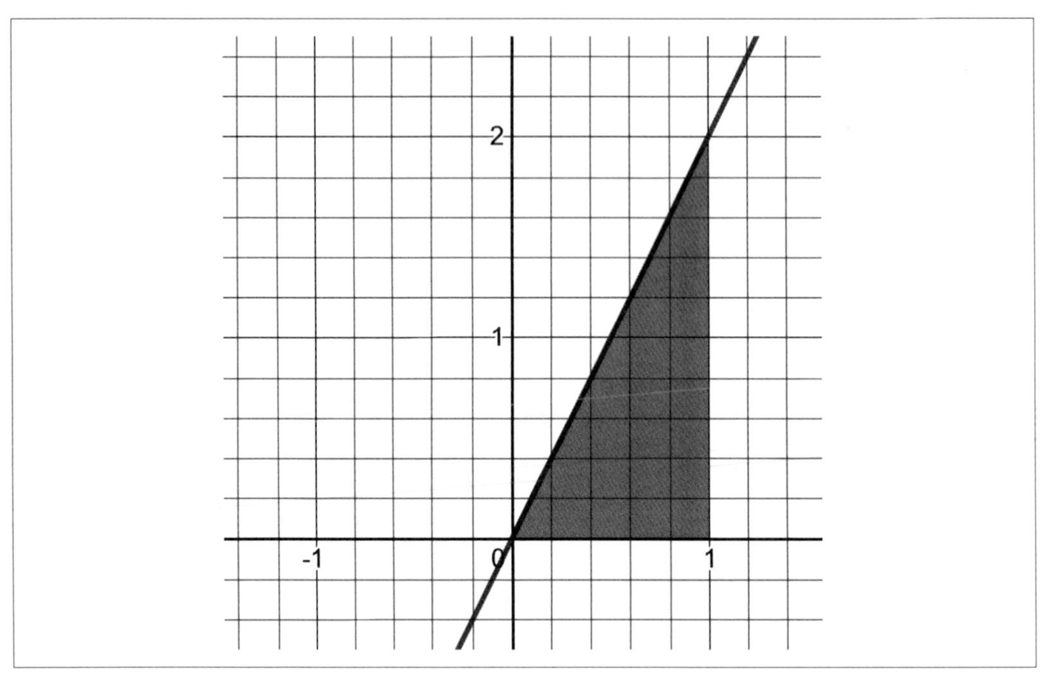

圖 1-9　計算線性函數下的面積

請注意，我正在找直線和 x 軸之間區域的面積，並且 x 的範圍在 0.0 到 1.0 之間。如果您回想一下基本的幾何學公式，三角形的面積 A 是 $A = \frac{1}{2}bh$，其中 b 是底的長度，h 是高。我們可以直觀地發現 $b = 1$ 和 $h = 2$，因此，代入公式中，可以得到面積是 1.0，如下所示：

$$A = \frac{1}{2}bh$$

$$A = \frac{1}{2} * 1 * 2$$

$$A = 1$$

還不錯，對吧？但是讓我們看一個很難找到其下面積的函數：$f(x) = x^2 + 1$。如圖 1-10 中的陰影所示，0 和 1 之間的面積會是多少呢？

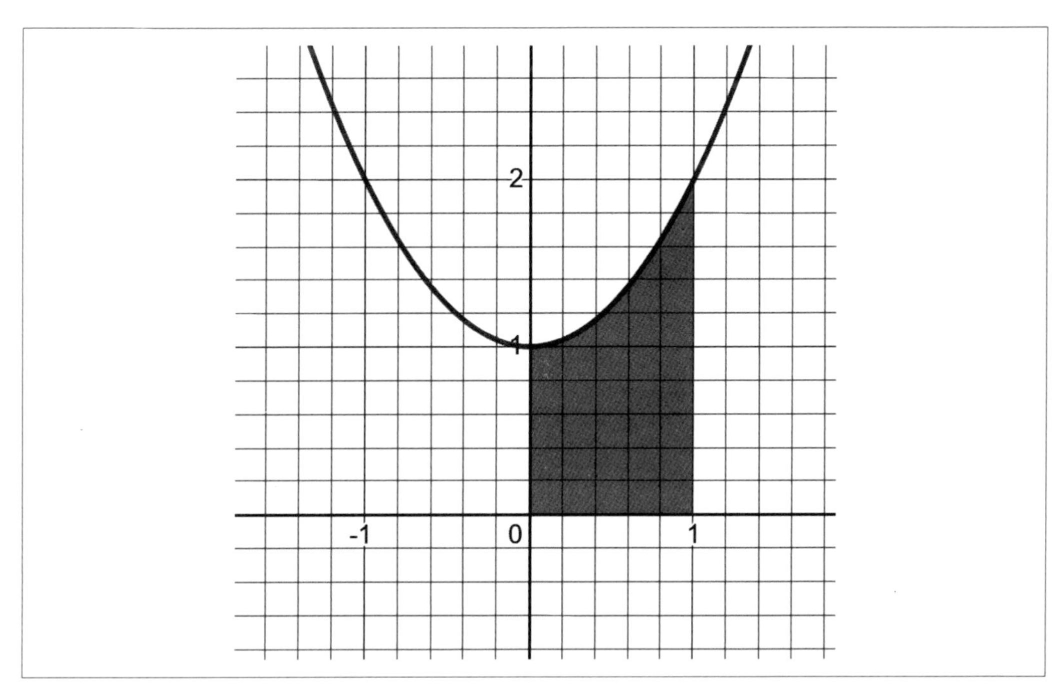

圖 1-10　在非線性函數下計算面積並不容易

同樣的，我們對曲線下方和 x 軸上方的區域感興趣，而且只在 0 和 1 之間的 x 範圍內。這裡的曲線無法用一個簡單明瞭的幾何學公式來求得面積，但以下提供一個聰明的小技巧。

如圖 1-11 所示，如果我們在曲線下填充五個等長的矩形，每個矩形的高度都從 x 軸一直延伸直到它的中點和曲線相碰觸的位置，這又會怎樣呢？

一個長方形的面積是 A = 長 × 寬，所以我們可以輕鬆地把長方形的面積相加。這會得到一個曲線下面積的近似值嗎？如果填充 100 個矩形會怎樣？1,000 個呢？100,000 個呢？當我們增加矩形的數量同時又減小它們的寬度時，難道不會更趨近曲線下的面積嗎？沒錯，這是另一種向無窮大增加 / 減少一些東西來趨近實際值的案例。

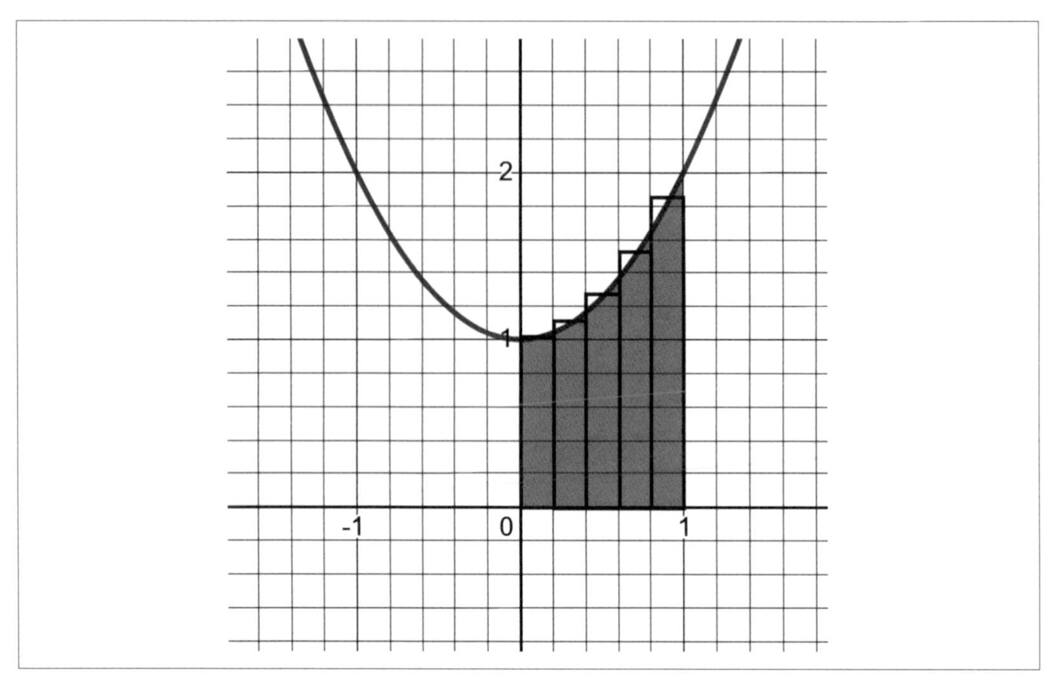

圖 1-11　在曲線下填充矩形以趨近面積

讓我們在 Python 中嘗試一下。首先，我們需要一個趨近積分的函數，稱為 approximate_integral()。參數 a 和 b 將分別指明 x 範圍的最小值和最大值。n 是要填充的矩形數量，f 是正在積分的函數。我們實作了範例 1-26 中的函數，然後用介於 0.0 到 1.0 之間的 5 個矩形來對函數 $f(x) = x^2 + 1$ 進行積分。

範例 1-26　Python 中的積分趨近

```
def approximate_integral(a, b, n, f):
    delta_x = (b - a) / n
    total_sum = 0

    for i in range(1, n + 1):
        midpoint = 0.5 * (2 * a + delta_x * (2 * i - 1))
        total_sum += f(midpoint)

    return total_sum * delta_x

def my_function(x):
    return x**2 + 1
```

```
area = approximate_integral(a=0, b=1, n=5, f=my_function)
print(area) # 印出 1.33
```

所以我們得到了 1.33 的面積。如果我們使用 1,000 個矩形會發生什麼事呢？讓我們在範例 1-27 中嘗試一下。

範例 1-27　Python 中的另一個積分趨近

```
area = approximate_integral(a=0, b=1, n=1000, f=my_function)

print(area) # 印出 1.333333250000001
```

好的，我們在這裡獲得更高的精確度，並獲得更多的小數位。那如範例 1-28 所示的 100 萬個矩形呢？

範例 1-28　Python 中的另一個積分趨近

```
area = approximate_integral(a=0, b=1, n=1_000_000, f=my_function)

print(area) # 印出 1.3333333333332733
```

好的，我們在這裡得到了遞減的增加值，並收斂到 $1.\overline{333}$ 值，其中「.333」的部分會永遠重複出現。如果這是一個有理數，它很可能是 $4/3 = 1.\overline{333}$。隨著我們增加矩形的數量，趨近值會開始在越來越小的小數點處達到其極限。

現在我們對想要達成的目標和原因有一些眉目了，讓我們在範例 1-29 中用 SymPy 來進行一個更精確的方法，SymPy 剛好可以支援有理數。

範例 1-29　使用 SymPy 來執行積分

```
from sympy import *

# 對 SymPy 宣告 'x'
x = symbols('x')

# 現在只要用 Python 語法來宣告函數
f = x**2 + 1

# 對 x 計算函數的積分
# 針對介於 x = 0 和 1 之間的區域
area = integrate(f, (x, 0, 1))

print(area) # 印出 4/3
```

太酷了！所以面積實際上是 4/3，這是我們之前的方法所收斂到的值。不幸的是，普通的 Python（和許多程式語言）只支援小數，但是像 SymPy 這樣的電腦代數系統給了我們精確的有理數。我們將在第 2 章和第 3 章中使用積分來找出曲線下的面積，儘管這其實是 scikit-learn 完成的工作。

計算帶極限的積分

對於真的很想知道的人，以下是使用 SymPy 中的極限來計算定積分（definite integral）的方式。拜託！如果您還有很多需要消化的內容，請跳過或之後返回此邊欄；但是，如果您能完全掌握並想深入了解如何使用極限來導出積分，請繼續！

主要的想法遵循我們之前所做的大部分工作：把矩形填充在曲線下並讓它們變得無限小，直到我們趨近精確的面積。但是當然，矩形的寬度不能是 0……，它們只需要不斷趨近 0 但不會達到 0。這是使用極限的另一個案例。

Khan Academy 有一篇很棒的文章（*https://oreil.ly/sBmCy*）在解釋如何對黎曼和使用極限，但以下是我們在 SymPy 中的做法，如範例 1-30 所示。

範例 *1-30*　使用極限來計算積分

```
from sympy import *

# 對 SymPy 宣告變數
x, i, n = symbols('x i n')

# 宣告函數和值域
f = x**2 + 1
lower, upper = 0, 1

# 對每個索引 "i" 計算寬度以及每個矩形的高度
delta_x = ((upper - lower) / n)
x_i = (lower + delta_x * i)
fx_i = f.subs(x, x_i)

# 迭代所有的 "n" 個矩形並加總它們的面積
n_rectangles = Sum(delta_x * fx_i, (i, 1, n)).doit()

# 讓矩形數量 "n" 趨近無限大來計算面積
area = limit(n_rectangles, n, oo)

print(area) # 印出 4/3
```

此處，我們決定每個矩形的長度 delta_x 和每個矩形的起點 x_i，其中 i 是每個矩形的索引。fx_i 是索引 i 處的矩形高度。我們宣告了 n 個矩形並加總它們的面積 delta_x * fx_i，但還是無法算出面積值，因為我們還沒有為 n 提交一個數字。相反的，我們讓 n 趨近無窮大，來看看會收斂在哪個面積，您應該會得到 4/3！

結論

在本章中，我們介紹了一些將會用在本書其餘部分的基礎知識，從數論到對數和微積分，我們強調了一些與資料科學、機器學習和分析相關的重要數學概念。您可能還不明白這些概念，我接下來會繼續說明！

在繼續討論機率之前，花點時間再瀏覽一下這些概念，然後做以下習題。在閱讀本書的過程中，您可以隨時重新拜訪本章，並在開始應用這些數學思想時，根據需要而更新。

習題

1. 62.6738 這個值是有理數還是無理數？是與否的理由分別為何？
2. 計算運算式：$10^7 10^{-5}$
3. 計算運算式：$81^{\frac{1}{2}}$
4. 計算運算式：$25^{\frac{3}{2}}$
5. 假設沒有還款，1000 美元的貸款在 3 年後每月複利 5% 的價值是多少？
6. 假設沒有還款，1000 美元的貸款在 3 年後連續複利 5% 的價值是多少？
7. 對於函數 $f(x) = 3x^2 + 1$，$x = 3$ 處的斜率是多少？
8. 對於函數 $f(x) = 3x^2 + 1$，x 在 0 和 2 之間的曲線下面積是多少？

答案在附錄 B 中。

第二章

機率

想到機率（probability）時，您的腦海會浮出什麼畫面？也許您會想到和賭博相關的例子，例如中樂透或用兩個骰子來得到一對（pair）的機率；也許用來預測股票的表現、政治選舉的結果、或者搭乘航班是否會準時到達。總之，這個世界充滿我們想要衡量的不確定性。

也許這就是我們應該關注的詞：不確定性（uncertainty）。我們該如何衡量無法確定的事物呢？

說到底，「機率」是衡量事件發生確定性的理論研究。它是本書中統計學、假說檢定、機器學習和其他主題的基礎學科。很多人認為機率是理所當然的，並認為他們對它已經很熟悉；然而，它比大多數人所想像的都還要微妙和複雜。雖然機率的定理和概念在數學上是健全的，但當我們引入資料並冒險進入統計學時，它會變得更加複雜。我們將在第 4 章的統計和假說檢定中再次證實。

在本章，我們先討論何謂機率，然後介紹機率的數學概念、貝氏定理、二項分布和 beta 分布。

了解機率

機率（*probability*）是相信事件會發生的程度。以下這些問題都可能會以機率表達答案：

- 我在 10 次公平地擲硬幣後，得到 7 個正面的可能性有多大？
- 我贏得選舉的機會有多大？
- 我的航班會誤點嗎？
- 我有多確定這項產品是有缺陷的？

最常用表達機率的方式是百分比，例如「我的航班有 70% 的可能性會誤點」。我們把機率稱為 $P(X)$，其中 X 是我們感興趣的事件。但是，當您使用機率時，它也有可能以小數方式呈現（在本案例中為 0.70），而且必須介於 0.0 和 1.0 之間：

$$P(X) = .70$$

概似度（*likelihood*）類似於機率，兩者很容易混淆（就連許多字典也無法避免）。您在日常對話中會交替地使用「機率」和「概似度」，但是，我們應該明確定義這兩者的差異。機率是量化尚未發生事件的預測值，而概似度則是用來衡量已經發生事件的頻率。在統計學和機器學習中，我們經常使用以資料形式呈現的概似度（過去），來預測機率（未來）。

需要注意的是，事件發生的機率一定要在 0% 和 100% 之間，或者 0.0 和 1.0 之間。從邏輯上講，這意味著事件不會發生的機率，就是從 1.0 中減去事件發生的機率：

$$P(X) = .70$$
$$P(\text{not } X) = 1 - .70 = .30$$

這是機率和概似度的另一個區別。一個事件所有可能的互斥結果（只會有一個結果，而不是同時好多個），其機率加總必須是 1.0 或 100%。然而，概似度並不受此規則約束。

或者，機率可以表示為**賠率**（*odds*）$O(X)$，例如 7:3、7/3 或 $2.\overline{333}$。要把賠率 $O(X)$ 轉化為與它成比例的機率 $P(X)$，請使用以下公式：

$$P(X) = \frac{O(X)}{1 + O(X)}$$

因此，如果我的賠率為 7/3，我可以把它轉換為與它成比例的機率，如下所示：

$$P(X) = \frac{O(X)}{1 + O(X)}$$

$$P(X) = \frac{\frac{7}{3}}{1 + \frac{7}{3}}$$

$$P(X) = .7$$

反之，您可以簡單地把事件發生的機率，除以它不會發生的機率，而把機率轉化為賠率：

$$O(X) = \frac{P(X)}{1 - P(X)}$$

$$O(X) = \frac{.70}{1 - .70}$$

$$O(X) = \frac{7}{3}$$

賠率很有用！

雖然許多人覺得用百分比或比例來表達機率比較容易，但賠率可能是一個有用的工具。如果我的賠率為 2.0，這意味著我覺得某件事會發生的可能性，是不會發生的兩倍，這比 $66.\overline{666}\%$ 的百分比更能直觀地傳達一個信念。出於這個原因，賠率有助於量化主觀信念，尤其是在賭博／博奕環境中。它能在貝氏統計（包括貝氏因子（Bayes Factor））以及使用對數賠率的邏輯迴歸中發揮作用，我們將在第 6 章中介紹。

機率與統計

有時人們會交錯使用**機率**和**統計**這兩個術語，雖然把這兩個學科混為一談是可以理解的，但它們確實有所區別。**機率**純粹是關於事件發生的可能性理論，不需要運用資料；另一方面，**統計**必定基於資料而存在，而且會使用它來發現機率，並提供描述資料的工具。

想要預測一顆骰子會擲出 4，如果用純粹的機率思維來解決這個問題，最簡單的說法是骰子有 6 個面，假設每一面出現的可能性相同，會得到 4 的機率是 1/6，也就是 16.666%。

然而，熱心的統計學家可能會說：「不！我們需要擲骰子來獲取資料。如果可以投擲 30 或更多次，投擲越多次越好，只有這樣才有資料來確定會得到 4 的機率。」如果假設骰子是公平的，這種方法可能看起來很愚蠢，但如果不是呢？如果情況是這樣的話，蒐集資料將是發現擲出 4 的機率的唯一方法。我們將在第 3 章討論假說檢定。

機率數學

當我們只使用事件 $P(X)$ 的單一機率（又稱**邊際機率**（*marginal probability*））時，想法會相當簡單明瞭，如前文所述。但是當我們開始組合不同事件的機率時，它就變得不那麼直觀了。

聯合機率

假設您有一個公平的硬幣和一個公平的 6 面骰子，您想找出硬幣正面朝上和骰子擲出 6 的機率，這是兩個事件的兩個分別機率。而兩個事件同時發生的機率，就稱為**聯合機率**（*joint probability*）。

把聯合機率看作是 AND 運算子。我想找出正面朝上和擲出 6 兩件事一起發生的機率，該如何計算呢？

硬幣有 2 個面，骰子有 6 個面，所以硬幣正面朝上的機率是 1/2，骰子 6 那面朝上的機率是 1/6。兩個事件同時發生的機率（假設它們是獨立的，之後會詳細介紹！）就只要把兩者相乘：

$$P(A \text{ AND } B) = P(A) \times P(B)$$

$$P(\text{正面}) = \frac{1}{2}$$

$$P(6) = \frac{1}{6}$$

$$P(\text{正面 AND } 6) = \frac{1}{2} \times \frac{1}{6} = \frac{1}{12} = .08\overline{333}$$

這很簡單，但為什麼是這樣呢？許多機率的規則是透過所有可能事件組合而產生的，這來自離散數學領域，稱為排列（permutation）和組合（combination）。對於這個案例，我們要產生硬幣和骰子之間所有可能的結果，把正面（H）和反面（T）以及數字 1 到 6 進行配對。請注意，我在我們感興趣的結果（正面和 6）周圍加上了星號「*」：

```
H1  H2  H3  H4  H5  *H6*  T1  T2  T3  T4  T5  T6
```

擲硬幣和擲骰子會有 12 種可能的結果，但我們唯一感興趣的是「H6」，也就是同時得到正面和 6 點。只有一個結果會滿足我們的條件，而總共有 12 個可能的結果，所以得到正面和 6 點的機率是 1/12。

我們可以再次使用乘法作為找到聯合機率的捷徑，不用產生所有可能組合後，再計算我們感興趣的組合數量。這稱為*乘積規則*（*product rule*）：

$$P(A \text{ AND } B) = \mathrm{P}(A) \times \mathrm{P}(B)$$

$$P(\text{正面 AND } 6) = \frac{1}{2} \times \frac{1}{6} = \frac{1}{12} = .08\overline{333}$$

聯集機率

我們討論了聯合機率，也就是兩個或多個事件同時發生的機率。但是會得到事件 A 或 B 的機率呢？當我們使用機率來處理 OR 運算時，稱為*聯集機率*（*union probability*）。

讓我們從*互斥*（*mutually exclusive*）事件開始，也就是不能同時發生的事件。例如，我擲一個骰子，不可能同時得到 4 和 6 點，只能得到一個結果。獲得這些案例的聯集機率很容易，只要把它們加在一起就好。如果我想找出擲出骰子點數為 4 或 6 點的機率，它將會是 2/6 = 1/3：

$$P(4) = \frac{1}{6}$$

$$P(6) = \frac{1}{6}$$

$$P(4 \text{ OR } 6) = \frac{1}{6} + \frac{1}{6} = \frac{1}{3}$$

但是那些可以同時發生的*非互斥*（*nonmutually exclusive*）事件呢？讓我們回到擲硬幣和擲骰子的例子，得到正面或 6 點的機率是多少？在您試圖相加這些機率之前，我們再次列出所有可能的結果，並突顯我們感興趣的結果：

```
*H1*  *H2*  *H3*  *H4*  *H5*  *H6*  T1  T2  T3  T4  T5  *T6*
```

在這裡，我們對所有出現正面以及所有出現 6 點的結果感興趣，如果以這 12 個結果中的 7 個來進行比例運算，也就是 7/12，我們得到的正確機率為 $.58\overline{333}$。

但是，如果我們把正面和 6 點的機率相加會發生什麼事呢？我們會得到一個不同（且錯誤的！）答案 $.\overline{666}$：

$$P(\text{正面}) = \frac{1}{2}$$

$$P(6) = \frac{1}{6}$$

$$P(\text{正面 OR 6}) = \frac{1}{2} + \frac{1}{6} = \frac{4}{6} = .\overline{666}$$

這是為什麼呢？再次研究硬幣翻轉和骰子結果的組合，看看您是否能找到一些可疑的跡象。請注意，當我們相加機率時，我們會重複計算在「H6」和「T6」中出現 6 點的機率！如果這還不夠清楚，請嘗試找出擲出正面或擲出 1 到 5 點的機率：

$$P(\text{正面}) = \frac{1}{2}$$

$$P(1\ \text{到}\ 5) = \frac{5}{6}$$

$$P(\text{正面 OR 1 到 5}) = \frac{1}{2} + \frac{5}{6} = \frac{8}{6} = 1.\overline{333}$$

得到的機率是 133.333%，這絕對是不正確的，因為機率不能超過 100% 或 1.0。這裡的問題是我們再度重複計算了結果。

如果您想清楚一點，您可能會意識到，在聯集機率中消除重複計算的邏輯作法，是減去聯合機率，這就是**機率加總規則**（*sum rule of probability*），能確保每個聯合事件只會計算一次：

$$P(A \text{ OR } B) = P(A) + P(B) - P(A \text{ AND } B)$$

$$P(A \text{ OR } B) = P(A) + P(B) - P(A) \times P(B)$$

因此，回到計算正面或 6 點的機率範例，我們需要從聯集機率中減去獲得正面和 6 點的聯合機率：

$$P(\text{正面}) = \frac{1}{2}$$

$$P(6) = \frac{1}{6}$$

$$P(A \text{ OR } B) = P(A) + P(B) - P(A) \times P(B)$$

$$P(\text{正面 OR 6}) = \frac{1}{2} + \frac{1}{6} - \left(\frac{1}{2} \times \frac{1}{6}\right) = .58\overline{333}$$

請注意，此公式也適用於互斥事件。如果事件是互斥的，也就是只允許一個結果 *A* 或 *B*，而不是兩個都允許，那麼聯合機率 *P*(*A* AND *B*) 將會是 0，因此會把自己從公式中移除。然後，您只需像我們之前所做的那樣，簡單地把事件加總即可。

總之，當兩個或多個非互斥事件之間存在聯集機率時，請務必減去聯合機率，以免重複計算機率。

條件機率和貝氏定理

條件機率（*conditional probability*）則是一個容易讓人困惑的概念，也就是在給定事件 B 已經發生的情況下，事件 A 會發生的機率。它通常表達成 *P*(A 給定 B) 或 *P*(A|B)。

假設有一項研究聲稱 85% 的癌症患者會喝咖啡，您對這種說法有何反應？這會讓您感到震驚，並想放棄您最喜歡的晨間飲料嗎？讓我們首先把它定義為條件機率 *P*(咖啡給定癌症) 或 *P*(咖啡 | 癌症)，這代表患有癌症的人喝咖啡的機率。

接著，我們把它和在美國診斷出患有癌症的人的百分比（根據 *cancer.gov* 的資料為 0.5%），和喝咖啡的人的百分比（根據 *statista.com* 的資料為 65%）進行比較：

P(咖啡) = .65
P(癌症) = .005
P(咖啡|癌症) = .85

嗯……，研究一下這些數字，並自問咖啡是否真的是主要問題。再次注意，在任何給定時間，只有 0.5% 的人口患有癌症，然而，有 65% 的人口經常喝咖啡，如果咖啡會導致癌症，這個數量不是應該比 0.5% 高出許多嗎？不是會更接近 65% 嗎？

這是關於成比例數字容易讓人誤導的例子。在沒有任何特定背景的情況下，它們可能看起來很重要，媒體頭條當然可以利用這一點來獲得點閱數：可以寫成「最新研究顯示，85% 的癌症患者有喝咖啡」。當然，這很愚蠢，因為我們硬把一個共同的屬性（喝咖啡），與一個不常見的屬性（患有癌症）扯在一起。

條件機率容易讓人搞不清楚的原因在於條件方向很重要，而這兩個條件混為一談，因為它們在某種程度上是相等的。「有喝咖啡的人罹患癌症的機率」不等同於「罹患癌症的人有喝咖啡的機率」。簡單來說：喝咖啡的人很少得癌症，但喝咖啡的癌症患者很多。

與其說我們對研究咖啡是否會導致癌症感興趣，不如說我們其實是對第一個條件機率感興趣：如果某人有喝咖啡，那他得癌症的機率為何？

$$P(\text{咖啡}|\text{癌症}) = .85$$
$$P(\text{癌症}|\text{咖啡}) = ?$$

我們該如何翻轉條件？有一個強大且簡單的公式：**貝氏定理**（*Bayes' Theorem*），我們可以用它來翻轉條件機率：

$$P(A|B) = \frac{P(B|A)P(A)}{P(B)}$$

把已有的資訊代入這個公式，可以求解一個人喝咖啡時罹患癌症的機率：

$$P(A|B) = \frac{P(B|A) * P(A)}{P(B)}$$

$$P(\text{咖啡}|\text{癌症}) = \frac{P(\text{咖啡}|\text{癌症}) * P(\text{癌症})}{P(\text{咖啡})}$$

$$P(\text{咖啡}|\text{癌症}) = \frac{.85 * .005}{.65} = .0065$$

如果您想在 Python 中計算，請查看範例 2-1。

範例 *2-1* 在 *Python* 中使用貝氏定理

```
p_coffee_drinker = .65
p_cancer = .005
p_coffee_drinker_given_cancer = .85

p_cancer_given_coffee_drinker = p_coffee_drinker_given_cancer *
    p_cancer / p_coffee_drinker

# 印出 0.006538461538461539
print(p_cancer_given_coffee_drinker)
```

因此，如果某人有喝咖啡，罹患癌症的機率只有 0.65%！這個數字和一個患有癌症的人有喝咖啡的機率，也就是 85%，有很大不同。現在您明白為什麼條件方向很重要了吧？出於這個原因，貝氏定理很有幫助，它還可以用來把多個條件機率鏈接在一起，以根據新資訊不斷更新假設。

如何定義「有喝咖啡的人」？

請注意，我可以在這裡考慮其他變數，特別是讓某人有資格成為「有喝咖啡的人」的因素。如果有人一個月喝一次咖啡，而不是每天喝，我是否應該同樣把他們算為「有喝咖啡的人」？一個月前開始喝咖啡的人，而不是喝了 20 年咖啡的人呢？在這項癌症研究中，要達到「有喝咖啡的人」的門檻，表示多久喝一次咖啡呢？

這些是需要考慮的重要問題，它們能證實為什麼很少資料能完整說明。如果有人給您一個病人的電子試算表，上面有一個簡單的「是 / 否」旗標，說明他們是否有喝咖啡，就需要重新定義這裡的閾值！或者我們需要更明確的度量，例如「過去三年內喝掉的咖啡數量」。我讓這個假設性實驗盡量簡單，並沒有定義「有喝咖啡的人」的資格，但請注意，在實際應用中，深入了解資料的線索十分重要。我們將在第 3 章中對此進行更多討論。

如果您想更深入地探索貝氏定理背後的概念，請見附錄 A。現在只要知道它可以幫助我們翻轉條件機率就好。接下來，讓我們談談條件機率如何與聯合和聯集運算互動。

天真貝氏（*Naive Bayes*）

貝氏定理在稱為天真貝氏的常見機器學習演算法中扮演核心角色。Joel Grus 在他的 *Data Science from Scratch*（O'Reilly）一書中有相關介紹。

聯合和聯集條件機率

讓我們重新審視聯合機率以及它們如何和條件機率互動。我想找出某人有喝咖啡而且罹患癌症的機率。我應該把 $P($咖啡$)$ 和 $P($癌症$)$ 相乘嗎？或者我應該使用 $P($咖啡$|$癌症$)$ 來代替 $P($咖啡$)$（如果有的話）？要用哪一個？

選項 1：
$P(\text{咖啡}) \times P(\text{癌症}) = .65 \times .005 = .00325$

選項 2：
$P(\text{咖啡}|\text{癌症}) \times P(\text{癌症}) = .85 \times .005 = .00425$

如果已經確定我們的機率僅適用於癌症患者，那麼使用 P(咖啡 | 癌症) 來代替 P(咖啡) 是否有意義？這是其中一個更具體，並適用於已經建立的條件。所以我們應該使用 P(咖啡 | 癌症)，因為 P(癌症) 已經是聯合機率的一部分。這意味著某人患有癌症而且是有喝咖啡的人的機率為 0.425%：

$$P(\text{咖啡 且 癌症}) = P(\text{咖啡}|\text{癌症}) \times P(\text{癌症}) = .85 \times .005 = .00425$$

這種聯合機率也適用於另一個方向。我可以透過把 P(癌症 | 咖啡) 和 P(咖啡) 相乘，來找到某人有喝咖啡並罹患癌症的機率。如您所見，我得出了相同的答案：

$$P(\text{癌症}|\text{咖啡}) \times P(\text{咖啡}) = .0065 \times .65 = .00425$$

如果我們沒有任何可用的條件機率，能做的最多就是把 P(喝咖啡的人) 和 P(癌症) 相乘，如下所示：

$$P(\text{喝咖啡的人}) \times P(\text{癌症}) = .65 \times .005 = .00325$$

現在想一想：如果事件 A 對事件 B 沒有影響，這對條件機率 $P(B|A)$ 有什麼意義？這意味著 $P(B|A) = P(B)$，事件 A 的發生對事件 B 發生的可能性沒有影響。因此，無論這兩個事件是否相關，我們都可以把聯合機率公式更新為：

$$P(A \text{ AND } B) = P(B) \times P(A|B)$$

最後讓我們談談聯集和條件機率。如果我想計算 A 或 B 發生的機率，但 A 可能會影響 B 的機率，我們更新加總規則如下：

$$P(A \text{ OR } B) = P(A) + P(B) - P(A|B) \times P(B)$$

提醒一下，這也適用於互斥事件。如果事件 A 和 B 不能同時發生，加總規則 $P(A|B) \times P(B)$ 將得到 0。

二項分布

在本章的剩餘部分，我們將學習兩種機率分布：二項分布和 beta 分布。雖然我們不會在本書的其餘部分用到它們，但它們本身就是有用的工具，而且對於理解事件在多次試驗時如何發生至關重要；它們也會用來說明第 3 章大量使用的機率分布。讓我們假設一個現實生活中有可能出現的案例。

假設您正在研發一種新的渦輪噴射引擎，測試 10 次後，有 8 次成功、2 次失敗：

✓ ✓ ✓ ✓ ✓ ✘ ✓ ✘ ✓ ✓

您希望得到 90% 的成功率，但根據這些資料得到的結論，表示您的測試失敗了，只有 80% 成功。每次測試都很耗時且昂貴，因此您決定是時候回到繪圖板上來重新設計了。

但是，您的一位工程師堅持應該繼續測試。「我們能確定的唯一方法是進行更多測試，」她爭辯道，「如果更多的測試會取得 90% 或更大的成功率時怎麼辦？畢竟，如果您擲硬幣 10 次並得到 8 個正面，這並不意味著硬幣會固定出現 80% 的正面。」

您簡要地考慮了工程師的論點，並意識到她說得有道理。即使是公平的硬幣翻轉也不會總是產生均等的結果，尤其是在只有 10 次投擲的情況下。您最有可能獲得的是五個正面，但您也可能獲得 3 個、4 個、6 個或 7 個正面。您甚至可以得到 10 個正面，儘管這種情況極度的不可能。假設潛在機率是 90% 的情況下，您要如何決定 80% 成功的可能性呢？

這裡可能相關的一個工具是***二項分布***（*binomial distribution*），它會衡量在給定 p 機率的情況下，在 n 次試驗中發生 k 次成功的可能性有多大。

視覺上，二項分布如圖 2-1 所示。

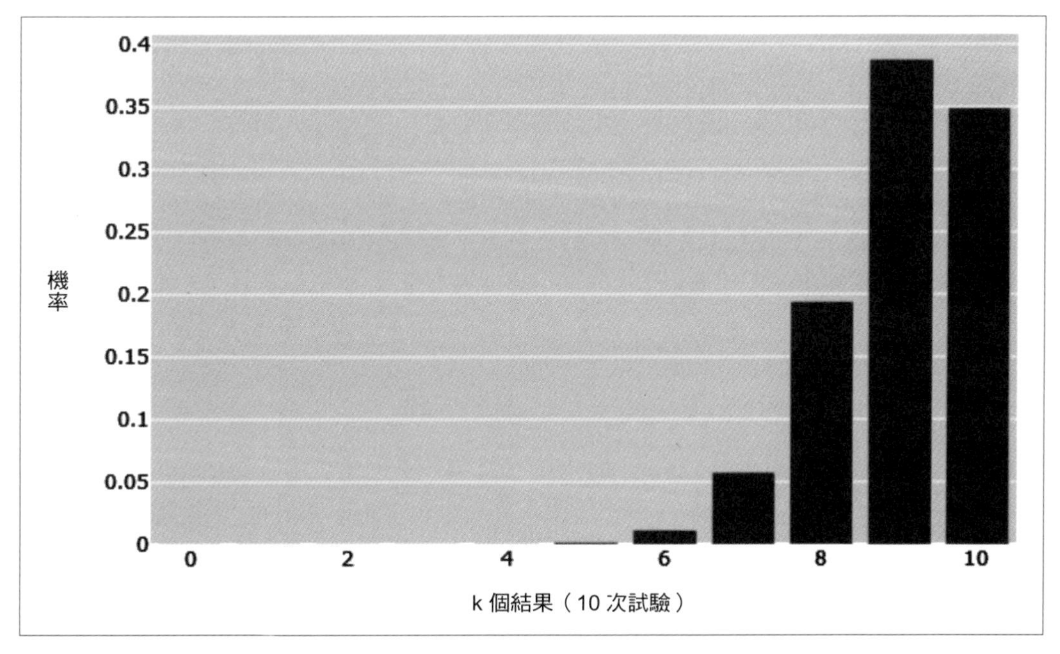

圖 2-1　二項分布

在這裡，我們看到 10 次試驗中每個長條所表示的 *k* 次成功機率。此二項分布假設機率 *p* 為 90%，這意味著成功發生的機率為 0.90（或 90%）。如果這是真的，意味著我們有 0.1937 的機率會在 10 次試驗中獲得 8 次成功。從 10 次試驗中只獲得 1 次成功的可能性極小，為 0.000000008999，因此那個長條甚至會看不見。

我們還可以透過把 8 次或更少次成功所對應的長條相加，來計算 8 次或更少次成功的機率，這會讓我們得到 8 次或更少次成功的機率是 0.2639。

二項分布如何實作呢？可以相對容易地從頭開始（如附錄 A 中所述），或者可以使用 SciPy 之類的程式庫。範例 2-2 展示如何使用 SciPy 的 `binom.pmf()` 函數（*PMF*：機率質量函數，probability mass function）來印出從 0 到 10 次成功的二項分布的所有 11 個機率。

範例 *2-2* 使用 *SciPy* 來進行二項分布

```
from scipy.stats import binom

n = 10
p = 0.9

for k in range(n + 1):
    probability = binom.pmf(k, n, p)
    print("{0} - {1}".format(k, probability))


# 輸出：

# 0 - 9.99999999999996e-11
# 1 - 8.999999999999996e-09
# 2 - 3.644999999999996e-07
# 3 - 8.748000000000003e-06
# 4 - 0.0001377809999999999
# 5 - 0.0014880347999999988
# 6 - 0.011160260999999996
# 7 - 0.05739562800000001
# 8 - 0.19371024449999993
# 9 - 0.38742048900000037
# 10 - 0.34867844010000004
```

如您所見，我們提供 *n* 作為試驗次數，*p* 作為每次試驗的成功機率，*k* 作為想要查找它的機率的那個成功次數。我們會迭代每個成功次數 *k* 來得到 *k* 次的成功所對應的機率，正如輸出中所看到的那樣，最有可能的成功次數是 9。

但是，如果把 8 次或更少次成功的機率加起來，會得到 0.2639。這意味著即使潛在的成功率為 90%，也有 26.39% 的機會得到 8 次或更少次的成功。所以也許工程師是對的：26.39% 的機會並非沒有，而且肯定是可能的。

然而，我們確實在模型中做了一個假設，我們將在接下來討論 beta 分布。

從頭開始的二項分布

請見附錄 A 以了解如何在不使用 SciPy 的情況下，從頭開始建構二項分布。

beta 分布

我對使用二項分布的引擎測試模型做了什麼假設？是否有一個我假設為真的參數，然後圍繞它建構了我的整個模型？仔細思考這個問題後再繼續閱讀。

我的二項分布可能存在的問題是我**假設**潛在的成功率為 90%。這並不是說我的模型就是一文不值，只表示如果潛在成功率為 90% 的話，我有 26.39% 的機會在 10 次試驗中看到 8 次或更少次的成功。所以工程師並沒有錯，可能會有 90% 的潛在成功率。

但是讓我們重新思考這個問題：如果除了 90% 之外，還有其他潛在的成功率會產生 8/10 的成功時怎麼辦？我們能否在 80% 的潛在成功率下看到 8/10 的成功？70% 呢？30% 呢？當我們把成功率固定在 8/10 時，我們可以探索機率的機率嗎？

我們可以使用另一種工具，而不是去建立無數的二項分布來回答這個問題。***beta 分布***（*beta distribution*）讓我們能夠看到在給定 *alpha* 次成功和 *beta* 次失敗之下，事件在不同潛在機率之下發生的可能性。

圖 2-2 顯示了 8 次成功和 2 次失敗的 beta 分布圖。

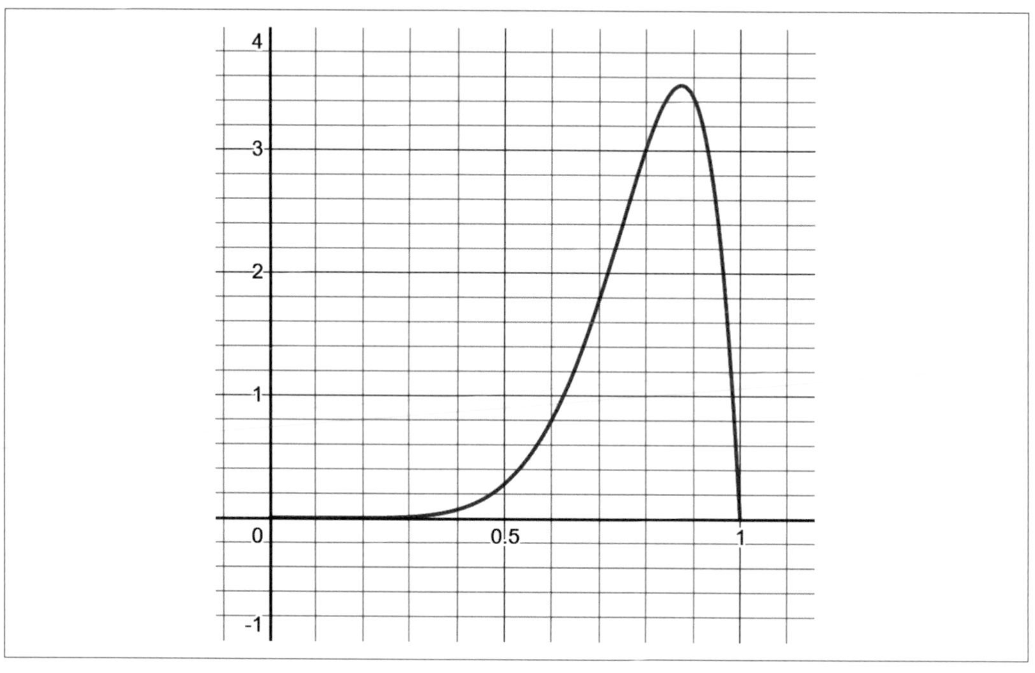

圖 2-2　beta 分布

Desmos 上的 beta 分布

如果您想和 beta 分布互動，這裡有提供 Desmos 圖（*https://oreil.ly/pN4Ep*）。

請注意，x 軸代表從 0.0 到 1.0（0% 到 100%）的所有潛在成功率，y 軸代表在 8 次成功和 2 次失敗的情況下，該機率的可能性。換句話說，beta 分布允許我們看到給定的 8/10 成功機率的機率。把它想像成一個元機率（meta-probability），慢慢來掌握這個想法！

另請注意，beta 分布是一個連續函數，這意味著它形成了一個對應小數的連續曲線（與二項分布中的整齊離散整數相反）。這會讓 beta 分布的數學運算更加困難，因為 y 軸上的給定密度值並不是機率；相反的，我們是使用曲線下的面積來找到機率。

beta 分布是一種機率分布（*probability distribution*），代表著整條曲線下的面積為 1.0，也就是 100%。要找出機率，我們需要找出一個範圍內的面積。例如，如果我們要評估 8/10 的成功機率是否會產生 90% 或更高的成功率，我們需要找到 0.9 和 1.0 之間的面積，也就是 0.225，如圖 2-3 中的陰影所示。

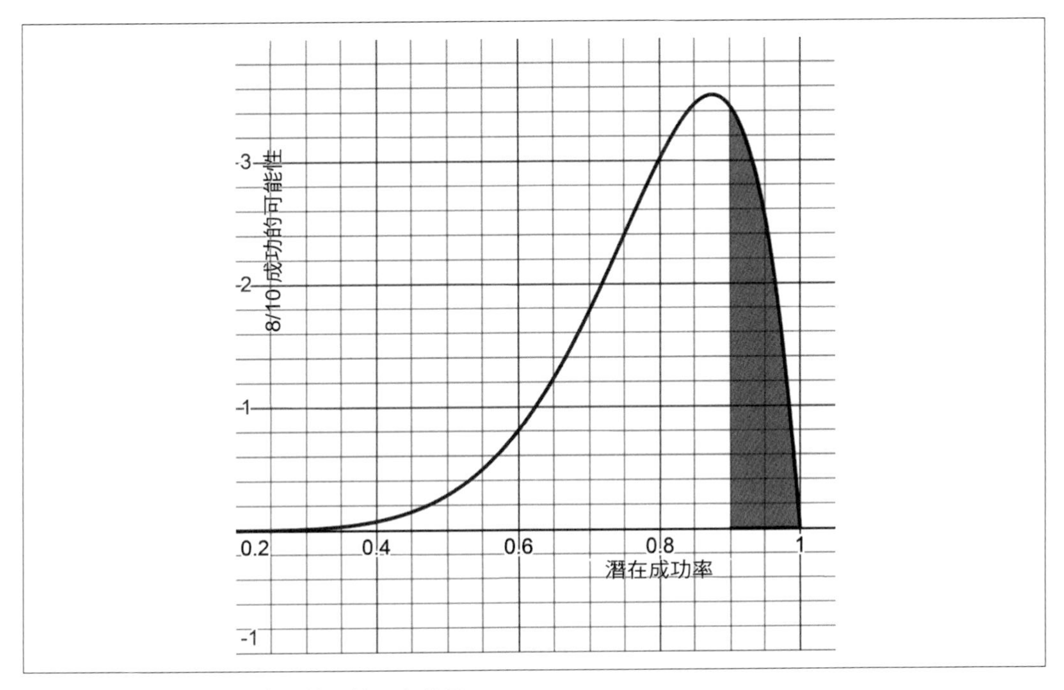

圖 2-3　90% 和 100% 之間的面積，也就是 22.5%

正如我們對二項分布所做的那樣，我們可以使用 SciPy 來實作 beta 分布。每個連續機率分布都有一個**累積密度函數**（*cumulative density function, CDF*），它會計算直到給定 x 值的面積。假設我想計算直到 90%（0.0 到 0.90）的面積，如圖 2-4 中的陰影區域。

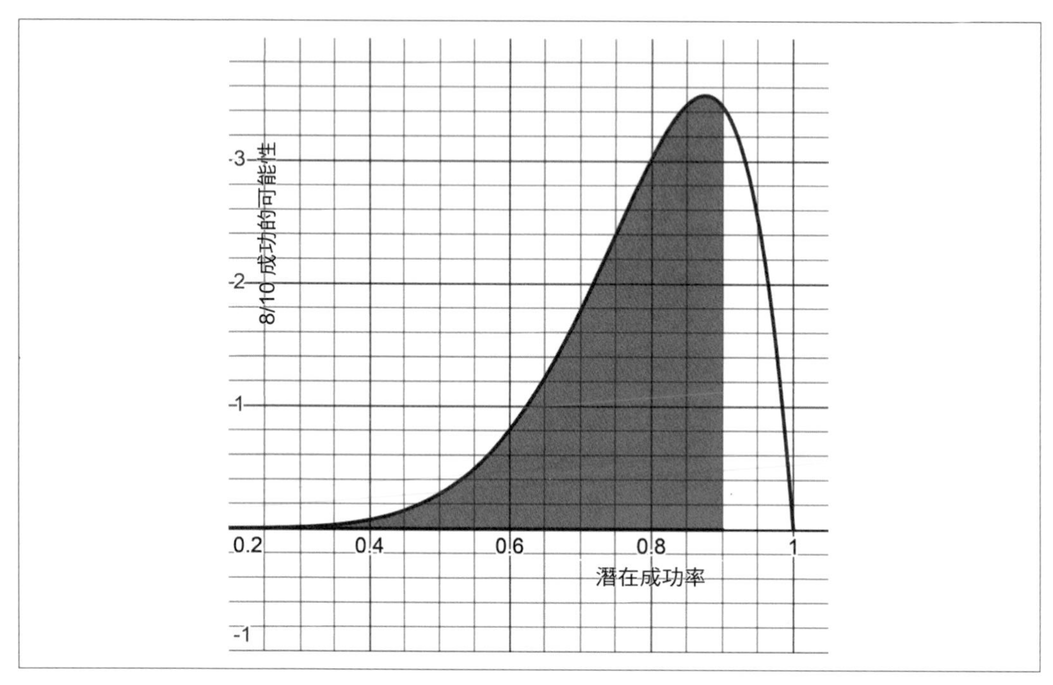

圖 2-4　計算直到 90%（0.0 到 0.90）的面積

要使用 SciPy 和它的 beta.cdf() 函數很容易，我需要提供的唯一參數是 x 值、成功次數 a 和失敗次數 b，如範例 2-3 所示。

範例 2-3　使用 SciPy 的 beta 分布

```
from scipy.stats import beta

a = 8
b = 2

p = beta.cdf(.90, a, b)

# 0.7748409780000001
print(p)
```

因此，根據我們的計算，潛在成功機率是 90%，或更低的機率是 77.48%。

我們要如何計算成功的機率為 90% 或更多時的機率，如圖 2-5 中的陰影所示區域？

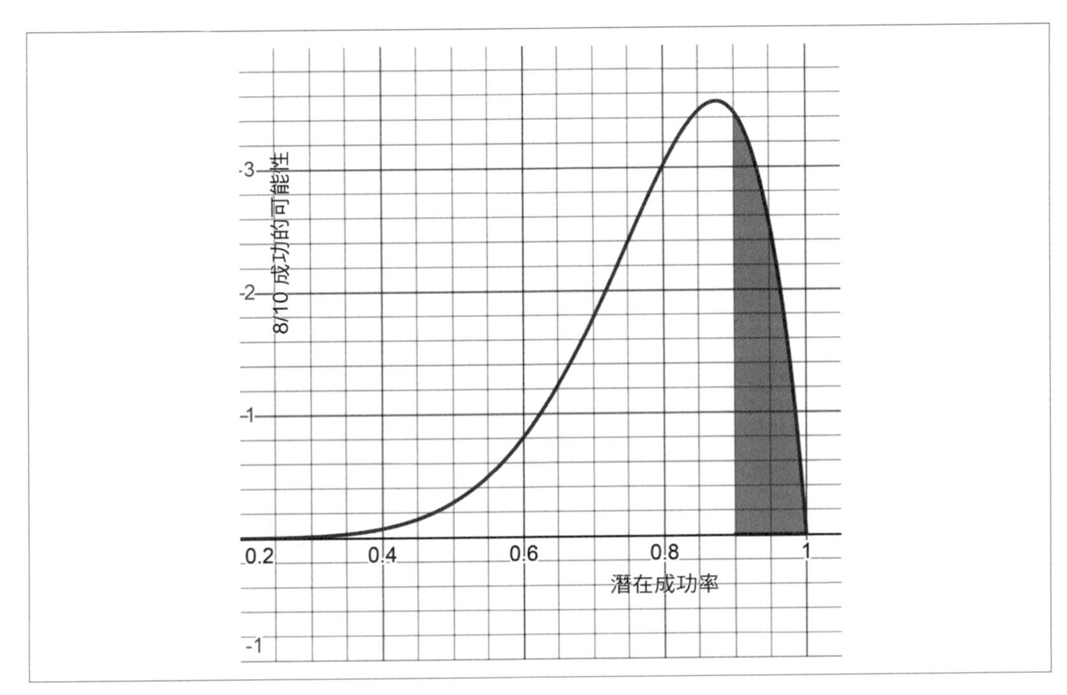

圖 2-5　成功機率為 90% 以上

我們的 CDF 只會計算邊界左側的區域，而不是右側。想想我們的機率規則，在機率分布中，曲線下的總面積為 1.0。如果我們想找到一個事件的相反機率（大於 0.90 而不是小於 0.90），只需從 1.0 中減去小於 0.90 的機率，剩下的就是大於 0.90 的機率。圖 2-6 說明如何進行減法運算。

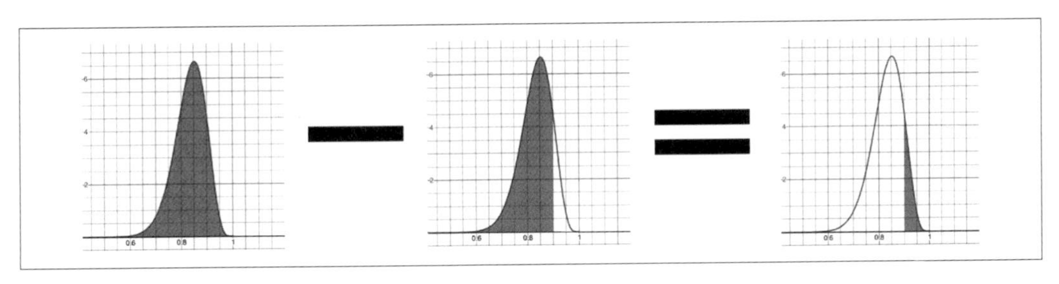

圖 2-6　找出成功機率大於 90% 的機率

範例 2-4 展示如何在 Python 中計算這個減法運算。

範例 2-4　用減法來獲得 beta 分布中的正確面積

```
from scipy.stats import beta

a = 8
b = 2

p = 1.0 - beta.cdf(.90, a, b)
# 0.22515902199999993
print(p)
```

這意味著在 8/10 次成功的引擎測試中，只有 22.5% 的機會潛在成功率會是 90% 或更高；不過大約有 77.5% 的可能性會低於 90%，也就是說，測試成功的可能性並不大，不過如果我們幸運的話，可以透過更多測試來押注這 22.5% 的機會。如果 CFO（財務長）為額外的 26 次測試提供資金，並得到 30 次成功和 6 次失敗的結果，beta 分布將如圖 2-7 所示。

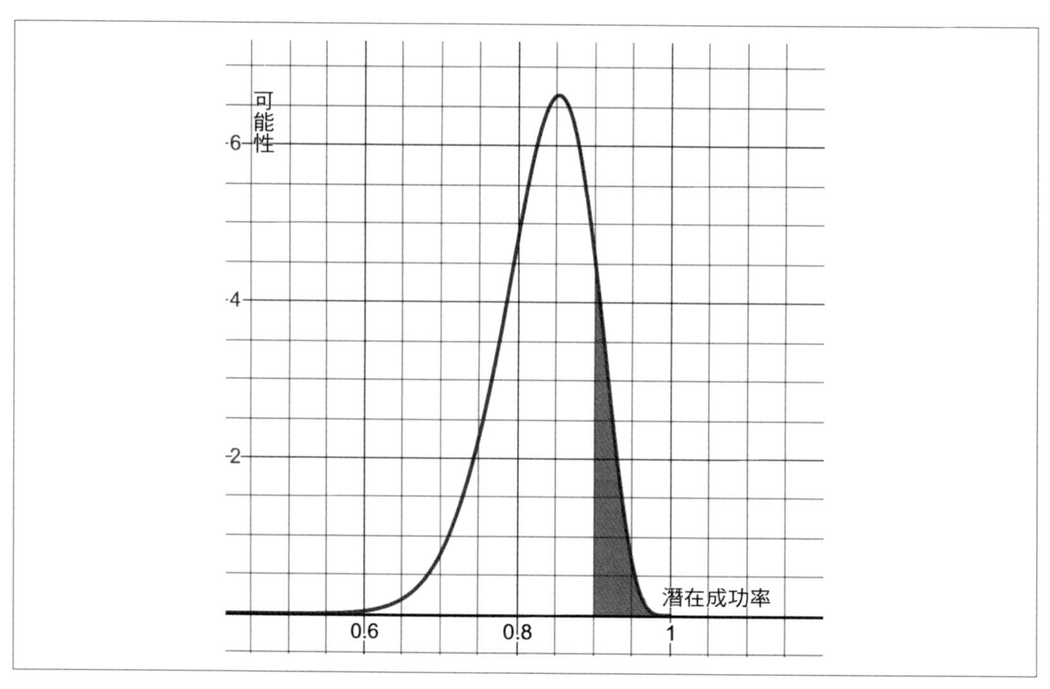

圖 2-7　30 次成功和 6 次失敗後的 beta 分布

請注意，分布變得更窄，因此對潛在成功率落在更小範圍內這件事更有信心。不幸的是，我們達到 90% 的最低成功率的機率已經從 22.5% 下降到 13.16%，如範例 2-5 所示。

範例 *2-5* 具有更多試驗的 *beta* 分布

```
from scipy.stats import beta

a = 30
b = 6

p = 1.0 - beta.cdf(.90, a, b)

# 0.13163577484183708
print(p)
```

在這個情況下，離開並停止測試可能是個好主意，除非您想繼續賭那 13.16% 的機會，並希望峰值向右移動。

最後的重點在於，我們該如何計算介於中間的面積呢？如圖 2-8 所示，如果想找出潛在成功率落在 80% 到 90% 之間的機率，該怎麼辦呢？

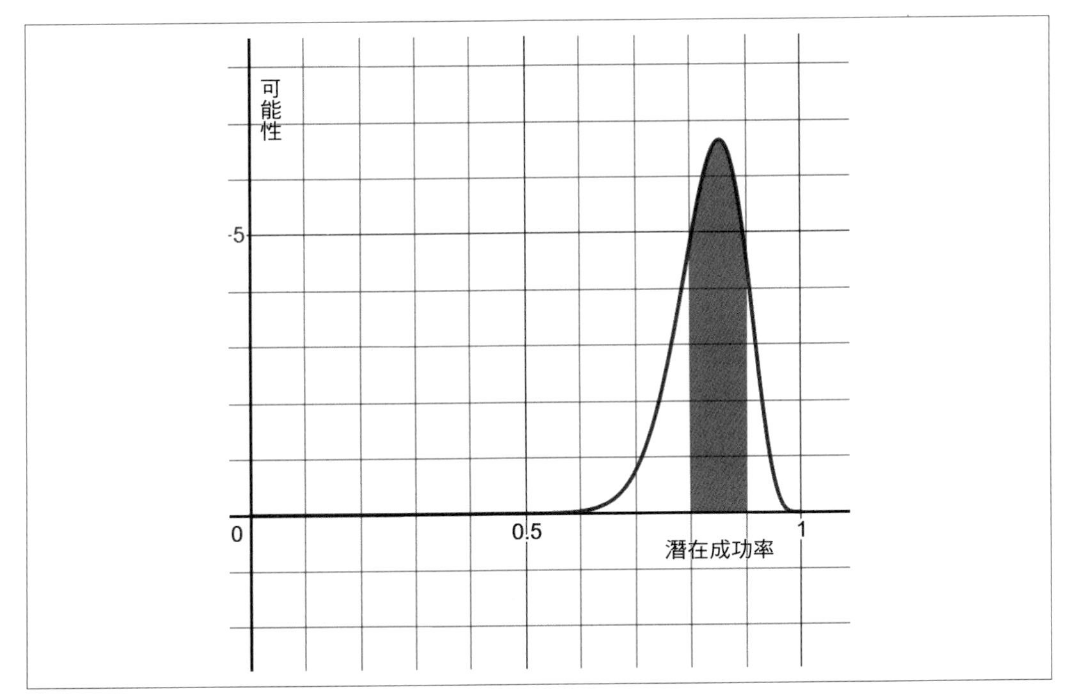

圖 2-8　潛在成功率的機率介於 80% 到 90% 之間

仔細考慮如何處理這個問題。如果我們從 0.90 後面的面積中減去 0.80 後面的面積，如圖 2-9 所示呢？

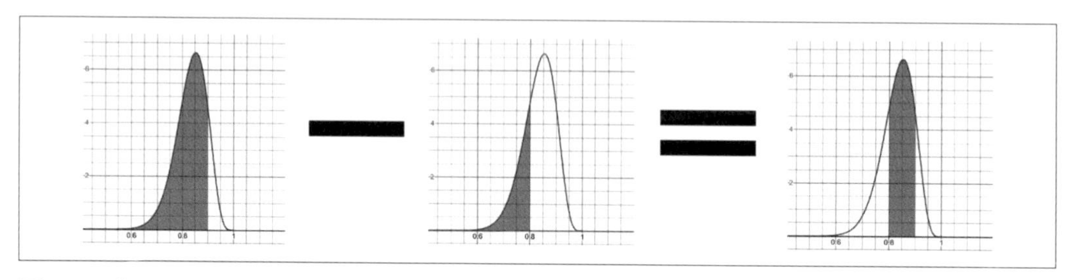

圖 2-9　獲得 0.80 和 0.90 之間的面積

這會得到 0.80 到 0.90 之間的面積嗎？會，它會產生 0.3386 或 33.86% 機率的面積。以下是在 Python 中計算它的方式（範例 2-6）。

範例 *2-6*　使用 *SciPy* 來計算 *beta* 分布的中間面積

```
from scipy.stats import beta

a = 8
b = 2

p = beta.cdf(.90, a, b) - beta.cdf(.80, a, b)

# 0.33863336200000016
print(p)
```

beta 分布是一個很有趣的工具，可以根據一組有限的觀察結果來衡量事件發生與不發生的機率。它允許我們推理機率的機率，並且在獲得新資料時更新結果。我們也可以把它用在假說檢定，但第 3 章會介紹為此目的而更常使用的常態分布和 T 分布。

從頭開始的 *beta* 分布

要了解如何從頭開始實作 beta 分布，請參閱附錄 A。

結論

本章內容很紮實！不僅討論機率的基本原理、它的邏輯運算子和貝氏定理，還介紹了機率分布，包括二項分布和 beta 分布。下一章，我們將介紹另一個更為著名的常態分布，以及它和假說檢定的關係。

如果您想了解有關貝氏機率和統計等更多資訊，推薦你一本很棒的書：Will Kurt 的 *Bayesian Statistics the Fun Way*（No Starch Press）。O'Reilly 平台（*https://oreil.ly/OFbai*）上也有提供交談式的 Katacoda 場景。

習題

1. 今天有 30% 的機率會下雨，另有 40% 的機率您訂購的雨傘會準時到達。您今天渴望在雨中散步，這兩者缺一不可！會下雨而且雨傘送到的機率是多少？

2. 今天有 30% 的機率會下雨，還有 40% 的機率您訂購的雨傘會準時到達。只有不下雨或您的雨傘到達時，您才能去跑步。不會下雨或雨傘送到的機率是多少？

3. 今天有 30% 的機率會下雨，還有 40% 的機率您訂購的雨傘會準時到達。但是，如果下雨，雨傘準時到達的機率只剩下 20%。會下雨而且雨傘準時送達的機率是多少？

4. 137 名乘客預訂從拉斯維加斯飛往達拉斯的航班。但是，現在是拉斯維加斯的週日早上，您估計每位乘客有 40% 的可能性不會出現。您算出要超額預訂多少個座位，飛機才不會空飛。至少 50 名乘客不會出現的可能性有多大？

5. 您投擲硬幣 19 次，結果出現正面 15 次，反面 4 次。您認為這枚硬幣有可能是公平的嗎？是與否的理由分別為何？

答案在附錄 B 中。

描述性和推論性統計

統計（*statistics*）是蒐集和分析資料，以發掘有用的結果，或預測導致這些結果發生的原因。機率通常在統計中扮演重要角色，因為我們能利用資料來評估事件發生的可能性。

可能沒有多少人認為它很重要，但統計是許多資料驅動（data-driven）創新的核心。機器學習本身就是一種統計工具，它尋找可能的假說來串連資料中不同變數之間的關係。然而，對專業的統計學家來說，統計也有很多盲點。我們很容易陷入資料所說的內容中，而忘記詢問資料來源。隨著巨量資料（big data）、資料探勘（data mining）和機器學習加速了統計演算法的自動化，這些問題變得更加重要。因此，有必要在統計和假說檢定方面打下堅實的基礎，這樣您就不會把這些自動化看作黑箱。

在本節中，我們會介紹統計和假說檢定的基礎知識。我們將從描述性統計開始，學習總結資料的常用方法；之後，就可以大膽進入推論性統計，試圖根據樣本來揭示母體的屬性。

資料是什麼？

定義「資料」似乎是件很奇怪的事情，那是大家都知道並認為是理所當然的事情。但我仍然認為這是必須要做的事，如果您問任何人何謂資料？他們可能會回答：「你知道的……資料就是……你知道的……資訊！」講法不會和這差太多。而且現在的它似乎具備萬能性質，不僅是真理……而且是一切智慧的來源！是人工智慧的燃料，一般相信您手上的資料越多，所擁有的真理就越多；因此，資料永遠不夠多。它會解開要重新定義業務策略所需的祕密，甚至可能創造出通用人工智慧。但讓我提供一個關於資料定義的務實觀點：資料本身並不重要，資料分析以及來源，才是所有這些創新和解決方案的驅動力。

想像一下，您手上有一張全家福照片。您能根據這張照片蒐集這個家庭的故事嗎？如果您有 20 張照片呢？200 張呢？2000 張呢？您需要多少張照片，才能知道他們的故事？您需要他們在不同情況下的照片嗎？獨照和合照？和親戚朋友在一起？在家裡或工作中的照片？

資料（*data*）就像照片，它提供故事的快照，沒有完全捕捉到延續的現實和背景，也沒有完全捕捉到驅動這個故事的無數變數。正如我們即將討論的，資料可能存在著偏差，它可能有差距並且缺少相關的變數。理想情況下，我們希望擁有無限數量的資料來得到無限數量的變數，如果能夠擁有如此多的細節，我們幾乎可以重新建立現實並建構替代品！但這可能嗎？目前，還不可能。即使是世界上最偉大的超級電腦全部相加，也無法拿全世界來當資料。

因此，我們必須縮小範圍讓目標可行。幾張父親擺明在打高爾夫球的照片就可以很容易地告訴我們他是否擅長打高爾夫球。但是試圖只透過照片來解讀他的整個人生故事？那應該是不可能的。快照中無法捕捉到的東西太多了。在處理資料專案時也應考慮這些實際問題，因為資料實際上只是給定時間的快照，只會捕捉它的目標（如同相機）。我們需要把目標集中在蒐集相關和完整的資料上。如果目標廣泛而且開放，我們可能會因為虛假的結果和不完整的資料集而陷入困境。這種被稱為**資料探勘**（*data mining*）的做法有其適用的時空，但必須謹慎行事，我們將在本章末尾重新討論這一點。

即使目標的定義很明確，我們仍然會遇到資料問題。讓我們回到幾張明顯的照片是否可以判斷父親擅長高爾夫與否的問題。如果您有一張他揮桿的照片，您就能判斷他的狀態是否良好；或者，如果您看到他在一個球洞旁歡呼和揮拳，您就可以推斷出他的得分很高。也許您可以給他的記分卡拍張照！但重要的是，所有這些實例都可以偽造或斷章取義。也許他是在為別人加油，或者記分卡不是他的，甚至是偽造的。就像這些照片一樣，資料不會捕捉語境或解釋。這是非常重要的一點，因為資料提供的是線索，而不是真相。這些線索可以引導我們了解真相，也會誤導我們得出錯誤的結論。

這就是為什麼對資料來源感到好奇是一項如此重要的技能，要詢問有關資料的建立方式、建立者以及資料抓不到的內容等問題。人們很容易受資料內容吸引而忘記詢問資料來源。更糟糕的是，人們普遍認為可以把資料放入機器學習演算法中，並期望電腦一次解決所有問題。但正如諺語所說，「垃圾進，垃圾出」（garbage in, garbage out）。難怪根據 VentureBeat（*https://oreil.ly/8hFrO*）指出，只有 13% 的機器學習專案會成功；就在於成功的機器學習專案會把思考和分析納入資料中，並探討資料如何產生。

真實值

更廣泛地說，家庭照片範例提出了一個真實值問題（*https://oreil.ly/sa6Ff*）。

當我在教授人工智慧系統安全課程時，曾經有人問我一個如何讓自動駕駛汽車更安全的問題。「當自動駕駛汽車無法透過相機感測器來識別行人時，它有沒有辦法識別這個故障並停下來？」我回答沒有，因為該系統沒有**真實值**（*ground truth*）的框架，也就是它無法驗證真實事件，也沒有完整的知識。如果汽車無法識別行人，它又如何能識別出它無法識別行人？除非有人工操作員可以提供真實值並進行干預，否則它沒有可以依靠的真實值。

這實際上就是「自動駕駛」汽車和計程車服務的現狀。像雷達這樣的一些感測器能在一些特定問題上提供適度可靠的真實值，比如「車前有什麼東西嗎？」但是基於相機和光達（LIDAR）感測器（在不受控制的環境中）識別物體，是一個更加模糊的感知問題，其中包含了它可以看到的天文數字像素組合。因此，真實值是不存在的。

您的資料是否表達了可驗證且完整的真實值？感測器和來源是否可靠和準確？還是真實值是未知的？

描述性統計對上推論性統計

當您聽到「統計」這個詞時會想到什麼？是以計算平均值、中位數、眾數、圖表或鐘形曲線等工具來描述資料嗎？這是統計中最廣為人知的部分，稱為**描述性統計**（*descriptive statistics*），我們用它來總結資料。畢竟，是瀏覽一百萬筆資料紀錄，還是匯整資料會更有意義呢？我們將首先介紹這一統計領域。

推論式統計（*inferential statistics*）試圖揭示更大的母體屬性，通常根據樣本，它經常遭受誤解，且不如描述性統計資料直觀。往往，當我們想要研究一個過於龐大而難以觀察的群體（例如，北美青少年的平均身高），我們不得不求助於只使用該群體的少數成員來推斷相關結論。可想而知，這樣離真實性仍有一段距離。畢竟，我們試圖用一個可能不具有代表性的樣本來代表母體。以下就是其中的注意事項。

母體、樣本和偏差

在我們深入研究描述性和推論性統計資料之前，最好列出一些定義，並舉出具體實例。

母體（*population*）是想要研究的特定興趣群體，例如「北美所有 65 歲以上的老年人」、「蘇格蘭所有黃金獵犬」或「Los Altos 高中目前的二年級學生」。請注意我們對母體定義的界限，其中一些很寬廣，涵蓋廣闊的地理或年齡群組；其他則非常具體和細瑣，例如 Los Altos 高中的二年級學生。您如何定義母體，取決於您在研究中感興趣的事物。

樣本（*sample*）是母體的子集合，理想情況下是隨機且無偏好的，我們會用它來推斷母體的屬性。我們不得不一再研究樣本，因為調查整個母體並不總是可行的。當然，如果一些母體規模很小且容易取得，則更容易掌握；但是測量北美所有 65 歲以上的老年人？未免也太不切實際了！

母體可以是抽象的！

要注意的是，母體可以是理論上的抽象概念，而不是非得是物理上可碰觸的。以下是我最常舉的例子：我們對下午 2 點和 3 點之間從機場起飛的航班感興趣，但這段時間卻沒有足夠的班數，可以讓人預測有多少飛機會延誤；因此，我們取而代之地，把所有理論上在下午 2 點至 3 點間起飛但未延誤的航班視為基礎母體的樣本。在這樣的情況下，母體如同來自抽象事物。

像這樣的問題是許多研究人員求助於模擬情況來產生資料的原因。模擬可能很有用，但大多不準確，因為模擬只能得到一些變數，並且內建假設。

如果我們要根據樣本來推斷母體的屬性，樣本就要盡可能地隨機。這件事很重要，這樣我們才不會扭曲結論。以下是一個例子，假設我是亞利桑那州立大學的一名大學生，我想找出全美大學生每週看電視的平均時數，於是我走出宿舍，開始對路過的學生隨機調查，在幾個小時內完成資料蒐集。這樣有什麼問題？

問題在於學生樣本有所**偏差**（*bias*），這意味著它犧牲其他群體，過度地以某個群體為代表，而扭曲了研究結果。我的研究把母體定義為「全美大學生」，而不是「亞利桑那州立大學的學生」，但我只訪問一所特定大學的學生，就想代表全美大學生！這真的公平嗎？

全國所有大學都不太可能具有相同的學生屬性。如果亞利桑那州立大學的學生看電視的時間比其他大學生多怎麼辦？用他們來代表整個國家不會扭曲結果嗎？有可能，因為亞利桑那州坦帕市常常因為太熱而無法外出，因此看電視是一種常見的消遣（真的！我在鳳凰城生活很久）。其他氣候溫和地方的大學生，可能會有較多戶外活動機會，因此看電視的時間較少。

這只是一個可能的變數，能說明為什麼只用一所大學的學生樣本，來代表整個國家的大學生是一個壞主意。理想情況下，我應該隨機調查全國不同大學，才能有更具代表性的樣本。

然而，偏差並不總是地域性的。假設我認真且努力地對美國各地的學生發送問卷調查，例如藉由社群媒體，在 Twitter 和 Facebook 上讓各大學分享問卷，讓他們的學生看到並完成，最後收到數百則關於全國學生看電視習慣的回覆。我覺得我已經征服了偏差這頭野獸……真的嗎？

如果會在社群媒體上看到問卷調查的學生，也可能會看較多電視，那怎麼辦？如果他們經常使用社群媒體，他們也可能不介意娛樂性的螢幕時間。很容易想像他們已經在另一個頁面上播放 Netflix 和 Hulu 了！特定群體很有可能把自己包括在樣本中的這種特定類型偏差，稱為**自我選擇偏差**（*self-selection bias*）。

可惡！您就是贏不了，不是嗎？如果您想得夠仔細，資料偏差總會讓人覺得不可避免！通常如此。有許多我們沒有考慮到的**混淆變數**（*confounding variable*）或因子（factor）會影響研究。資料偏差問題的代價高昂且難以克服，機器學習尤其容易受其左右。

克服這個問題的方法是真正地從整個母體中隨機選擇學生，他們不能自願地選擇自己要進入或退出樣本，這是減輕偏差的最有效方法。但可以想像，這需要大量協調資源來完成。

偏差類型的旋風之旅

作為人類，我們奇怪地天生就有偏差。即使樣式（pattern）不存在，我們也會尋找它們。也許這是我們早期為了生存的必要條件，因為尋找樣式可以提高狩獵、採集和耕作的效率。

偏差有許多類型，而它們都具有扭曲調查結果的相同效果。**確認偏差**（*confirmation bias*）只會蒐集支持您信念的資料，甚至可以在不知不覺中進行。這方面的一個例子是，您只關注和自己政治政傾向相同的社群媒體帳號，進而強化而不是挑戰您的信念。

我們剛剛討論了**自我選擇偏差**，也就是某些類型的受試者更有可能把自己包括在實驗中。走進一個航班並調查顧客是否喜歡該航空公司而不是其他航空公司，然後用它來對所有航空公司的顧客滿意度排名，極其不智。為什麼呢？許多顧客可能是回頭客，他們造成了自我選擇偏差。我們不知道其中有多少人是首次搭乘或重複搭乘，當然後者會更喜歡該航空公司而不是其他家。即使是第一次搭乘的人也可能有偏差和自我選擇，因為他們選擇了那家航空公司，而我們沒有對所有航空公司採樣。

倖存者（*survival*）**偏差**只會抓取活著和倖存的受試者，而從未考慮過已故的受試者。在我看來，這是最引人入勝的偏差類型，因為有各式各樣且不明顯的例子。

倖存者偏差最著名的例子如下：第二次世界大戰時，英國皇家空軍因德國的火力，造成轟炸機傷亡。他們最初的解決方案是為轟炸機的彈孔位置安裝裝甲，理由是這會提高生存的可能性。然而，一位名叫 Abraham Wald 的數學家向他們指出這是致命的錯誤，他建議在飛機上**沒有**彈孔的區域安裝裝甲。他瘋了嗎？才不是呢。能夠返回的轟炸機在發現彈孔的地方顯然不會產生致命傷害。我們怎麼知道這件事呢？因為他們從任務中回來了！但是沒有返回的飛機呢？是哪裡被擊中了？Wald 的理論是，「很可能是在**倖存**並且返回基地的飛機上未被觸及的區域」，事實證明這是正確的。那些沒有彈孔的區域安裝上裝甲後，飛機和飛行員的生存能力提高了。這種非比尋常的觀察方式，扭轉戰爭趨勢，有利於盟軍。

還有其他一些不太明顯的倖存者偏差有趣案例。許多管理顧問公司和圖書出版商喜歡識別成功公司／個人的特徵，並把它／他們作為未來成功的預測指標。這些作品是純粹的倖存者偏差（XKCD 有一個與之相關的漫畫（*https://xkcd.com/1827*））。這些作品沒有考慮到默默無聞且失敗的公司／個人，而這些「成功」的特質也可能在失敗者身上很常見，只是我們沒有聽說過他們，因為他們的身上從來沒有聚光燈。

另一個例子是 Steve Jobs。在許多方面，據說他充滿激情和脾氣暴躁……但他也創造了有史以來最有價值的公司之一。因此，有些人認為熱情甚至喜怒無常可能與成功有關。同樣的，這是倖存者偏差。我敢打賭，許多由充滿激情的領導者所經營的公司，在默默無聞中失敗了；但我們只關注並見識像蘋果這樣異常成功的故事。

最後，1987 年一項獸醫研究表明，從 6 樓或更低樓層跌落的貓，比從 6 樓以上跌落的貓更容易受傷。流行的科學理論會假設貓在大約 5 樓的時候會糾正自己的姿勢，讓牠們有足夠的時間準備好迎接衝擊並減少傷害。但隨後出版的**真實訊息**（*The Straight Dope*）專欄提出了一個重要問題：那死掉的貓呢？人們不太可能把死貓帶到獸醫那裡，因此沒有報導說有多少貓死於高處墜落。用荷馬・辛普森（Homer Simpson）的話來說，「看吧！」

好吧，關於母體、樣本和偏差的討論已經夠多了。讓我們繼續討論一些數學和描述性統計資料。請記住，數學和電腦無法識別資料中的偏差；但作為一名優秀的資料科學專業人士，您可以偵測到這一點！永遠要詢問資料來源，然後仔細檢查該過程可能產生的偏差。

機器學習中的樣本和偏差

這些採樣和偏差的問題也會延伸到機器學習。無論是線性迴歸、邏輯迴歸還是神經網路，都使用資料樣本來推斷預測結果；如果該資料有偏差，也將會引導機器學習演算法得出有偏差的結論。

有許多案例可以說明。刑事司法一直是機器學習的一個不穩定應用，因為它一再證明具有偏差，偏重少數族裔的資料集而歧視少數族裔。2017 年，Volvo 測試自動駕駛汽車，訓練這些汽車捕捉鹿、麋鹿和馴鹿，建立資料集。然而，它沒有澳洲的駕駛資料，因此無法識別袋鼠，更不用說理解牠們的跳躍動作了！這兩個都是具偏差資料的例子。

描述性統計

描述性統計是大多數人熟悉的領域。我們會提到平均值、中位數和眾數等基礎知識，然後是變異數、標準差和常態分布。

平均值和加權平均值

平均值（*mean*）是一組值的平均。運算過程很簡單：把值加總並除以值的數量。平均值很有用，因為它顯示了一組觀察值的「重心」所在位置。

對於母體和樣本來說，平均值的計算方式都相同。範例 3-1 顯示一個包含 8 個值的範例，以及如何在 Python 中計算它們的平均值。

範例 3-1　在 Python 中計算平均值

```
# 每個人擁有的寵物數量
sample = [1, 3, 2, 5, 7, 0, 2, 3]

mean = sum(sample) / len(sample)

print(mean) # 印出 2.875
```

如您所見，我們調查 8 個人的寵物數量。樣本的加總是 23，樣本中的項目數是 8，所以得出 2.875 的平均值，因為 23/8 = 2.875。

您會看到兩個版本的平均值：樣本平均值和母體平均值 μ，如下所示：

$$\bar{x} = \frac{x_1 + x_2 + x_3 + \ldots + x_n}{n} = \sum \frac{x_i}{n}$$

$$\mu = \frac{x_1 + x_2 + x_3 + \ldots + x_n}{N} = \sum \frac{x_i}{N}$$

回想一下，加總符號 Σ 意味著把所有項目加在一起。n 和 N 分別代表樣本和母體的大小，但在數學上它們代表相同的東西：項目數。樣本平均值（x-bar）和母體平均值 μ（mu）也是如此。$\bar{x}$ 和 μ 都是相同的計算，只是名稱不同，根據使用是樣本或母體而定。

平均值對您來說可能很熟悉，但這裡有一些與它相關卻鮮為人知的事實：平均值實際上是一個加權後的平均，稱為**加權平均值**（*weighted mean*）。我們通常使用的平均值對每個值都賦予了同樣的重要性，但是我們可以操縱平均值，並賦予每個項目不同的權重：

$$加權平均值 = \frac{(x_1 \cdot w_1) + (x_2 \cdot w_2) + (x_3 \cdot w_3) + \ldots (x_n \cdot w_n)}{w_1 + w_2 + w_3 + \ldots + w_n}$$

當我們希望某些值比其他值對平均值的貢獻更大時，這會很有幫助，一個常見的例子是對學科考試進行加權以給出最終成績。如果您有三個平常考試和一個期末考試，計算學期成績時我們會賦予三個平常考試各 20% 的權重，和期末考試 40% 的權重，範例 3-2 呈現表達方式。

範例 3-2　在 Python 中計算加權平均值

```
# 三個平常考各 .20 權重以及期末考 .40 權重
sample = [90, 80, 63, 87]
weights = [.20, .20, .20, .40]

weighted_mean = sum(s * w for s,w in zip(sample, weights)) / sum(weights)

print(weighted_mean) # 印出 81.4
```

我們用同樣的方式以乘法來對每個考試分數進行加權，並不是除以值的計數，而是除以權重的加總。權重不必是百分比，因為任何用於權重的數字最終都會按比例計算。在範例 3-3 中，我們用「1」來為每個平常考試加權，但用「2」來加權期末考試，讓它的權重成為平常考試的兩倍。我們仍然會得到 81.4 的相同答案，因為這些值仍然是成比例的。

範例 3-3　在 Python 中計算加權平均值

```
# 三個平常考各 .20 權重以及期末考 .40 權重
sample = [90, 80, 63, 87]
weights = [1.0, 1.0, 1.0, 2.0]

weighted_mean = sum(s * w for s,w in zip(sample, weights)) / sum(weights)

print(weighted_mean) # 印出 81.4
```

中位數

中位數（*median*）是一組有序值中最中間的值；按照順序來排列值，中位數將會是位於最中間的值。如果您有偶數個值的話，那就平均兩個最中間的值。如範例 3-4 中，樣本中擁有的寵物數量中位數是 7：

```
0, 1, 5, *7*, 9, 10, 14
```

範例 *3-4* 在 *Python* 中計算中位數

```
# 每個人擁有的寵物數量
sample = [0, 1, 5, 7, 9, 10, 14]

def median(values):
    ordered = sorted(values)
    print(ordered)
    n = len(ordered)
    mid = int(n / 2) - 1 if n % 2 == 0 else int(n/2)

    if n % 2 == 0:
        return (ordered[mid] + ordered[mid+1]) / 2.0
    else:
        return ordered[mid]

print(median(sample)) # 印出 7
```

當資料因為**異常值**（*outlier*）或與其他值相比是極大或極小的值而出現偏差時，中位數可以成為平均值的有效替代方案。以下是一個相關的有趣軼事，1986 年時，北卡羅萊納大學教堂山分校（University of North Carolina at Chapel Hill）地理系畢業生平均年薪為 250,000 美元，而其他大學的平均年薪是 22,000 美元。哇，UNC-CH 的地理課程一定很棒！

北卡羅萊納大學的地理系學生為什麼可以賺那麼多錢？嗯……，因為 Michael Jordan 是他們的畢業生之一。這位有史以來最著名的 NBA 球員真的在這所大學的地理系拿到學位。然而，他的職業生涯始於打籃球，而不是研究地圖。顯然，這是一個混淆變數，造成了巨大的異常值，並且嚴重扭曲了平均收入。

這就是為什麼在異常值較多的情況（例如與收入相關的資料）中，中位數比平均值更受偏好。它對異常值不太敏感，並根據它們的相對順序把資料嚴格地削減到中間，而不是根據它們落在數軸上的位置。當中位數和平均值有極大落差時，意味著您有一個帶有異常值的傾斜資料集。

中位數是分位數

描述性統計中有**分位數**（*quantile*）的概念。分位數的概念本質上和中位數相同，只是在除了中間之外的其他地方切割資料。中位數實際上是 50% 的分位數，或是說，會有 50% 的有序值會落在它後面的值。其他還有 25%、50% 和 75% 的分位數，稱**四分位數**（*quartile*），因為它們以 25% 的增量來切割資料。

眾數

眾數（*mode*）是一組最常出現的值。當資料重複且想要找出最常出現的值時，它會變得很有用。

若沒有值多次出現，就不會有眾數；而當兩個值以相等的頻率出現時，則認為資料集是雙峰的（*bimodal*）。在範例 3-5 中，我們計算寵物資料集的眾數，果然看到雙峰，因為 2 和 3 出現的頻率最高（而且同樣頻繁）。

範例 *3-5*　在 *Python* 中計算眾數

```
# 每個人擁有的寵物數量
from collections import defaultdict

sample = [1, 3, 2, 5, 7, 0, 2, 3]

def mode(values):
    counts = defaultdict(lambda: 0)

    for s in values:
        counts[s] += 1

    max_count = max(counts.values())
    modes = [v for v in set(values) if counts[v] == max_count]
    return modes

print(mode(sample)) # [2, 3]
```

實際上，除非資料重複，否則不會大量使用眾數。只有在整數、類別和其他離散變數中才會遇到它。

變異數和標準差

當我們開始談論變異數和標準差時，有幾個有趣的事情。讓人們對變異數和標準差感到困惑的一件事是，樣本和母體存在著一些計算差異。我們將盡最大努力，清楚地涵蓋這些差異。

母體的變異數和標準差

在描述資料時，我們通常會對測量到的平均值和每個資料點之間的差異感到興趣。這可以讓我們了解資料是多麼的「分散」。

假設我有興趣研究我的 7 個員工（請注意，我把這定義為母體，而不是樣本）所擁有的寵物數量。

我計算他們擁有寵物數量的平均值，得到 6.571。讓我們把每個值減去這個平均值，顯示每個值和平均值之間的差距，如表 3-1 中所示。

表 3-1　我的員工擁有的寵物數量

值	平均值	差
0	6.571	-6.571
1	6.571	-5.571
5	6.571	-1.571
7	6.571	0.429
9	6.571	2.429
10	6.571	3.429
14	6.571	7.429

以圖 3-1 中的數軸來視覺化它，「X」表示平均值。

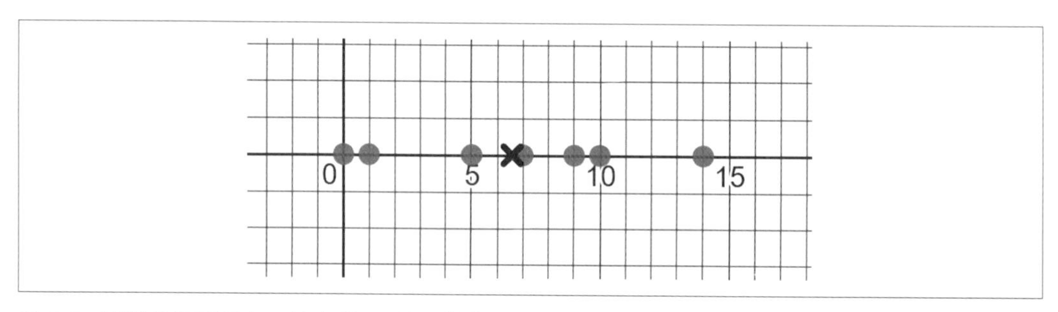

圖 3-1　視覺化資料分布，其中「X」是平均值

嗯……想一下為什麼這些資訊很有用。這些差讓我們了解資料的分散程度以及值與平均值的距離。有沒有一種方法可以把這些差合併成一個數字，來快速描述資料的分散程度呢？

您可能很想取差的平均值，但是當它們相加時，負數和正數會相互抵消。我們可以對它們的絕對值（去掉負號並使所有值都為正）求和。更好的方法是在對這些差加總之前對其進行平方，這不僅消除了負值（因為對負數進行平方會讓它為正），而且放大了較大的差，並且在數學上更容易使用（絕對值的微分並不容易）。在那之後，再對開平方後的差進行平均，這給了我們**變異數**（*variance*），用來衡量資料的分散程度。

這是一個顯示如何計算變異數的數學公式：

$$母體變異數 = \frac{(x_1 - 平均值)^2 + (x_2 - 平均值)^2 + \ldots + (x_n - 平均值)^2}{N}$$

更正式地說，以下是母體的變異數：

$$\sigma^2 = \frac{\Sigma (x_i - \mu)^2}{N}$$

用 Python 來計算寵物範例的母體變異數，如範例 3-6 所示。

範例 3-6　在 *Python* 中計算變異數

```
# 每個人擁有的寵物數量
data = [0, 1, 5, 7, 9, 10, 14]

def variance(values):
    mean = sum(values) / len(values)
    _variance = sum((v - mean) ** 2 for v in values) / len(values)
    return _variance

print(variance(data))  # 印出 21.387755102040813
```

所以我的員工所擁有的寵物數量變異數是 21.387755。好的，但這到底是什麼意思？合理的結論是更高的變異數意味著更大的分布，但是我們如何把它和資料聯繫起來呢？這個數字比任何觀察值都大，因為我們做了很多的平方和加總，並把它放在一個完全不同的量度上。但要怎麼把它壓縮回去，讓它回到一開始時的尺度呢？

平方的反面是平方根，所以讓我們取變異數的平方根，而得到標準差（*standard deviation*）。這是把尺度縮放到以「寵物數量」來表達的數字的變異數，這會讓它更有意義：

$$\sigma = \sqrt{\frac{\Sigma (x_i - \mu)^2}{N}}$$

要在 Python 中實作，我們可以重用 `variance()` 函數並對其結果執行 `sqrt()`。我們現在有了一個 `std_dev()` 函數，如範例 3-7 所示。

範例 3-7　在 Python 中計算標準差

```
from math import sqrt

# 每個人擁有的寵物數量
data = [0, 1, 5, 7, 9, 10, 14]

def variance(values):
    mean = sum(values) / len(values)
    _variance = sum((v - mean) ** 2 for v in values) / len(values)
    return _variance

def std_dev(values):
    return sqrt(variance(values))

print(std_dev(data))  # 印出 4.624689730353898
```

執行範例 3-7 中的程式碼，可以看到標準差約為 4.62 個寵物，這是用一開始的尺度來表達展形（spread）程度，將更容易解讀變異數。第 5 章會說明標準差的一些重要應用。

為什麼是平方？

關於變異數，如果 σ^2 中的指數讓您感到困擾，那是因為它在提示您要取平方根來獲得標準差。它用這樣有點煩人的方式提醒您，要處理需要平方根的平方值。

樣本變異數和標準差

在上一節中，我們討論了母體的變異數和標準差。但是，當我們計算樣本時，我們需要大幅調整這兩個公式：

$$s^2 = \frac{\Sigma(x_i - \bar{x})^2}{n - 1}$$

$$s = \sqrt{\frac{\Sigma(x_i - \bar{x})^2}{n - 1}}$$

您發現差別了嗎？當我們對開平方後的變異數進行平均時，我們會除以 $n-1$ 而不是項目總數 n。為什麼？目的是減少樣本中的任何偏差，並且不會低估基於我們樣本母體的變異數。透過在除數中少算一個項目的值，我們增加了變異數，因此在樣本中得到更多不確定性。

為什麼要將樣本數量減掉 1？

Josh Starmer 在 YouTube 上有一系列名為 StatQuest（*https://oreil.ly/6S9DO*）的絕佳影片。在其中一部影片中，他完整解釋為什麼在計算變異數時，會以不同方式來對待樣本，並從項目數中減去一個元素。

如果寵物資料是樣本，而不是母體，我們應該做出相對應的調整。在範例 3-8 中，我修改之前的 `variance()` 和 `std_dev()` Python 程式碼，以選擇性地提供了一個參數 `is_sample`，如果它是 `True` 的話，它將從變異數的除數中減去 1。

範例 *3-8* 計算樣本的標準差

```
from math import sqrt

# 每個人擁有的寵物數量
data = [0, 1, 5, 7, 9, 10, 14]

def variance(values, is_sample: bool = False):
    mean = sum(values) / len(values)
    _variance = sum((v - mean) ** 2 for v in values) /
      (len(values) - (1 if is_sample else 0))

    return _variance


def std_dev(values, is_sample: bool = False):
    return sqrt(variance(values, is_sample))

print("VARIANCE = {}".format(variance(data, is_sample=True))) # 24.95238095238095
print("STD DEV = {}".format(std_dev(data, is_sample=True))) # 4.99523582550223
```

請注意，在範例 3-8 中，和之前把它們視為母體而非樣本的範例相比，我的變異數和標準差有所增加。回想一下範例 3-7，標準差大約為 4.62，當時它是母體；但是這裡把它視為樣本（透過從變異數分母中減去 1），而得到大約 4.99。這是正確的，因為樣本可能有偏差且不能完整代表母體。因此，我們增加變異數（以及標準差）以增加對值的展形程度的估計。較大的變異數 / 標準差，表示對大範圍較沒有信心。

就像平均值（$\bar{x}$ 代表樣本，μ 代表母體）一樣，您經常會看到用某些符號來表達變異數和標準差。樣本的標準差和平均值分別由 s 和 σ 來指明。以下又是樣本和母體的標準差公式：

$$s = \sqrt{\frac{\Sigma(x_i - \bar{x})^2}{n-1}}$$

$$\sigma = \sqrt{\frac{\Sigma(x_i - \mu)^2}{N}}$$

變異數將是這兩個公式的平方，用來取消平方根。因此，樣本和母體的變異數分別為 s^2 和 σ^2：

$$s^2 = \frac{\Sigma(x_i - \bar{x})^2}{n-1}$$

$$\sigma^2 = \frac{\Sigma(x_i - \mu)^2}{N}$$

同樣的，這裡的平方符號有助於暗示應該要取平方根來獲得標準差。

常態分布

我們在上一章談到了機率分布，特別是二項分布和 beta 分布；然而，最著名的分布是常態分布。**常態分布**（*normal distribution*）又稱**高斯分布**（*Gaussian distribution*），是一種對稱的鐘形分布，其中在平均值附近質量最大，而其展形則定義為標準差。當您遠離平均值時，兩邊的「尾巴」會變細。

圖 3-2 是黃金獵犬體重的常態分布，請注意大部分的質量落在 64.43 磅的平均值附近。

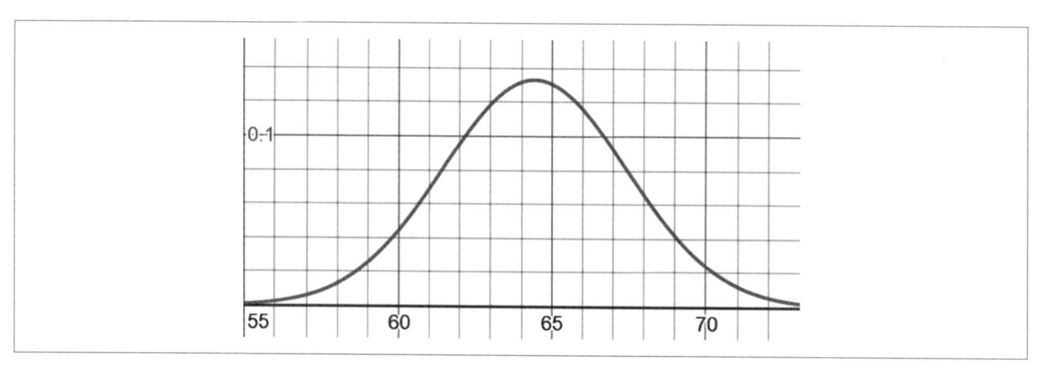

圖 3-2　常態分布

發現常態分布

自然、工程、科學和其他領域中會經常看到常態分布。我們是如何發現它的呢？假設我們對 50 隻成年黃金獵犬的體重採樣，並把它們繪製在一條數軸上，如圖 3-3 所示。

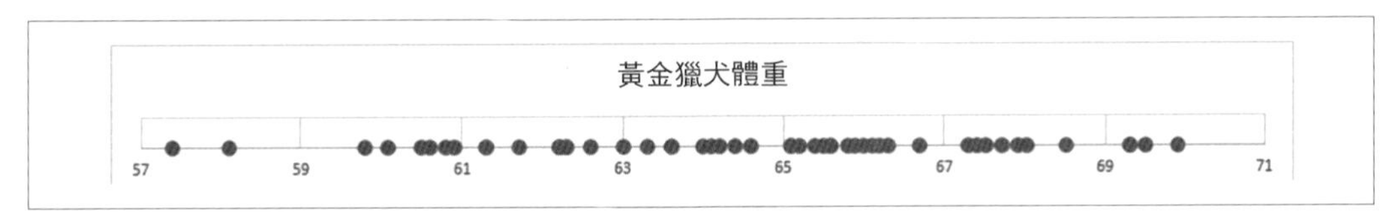

圖 3-3　50 隻黃金獵犬體重的樣本

請注意，越往中心會獲得越多值；但隨著向左或向右移動，看到的值也變少了。根據樣本，似乎不太可能看到體重為 57 或 71 磅的黃金獵犬，但體重為 64 或 65 磅呢？是的，很有可能。

有沒有更好的方法來視覺化這種可能性，以查看是否有可能從母體中看到哪些黃金獵犬的體重？我們可以嘗試建立一個**直方圖**（*histogram*），根據相等長度的數值範圍對值來進行分桶（或「分箱」），然後使用長條圖來顯示每個範圍內的值的數量，如圖 3-4 的直方圖，把 0.5 磅範圍內的值分箱在一起。

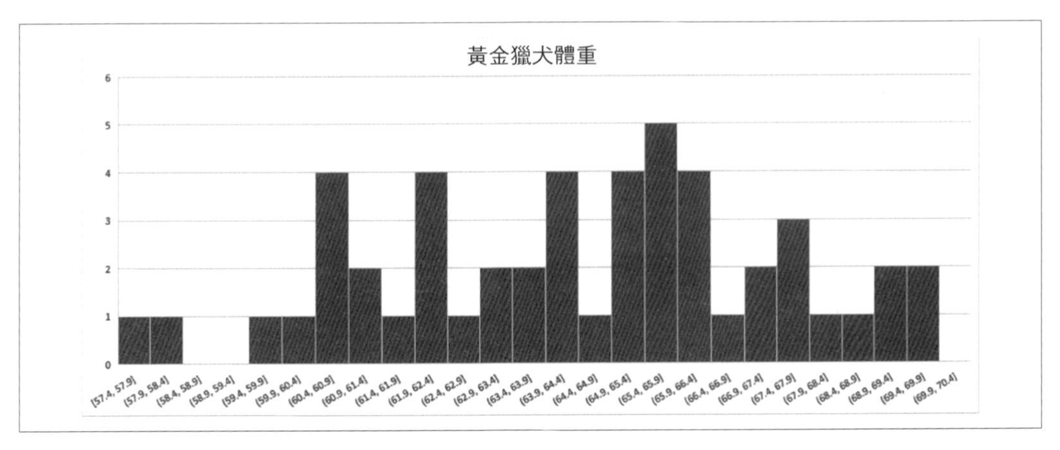

圖 3-4　黃金獵犬體重直方圖

這個直方圖沒有讓資料顯示出任何有意義的形狀，原因在於箱子太小了。我們沒有非常大或無限量的資料來有意義地讓每個箱子中有足夠的點，因此，我們不得不放大箱子，讓每個箱子的長度為 3 磅，如圖 3-5 所示。

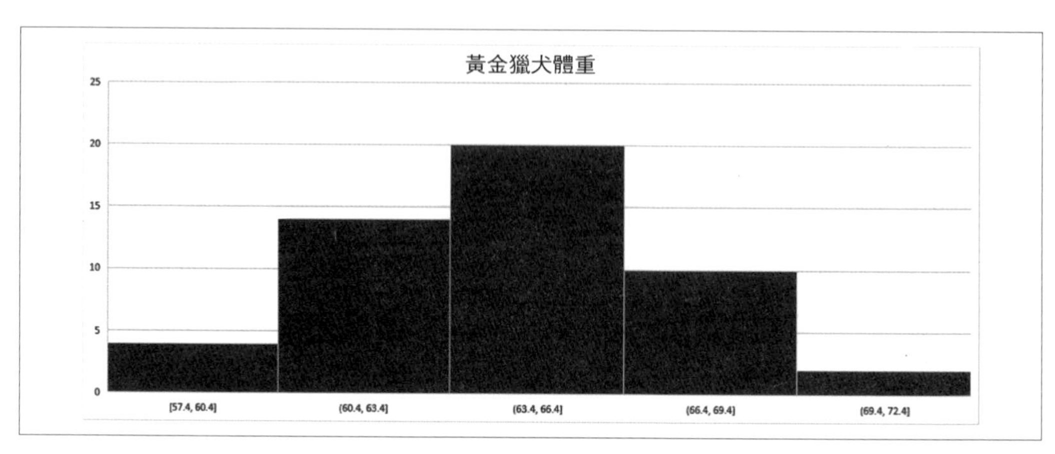

圖 3-5　更具生產力的直方圖

現在有一些進展了！如您所見，如果有大小恰到好處的箱子（也就是每個箱子的範圍為 3 磅），就會開始為資料取得有意義的鐘形。這不是一個完美的鐘形，因為樣本永遠不會完全代表母體，但這很可能證明樣本是服從常態分布的。如果用足夠的箱子大小來擬合直方圖，並對它縮放，讓它的面積為 1.0（符合機率分布的要求），就會看到代表樣本的粗略鐘形曲線。讓我們把它和圖 3-6 中的原始資料點一起展示。

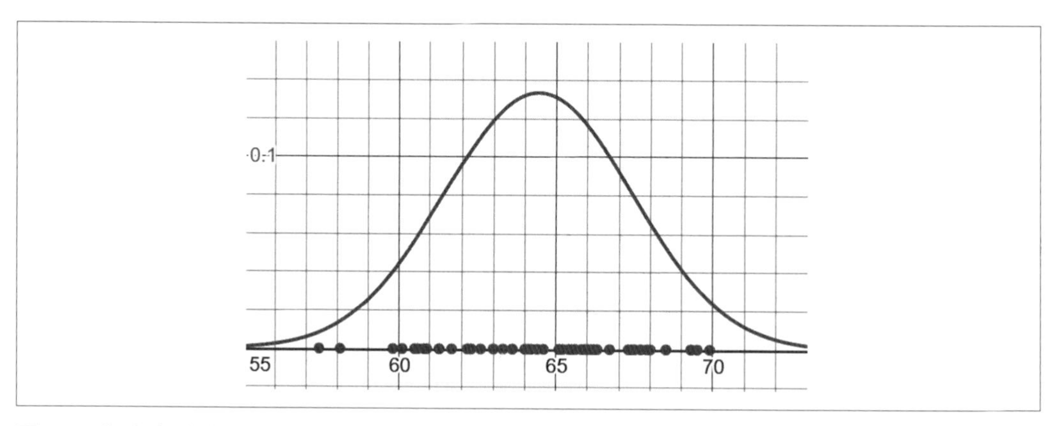

圖 3-6　擬合資料點的常態分布

看看這個鐘形曲線，我們可以合理地預期黃金獵犬的體重最有可能落在 64.43 磅（平均值）左右，但不太可能在 55 或 73 磅左右，任何比那更極端的答案都不太可能。

常態分布的特性

- 常態分布具有幾個重要特性：
- 它是對稱的；兩側對平均值處（也就是中心）進行鏡射。
- 大多數質量都在平均值附近。
- 它具有由標準差指明的展形大小（窄或寬）。
- 「尾巴」是最不可能出現的結果，它會無限接近 0，但從不觸及 0。
- 它類似於自然界和日常生活中的許多現象，甚至因為中央極限定理而概括了非常態問題，我們將在之後討論。

機率密度函數（PDF）

標準差在常態分布中扮演重要角色，因為它定義了常態分布的「分散」程度。它實際上是平均值的伴隨參數之一。建立了常態分布的***機率密度函數***（*probability density function, PDF*）如下：

$$f(x) = \frac{1}{\sigma\sqrt{2\pi}} * e^{-\frac{1}{2}\left(\frac{x-\mu}{\sigma}\right)^2}$$

哇，這真是難懂，不是嗎？我們甚至看到第 1 章的朋友歐拉數 e 和一些瘋狂的指數。範例 3-9 是 Python 的表達方式。

範例 3-9　Python 中的常態分布函數

```
# 常態分布，傳回可能性
def normal_pdf(x: float, mean: float, std_dev: float) -> float:
    return (1.0 / (2.0 * math.pi * std_dev ** 2) ** 0.5) *
        math.exp(-1.0 * ((x - mean) ** 2 / (2.0 * std_dev ** 2)))
```

這個公式有很多東西要分解，但重要的是它會接受平均值和標準差作為參數，以及 x 值，以便您查找該給定值處的可能性。

就像第 2 章中的 beta 分布一樣，常態分布是連續性的，這意味著要檢索一個機率，需要對一系列 x 值來進行積分以找到一個面積。

在實務中，可使用 SciPy 來計算。

累積分布函數（CDF）

對於常態分布，縱軸不是機率，而是資料的概似度。要找到機率，需要查看給定範圍，然後找到該範圍曲線下的面積。假設我想找出黃金獵犬的體重落在 62 到 66 磅之間的機率，圖 3-7 顯示了為它查找的面積範圍。

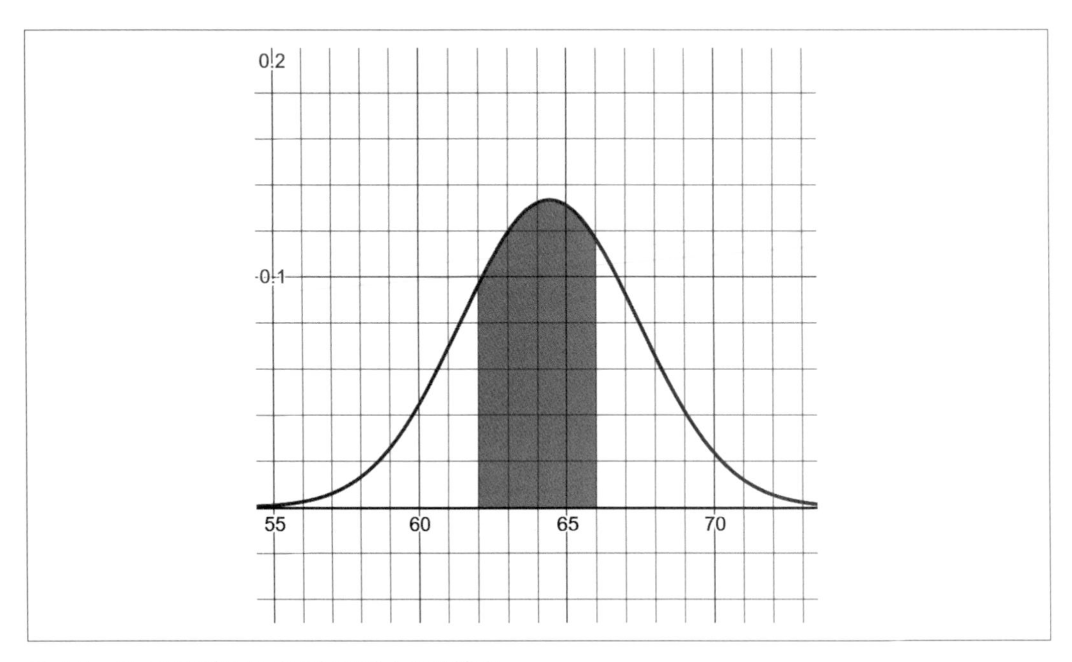

圖 3-7　用 CDF 測量在 62 到 66 磅之間的機率

我們已經在第 2 章中使用 beta 分布完成這項任務，如同 beta 分布，這裡有一個累積密度函數（CDF）。讓我們遵循這種方法。

正如上一章中所提，CDF 為給定分布提供了**直到**給定的 x 值處的面積。讓我們看看黃金獵犬常態分布的 CDF，並把它放在 PDF 旁邊以供參考，如圖 3-8 所示。

請注意，這兩個圖表之間有其關連性。CDF 是一條 S 形曲線（稱為 sigmoid 曲線），會把面積投射直到 PDF 中的該範圍。在圖 3-9 中可以觀察到，當我們抓取從負無窮大到 64.43（平均值）的面積時，CDF 所顯示的值正好是 0.5 或 50%！

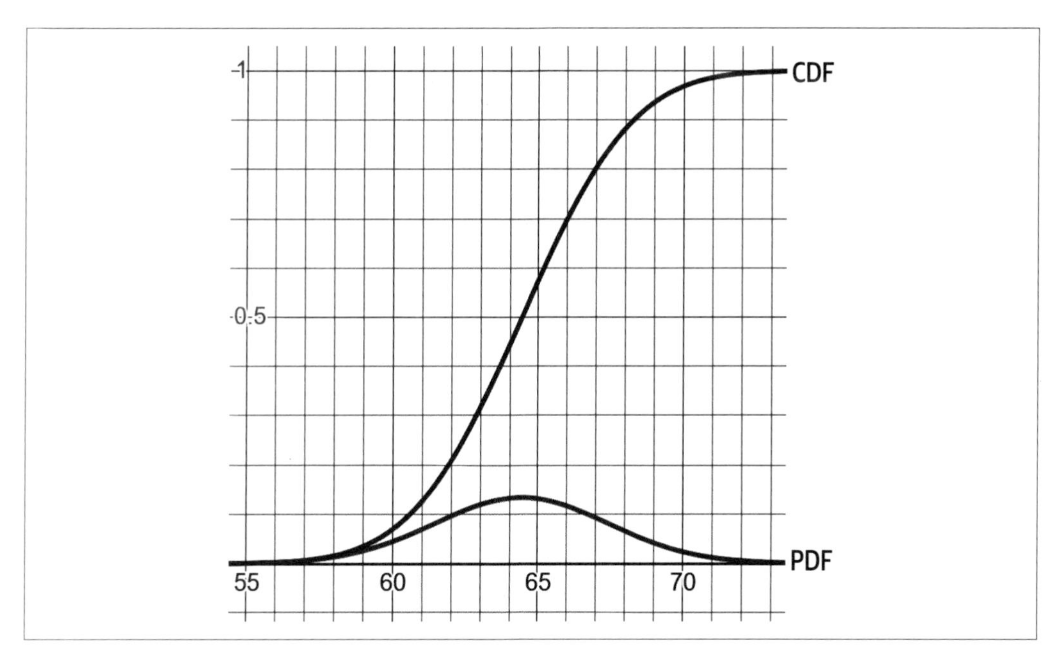

圖 3-8　CDF 與 PDF 並列

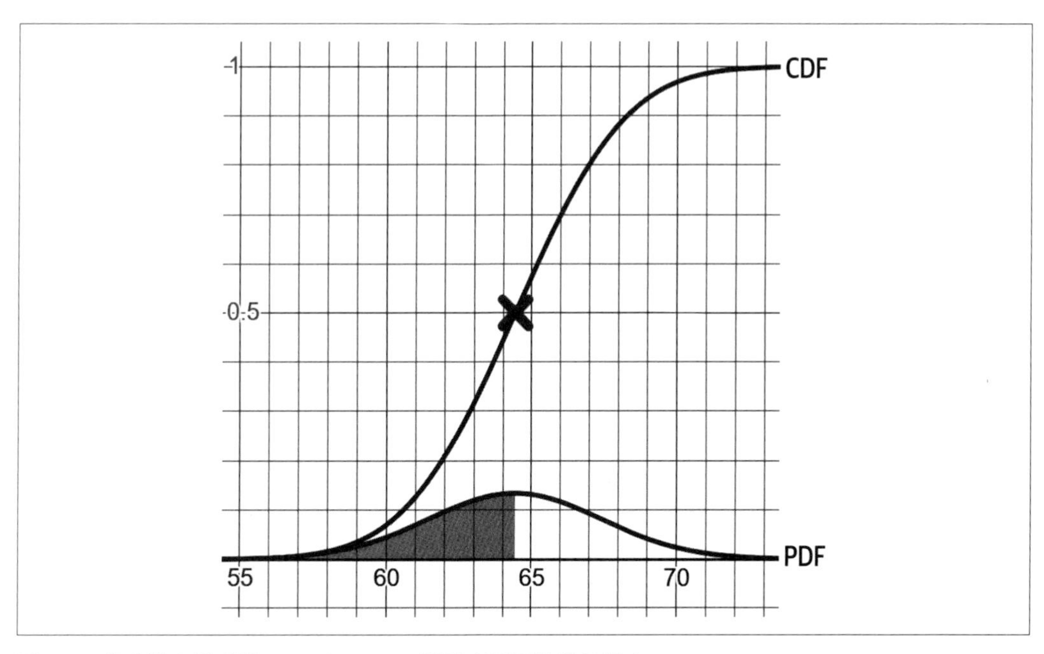

圖 3-9　黃金獵犬體重的 PDF 和 CDF，測量直到平均值的機率

由於常態分布的對稱性，可知這個直到平均值的面積會是 0.5 或 50%，而且可以預期鐘形曲線的另一側也有 50% 的面積。

要在 Python 中使用 SciPy 來計算這個直到 64.43 的面積，請使用 norm.cdf() 函數，如範例 3-10 所示。

範例 *3-10 Python* 中的常態分布 *CDF*

```
from scipy.stats import norm

mean = 64.43
std_dev = 2.99

x = norm.cdf(64.43, mean, std_dev)

print(x) # 印出 0.5
```

就像我們在第 2 章中所做的那樣，可以藉由減去面積來推衍出中間範圍內的面積。如果我們想找出觀察到一隻體重落在 62 到 66 磅之間黃金獵犬的機率，就計算直到 66 磅內的面積，並減去直到 62 磅內的面積，如圖 3-10 所示。

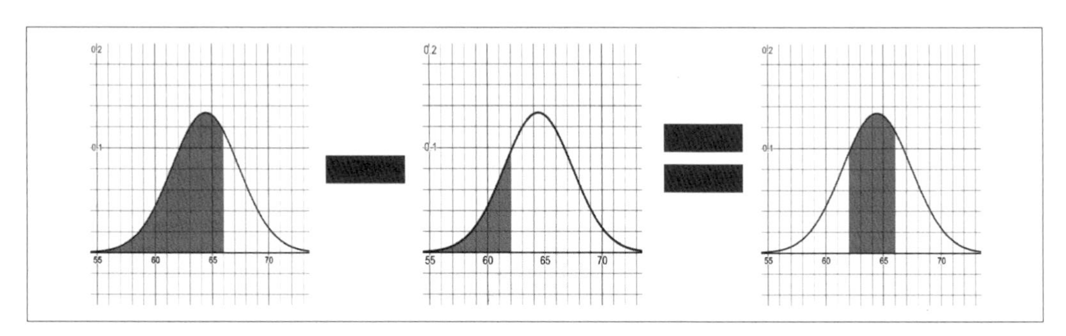

圖 3-10 找出機率的中間範圍

在 Python 中使用 SciPy 執來行此運算，只需要減去範例 3-11 中所示的兩個 CDF 運算。

範例 *3-11* 使用 *CDF* 來獲得中間範圍機率

```
from scipy.stats import norm

mean = 64.43
std_dev = 2.99
```

```
x = norm.cdf(66, mean, std_dev) - norm.cdf(62, mean, std_dev)

print(x) # 印出 0.4920450147062894
```

您應該發現，觀察到一隻體重在 62 到 66 磅之間黃金獵犬的機率是 0.4920，也就是大約 49.2%。

逆 CDF

當我們在本章後面開始進行假設檢定時，會遇到需要在 CDF 上查找一個面積，然後傳回相對應的 x 值的情況。當然，這是 CDF 的反向使用，所以我們需要使用逆 CDF（Inverse CDF），它會翻轉軸，如圖 3-11 所示。

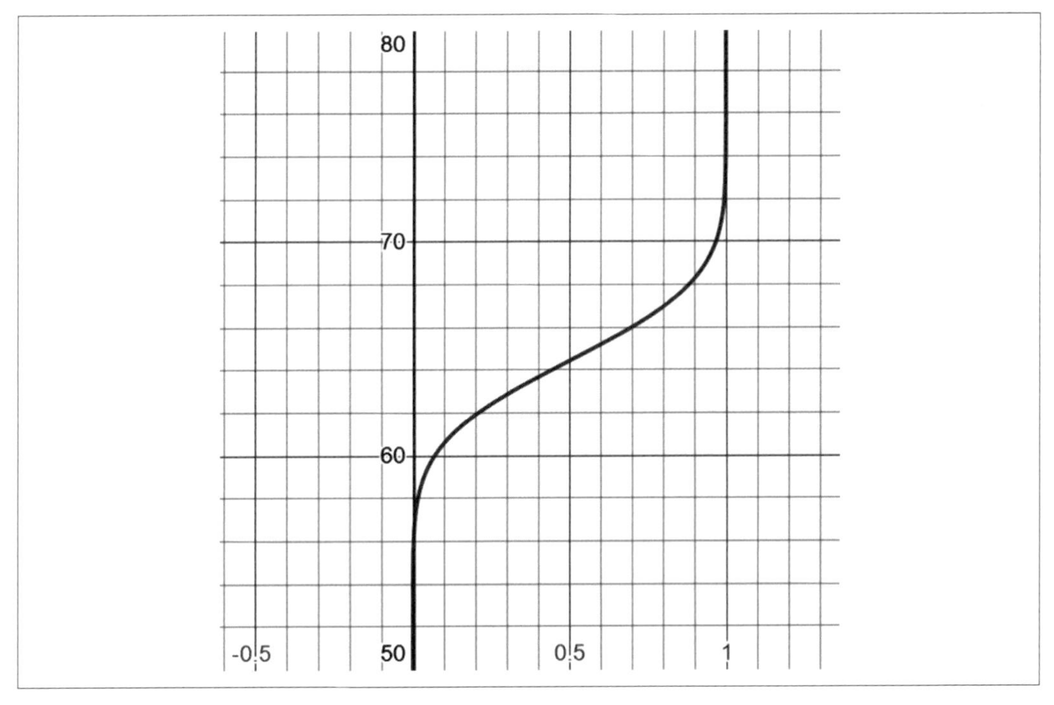

圖 3-11　逆 CDF，也稱為 PPF 或分位數函數（quantile function）

藉此可以查找機率，然後傳回相對應的 x 值，在 SciPy 中我們會使用 `norm.ppf()` 函數來進行此運算。例如，我想找出 95% 的黃金獵犬體重會落在哪裡，當我在範例 3-12 中使用逆 CDF 時，就能夠輕易找出。

範例 *3-12*　在 *Python* 中使用逆 *CDF*（稱為 ppf()）

```
from scipy.stats import norm

x = norm.ppf(.95, loc=64.43, scale=2.99)
print(x) # 69.3481123445849
```

我發現 95% 的黃金獵犬體重是 69.348 磅或更少。

您還可以使用逆 CDF 來產生服從常態分布的隨機數。如果我想建立一個模擬來產生 1000 個真實的黃金獵犬體重，我只需產生一個介於 0.0 和 1.0 之間的隨機值，把它傳遞給逆 CDF，然後傳回對應的體重值，如範例 3-13 所示。

範例 *3-13*　從常態分布產生隨機數

```
import random
from scipy.stats import norm

for i in range(0,1000):
    random_p = random.uniform(0.0, 1.0)
    random_weight = norm.ppf(random_p,  loc=64.43, scale=2.99)
    print(random_weight)
```

當然，NumPy 和其他程式庫也可以從分布中產生隨機值，但這突顯了逆 CDF 很方便的使用案例。

從零開始的 *CDF* 和逆 *CDF*

要了解如何在 Python 中從頭開始實作 CDF 和逆 CDF，請參閱附錄 A。

Z 分數

我們通常會重新調整常態分布，讓它的平均值為 0，標準差為 1，這稱為**標準常態分布**（*standard normal distribution*）。這使得比較一個常態分布和另一個常態分布的展形變得容易，即使它們具有不同的平均值和變異數。

標準常態分布特別重要的是它用標準差來表達所有的 x 值，這稱為 *Z* 分數（*Z-score*）。把 x 值轉換為 Z 分數可使用基本縮放公式：

$$z = \frac{x - \mu}{\sigma}$$

以下是一個例子。有兩間來自兩個不同社區的房子。社區 A 的平均房價為 140,000 美元，標準差為 3,000 美元；社區 B 的平均房價為 800,000 美元，標準差為 10,000 美元。

$$\mu_A = 140{,}000$$
$$\mu_B = 800{,}000$$
$$\sigma_A = 3{,}000$$
$$\sigma_B = 10{,}000$$

如果在兩個社區都各有一間房子，社區 A 的房子 A 價值 150,000 美元，社區 B 的房子 B 價值 815,000 美元。哪間房子比附近房子貴？

$$x_A = 150{,}000$$
$$x_B = 815{,}000$$

如果用標準差來表達這兩個值，可以把它們和每個社區的平均值進行比較。使用 Z 分數公式：

$$z = \frac{x - \text{mean}}{\text{standard deviation}}$$

$$z_A = \frac{150000 - 140000}{3000} = 3.\overline{333}$$

$$z_B = \frac{815000 - 800000}{10000} = 1.5$$

可知，A 社區的房子實際上比 B 社區的房子要貴得多，因為它們的 Z 分數分別為 $3.\overline{333}$ 和 1.5。

以下把來自某給定分布（具有平均值和標準差）的 x 值轉換為 Z 分數，還有反動作，如範例 3-14 所示。

範例 3-14　將 Z 分數轉換為 x 值，還有反動作

```
def z_score(x, mean, std):
    return (x - mean) / std


def z_to_x(z, mean, std):
    return (z * std) + mean


mean = 140000
std_dev = 3000
x = 150000
```

```
# 轉換為 Z 分數然後再轉回為 X
z = z_score(x, mean, std_dev)
back_to_x = z_to_x(z, mean, std_dev)

print("Z-Score: {}".format(z))  # Z 分數：3.333
print("Back to X: {}".format(back_to_x))  # 回到 X: 150000.0
```

`z_score()` 函數將接受一個 x 值並根據標準差來對它進行縮放，在所給定的平均值和標準差之情況下進行。`z_to_x()` 函數會接受 Z 分數並把它轉換回 x 值。研究一下這兩個函數，您可以看到它們之間的代數關係，一個用來求解 Z 分數，另一個求解 x 值。然後我們把 8.0 的 x 值轉換為 $3.\overline{333}$ 的 Z 值，再把這個 Z 值轉換回 x 值。

變異係數

測量展形的一個有用工具是變異係數（coefficient of variation）。它比較了兩個分布並量化每個分布的展形情況。計算很簡單：用標準差除以平均值。這是比較兩個社區範例的公式：

$$cv = \frac{\sigma}{\mu}$$

$$cv_A = \frac{3000}{140000} = 0.0214$$

$$cv_B = \frac{10000}{800000} = 0.0125$$

如此處所示，雖然 A 社區比 B 社區便宜，但其展形更大，因此價格也比 B 社區更具發散性。

推論性統計

到目前為止，我們已經介紹最普遍的描述性統計。然而，進入推論性統計（inferential statistics）時，樣本和母體之間的抽象關係就會充分發揮作用。這些抽象的細微差別無法讓人一下理解，而是要花時間來仔細吸收。如前文所述，作為人類，我們天生就有偏見並會很快地下結論。作為一名優秀的資料科學專業人士，您需要抑制這種原始慾望，並考慮有其他解釋存在的可能性。從理論上來說，是有可能完全無法解釋，或得到巧合、剛好碰上的研究結果，這都是可以接受的（甚至可以因此擺脫偏見）。

首先讓我們從為所有推論性統計奠定基礎的定理開始。

中央極限定理

常態分布有用的原因之一，是因為它在自然界中常常出現，例如成年黃金獵犬的體重；然而，它還出現在自然族群之外的更迷人環境中。當我們從一個母體中測量足夠大的樣本時，即使該母體不遵循常態分布，常態分布仍然會現蹤。

假設我正在測量一個真正且均勻隨機的母體。0.0 到 1.0 之間的任何值都具有同等可能性，並且不對任何值有任何的偏好。但是當我們從這個母體中抽取越來越大的樣本數、取樣本的平均值、然後再把它們繪製成直方圖時，會發生一些有趣的事情。請執行範例 3-15 中的 Python 程式碼並觀察圖 3-12 中的圖。

範例 *3-15* 探索 *Python* 中的中央極限定理

```
# 均勻分布的樣本將會平均成常態分布。
import random
import plotly.express as px

sample_size = 31
sample_count = 1000

# 中央極限定理，1000 組樣本，每組包含 31 個
# 介於 0.0 到 1.0 之間的亂數
x_values = [(sum([random.uniform(0.0, 1.0) for i in range(sample_size)]) / \
    sample_size)
            for _ in range(sample_count)]

y_values = [1 for _ in range(sample_count)]

px.histogram(x=x_values, y = y_values, nbins=20).show()
```

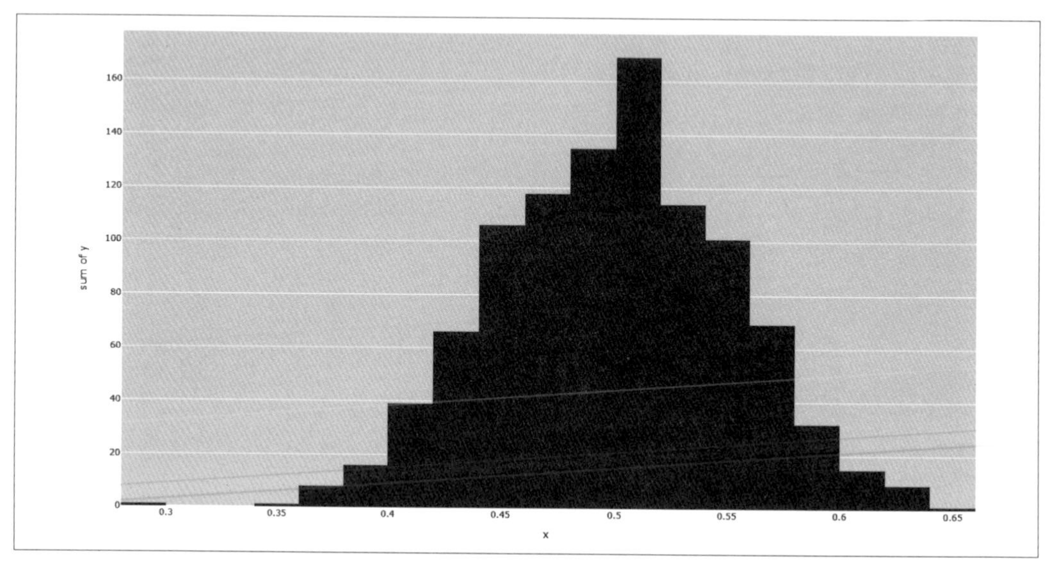

圖 3-12　取樣本（每個大小為 31）的平均值並繪製它們

等一下，當以 31 個為一組進行採樣然後平均時，均勻的亂數是如何大致形成常態分布的？任何數字的可能性都一樣，對吧？分布難道不應該是平的而不是鐘形的嗎？

這之中的原因在於，樣本中的單一數字並不會建立常態分布。在任何數字的可能性都相等的情況下，分布將是平坦的（這稱為**均勻分布**（*uniform distribution*））。但是把它們分組為樣本並將之平均時，它們會形成常態分布。

這是因為**中央極限定理**（*central limit theorem*），該定理指出，抽取足夠大的母體樣本、計算每個樣本的平均值、並把它們繪製為分布時，會發生有趣的事情：

1. 樣本平均值的平均值等於母體平均值。
2. 如果母體是常態的，樣本平均值就是常態的。
3. 如果母體不是常態的，但樣本量大於 30 時，樣本平均值仍會大致形成常態分布。
4. 樣本平均值的標準差等於母體標準差除以 n 的平方根：

$$樣本標準差 = \frac{母體標準差}{\sqrt{樣本大小}}$$

為什麼這些事情很重要？這些行為讓我們能夠根據樣本來推斷出關於母體的有用資訊，即使對於非常態母體也是如此。如果您修改前面的程式碼並嘗試更小的樣本量 1 或 2 時，您將不會看到常態分布。但是當您接近 31 或更多時，將收斂到一個常態分布，如圖 3-13 所示。

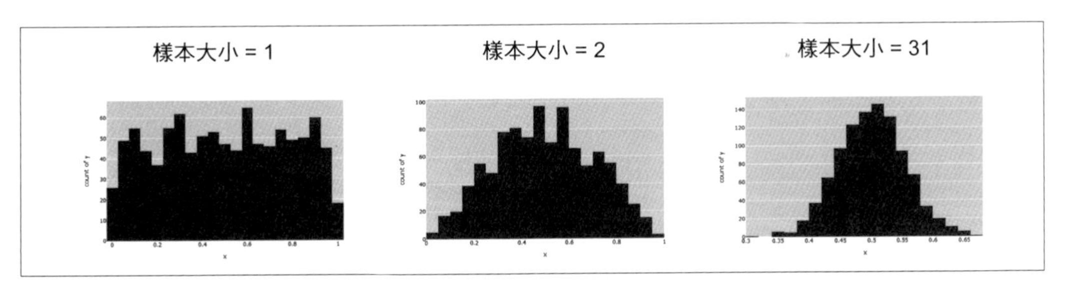

圖 3-13　較大的樣本量趨近常態分布

31 是統計學中的教科書數字，因為這是樣本分布經常會收斂到母體分布的時候，特別是在測量樣本平均值或其他參數時。當您的樣本中的項目少於 31 項時，也就是當您必須依賴 T 分布而不是常態分布時，常態分布的樣本量越小，尾部就越肥。之後我們將簡要討論這一點，但首先假設我們在討論信賴區間和檢定時樣本中，至少有 31 個項目。

多少樣本才足夠？

雖然 31 是您需要在樣本中滿足中央極限定理並看到常態分布的經典項目數，但有時並非如此。在某些情況下，您需要更大的樣本，例如當基礎分布是非對稱的或多峰的（multimodal）（表示它有多個峰值，而不是一個平均值）。

總之，當您不確定潛在的機率分布時，擁有越多樣本越好。您可以在此文章（*https://oreil.ly/IZ4Rk*）中閱讀更多內容。

信賴區間

您可能聽說過「信賴區間」這個術語，它經常讓統計新手和學生感到困惑。信賴區間（*confidence interval*）是一種範圍計算，顯示我們對樣本平均值（或其他參數）落在母體平均值範圍內的信心程度。

基於 31 隻黃金獵犬的樣本，平均值為 64.408，標準差為 2.05，我有 95% 的把握認為母體平均值介於 63.686 和 65.1296 之間。我怎麼知道的？讓我向您展示，如果您感到困惑，請回到本小節並記住我們正在努力達成的目標。我會強調它是有原因的！

我首先要選擇一個**信心水準**（*level of confidence, LOC*），它會包含母體平均值範圍的所需機率。我希望有 95% 的把握樣本平均值會落在將計算的母體平均值範圍內，即 LOC。我們可以利用中央極限定理推斷母體平均值的範圍，首先，我需要**臨界 z 值**（*critical z-value*），它是標準常態分布中的對稱範圍，它在中心區域會給出 95% 的機率，如圖 3-14 中突出顯示的那樣。

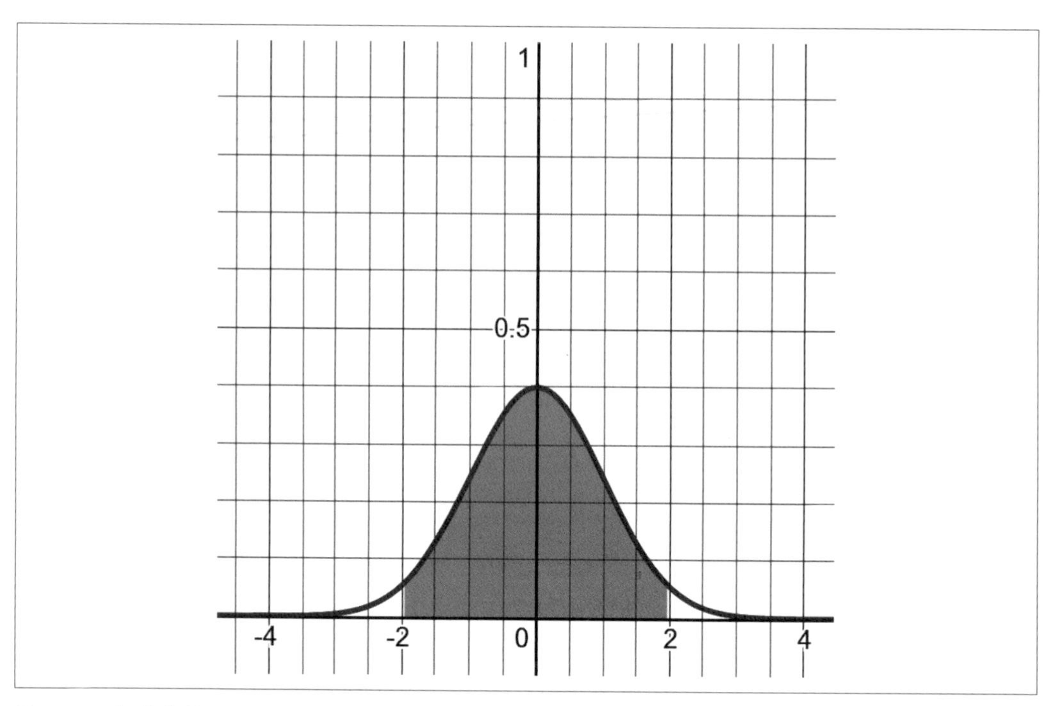

圖 3-14　標準常態分布中心處的 95% 對稱機率

要如何計算這個包含 0.95 面積的對稱範圍呢？從概念的角度出發而不要直接計算，會比較容易掌握。您可能本能地想要使用 CDF，但隨後您可能會意識到這裡還有一些可動部分。

首先，您需要利用逆 CDF。邏輯上，要在中心獲得 95% 的對稱面積，我們將砍掉具有剩餘 5% 面積的尾部。把剩餘的 5% 面積分成兩半，每條尾部將得出 2.5% 的面積。因此，我們要查找 x 值的區域是 .025 和 .975，如圖 3-15 所示。

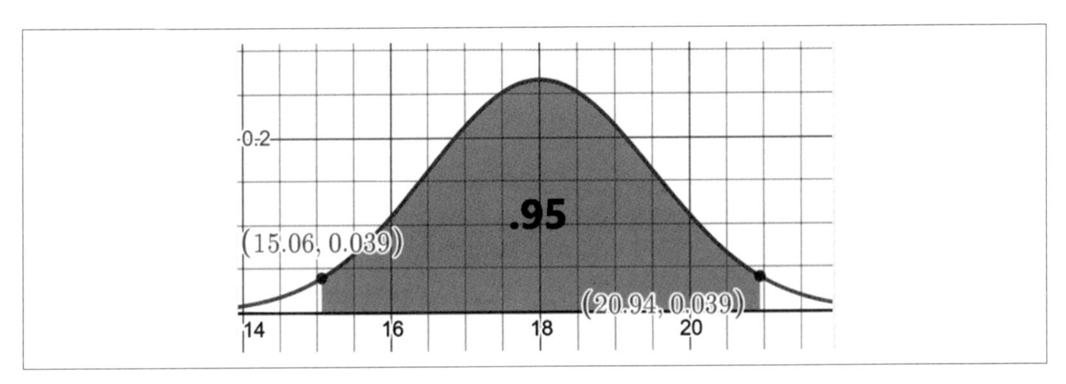

圖 3-15　需要找出 0.025 和 0.975 面積的 x 值

查找 0.025 面積和 0.975 面積的 x 值，可以提供包含 95% 面積的中心範圍。然後，傳回包含該面積的相對應上、下 z 值。請記住，這裡使用的是標準常態分布，因此除了正 / 負號之外，它們會是相同的。範例 3-16 是在 Python 中計算它的方式。

範例 3-16　檢索臨界 z 值

```
from scipy.stats import norm

def critical_z_value(p):
    norm_dist = norm(loc=0.0, scale=1.0)
    left_tail_area = (1.0 - p) / 2.0
    upper_area = 1.0 - ((1.0 - p) / 2.0)
    return norm_dist.ppf(left_tail_area), norm_dist.ppf(upper_area)

print(critical_z_value(p=.95))
# (-1.959963984540054, 1.959963984540054)
```

得出來的 ±1.95996，就是我們在標準常態分布中心得出 95% 機率的臨界 z 值。接下來，我要利用中央極限定理來產生**誤差邊際**（*margin of error*）*(E)*，它是包含該信心水準的母體平均值的樣本平均值周圍的範圍。回想一下，這 31 隻黃金獵犬樣本的平均值為 64.408，標準差為 2.05。得出這個誤差邊際的公式是：

$$E = \pm z_c \frac{s}{\sqrt{n}}$$

$$E = \pm 1.95996 * \frac{2.05}{\sqrt{31}}$$

$$E = \pm 0.72164$$

如果把誤差邊際應用在樣本平均值上，最終會得出信賴區間！

95% 信賴區間 = 64.408 ± 0.72164

範例 3-17 是以 Python 從頭到尾計算信賴區間的方法。

範例 *3-17* 在 *Python* 中計算信賴區間

```
from math import sqrt
from scipy.stats import norm


def critical_z_value(p):
    norm_dist = norm(loc=0.0, scale=1.0)
    left_tail_area = (1.0 - p) / 2.0
    upper_area = 1.0 - ((1.0 - p) / 2.0)
    return norm_dist.ppf(left_tail_area), norm_dist.ppf(upper_area)

def confidence_interval(p, sample_mean, sample_std, n):
    # 樣本大小必須大於 30

    lower, upper = critical_z_value(p)
    lower_ci = lower * (sample_std / sqrt(n))
    upper_ci = upper * (sample_std / sqrt(n))

    return sample_mean + lower_ci, sample_mean + upper_ci

print(confidence_interval(p=.95, sample_mean=64.408, sample_std=2.05, n=31))
# (63.68635915701992, 65.12964084298008)
```

因此，解釋這一點的方法是「根據我的 31 隻黃金獵犬體重樣本，樣本平均值為 64.408，樣本標準差為 2.05，我有 95% 的把握母體平均值會介於 63.686 和 65.1296 之間。」這就是描述信賴區間的方式。

還有一件有趣的事情值得注意，在誤差邊際公式中，n 越大，信賴區間就越窄！這是絕對正確的，因為樣本越大，對母體平均值落在更小的範圍內就會越有信心，因此稱之為信賴區間。

在這裡要注意的一個問題是，要讓它發揮作用，樣本量必須至少為 31 個項目。這又回到了中央極限定理。如果想把信賴區間應用於較小的樣本，需要使用具有較高變異數的分布（較粗的尾部反映更多的不確定性）。這就是 T 分布的用途，我們將在本章末尾討論它。

在第 5 章中，我們會繼續使用信賴區間來進行線性迴歸。

了解 p 值

當我們說某事是**統計顯著**（*statistically significant*）時，代表什麼意思呢？這個詞經常且頻繁地使用，但它在數學上的意思是什麼？嚴格來說，它和所謂的 p 值相關，而對很多人來說，這個概念不好掌握。但我認為當您知道它是怎麼來的，就會比較懂它的概念。以下這個例子不是很理想，但能說明很多事。

1925 年時，數學家 Ronald Fisher 參加一個聚會，聽到他的同事 Muriel Bristol 說，她可以透過品嚐茶，來偵測出茶和牛奶誰先倒進杯子。由於對這項說法很感興趣，Ronald 當場進行一項實驗。

他準備 8 杯茶。4 杯先倒牛奶，4 杯先倒茶，然後端給他的鑑賞家同事，並要求她確定每一杯的傾倒順序。讓人印象深刻的是，她每一杯都喝出來了，而這種偶然發生的機率是 70 分之一，也就是 0.01428571。

這 1.4% 的機率就是我們所說的 *p* **值**（*p-value*），也就是某件事是偶然發生而不是因為某種假說性解釋而發生的機率。如果不走入組合數學（combinatorial math）的兔子洞，Muriel 完全猜對的機率是 1.4%。到底是什麼意思？

當我們設計一個實驗時，無論是確定有機甜甜圈是否會導致體重增加，還是住在電線附近會導致癌症，我們總是不得不考慮隨機運氣發揮作用的可能性。就像 Muriel 只透過猜測就有 1.4% 的機會可以全對一樣，隨機性總是有機會像吃角子老虎一樣給了我們一手好牌。這有助於建構**虛無假說**（*null hypothesis*）(H_0)，也就是所討論的變數對實驗沒有影響，任何正面的結果都只是隨機的運氣。**對立假說**（*alternative hypothesis*）(H_1) 則提出所討論的變數（稱為**控制變數**（*controlled variable*））正在導致正面的結果。

傳統上，統計顯著性的閾值（threshold）是 5%（也就是 0.05）或更小的 p 值。由於 0.014 小於 0.05，這意味著我們可以駁回 Muriel 是隨機猜測的虛無假說；而且還可以導出另一種假說，Muriel 具有某種特殊能力，可以偵測是先倒茶還是先倒牛奶。

現在，這個茶會範例少說的一件事是，計算 p 值時，得到該事件或更罕見事件的所有機率。我們將會在使用常態分布來深入研究下一個範例時解決這個問題。

假說檢定

過去的研究表明，感冒的平均恢復時間為 18 天，標準差為 1.5 天，而且服從常態分布。

這意味著大約有 95% 的可能性我們需要 15 到 21 天才能恢復，如圖 3-16 和範例 3-18 所示。

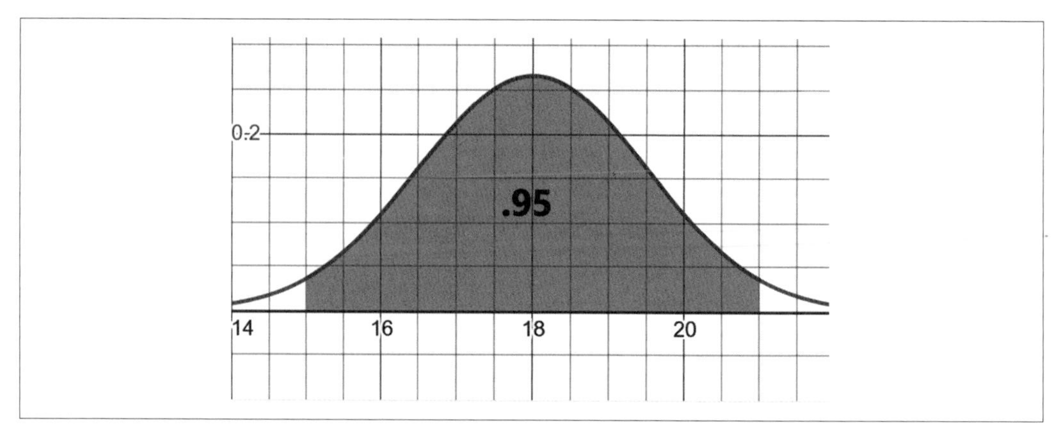

圖 3-16　在 15 到 21 天之間有 95% 的機會恢復

範例 3-18　計算 15 到 21 天之間恢復的機率

```
from scipy.stats import norm

# 感冒的恢復時間平均為 18 天，標準差為 1.5 天
mean = 18
std_dev = 1.5

# 有 95% 的機率會在 15 到 21 天內恢復 .
x = norm.cdf(21, mean, std_dev) - norm.cdf(15, mean, std_dev)

print(x) # 0.9544997361036416
```

然後，我們可以從剩餘的 5% 的機率推斷出，有 2.5% 的可能性需要超過 21 天的時間才能恢復，而有 2.5% 的可能性需要不到 15 天的時間。先記住這一點資訊，因為這很關鍵！能推動 p 值。

現在假設有 40 人的測試組服用一種實驗性新藥，平均需要 16 天才能從感冒中恢復過來，如圖 3-17 所示。

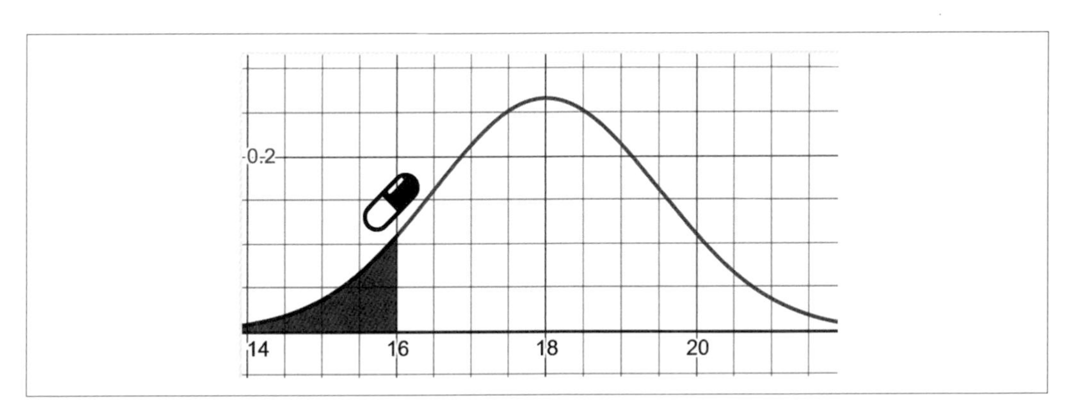

圖 3-17　一組服藥的人要花 16 天恢復

藥物有影響嗎？如果您思考的時間夠久，您可能會意識到我們要問的是：這種藥物是否顯示出統計顯著的結果？還是藥物不起作用，16 天的恢復只是和測試組間的巧合？第一個問題構成了對立假說，而第二個問題構成了虛無假說。

這有兩種計算方法：單尾檢定和雙尾檢定，先從單尾開始。

單尾檢定

當我們進行**單尾檢定**（*one-tailed test*）時，通常使用不等式來建構虛無假說和對立假說。假設母體平均值大於 / 等於 18（虛無假說 H_0）或小於 18（對立假說 H_1）：

$$H_0\text{:母體平均值} \geq 18$$
$$H_1\text{:母體平均值} < 18$$

為了駁回虛無假說，我們需要證明服用藥物的患者樣本平均值不太可能是巧合。由於傳統上認為 0.05 或更小的 p 值具有統計顯著性，因此我們使用它作為閾值（圖 3-17）。當我們在 Python 中使用圖 3-18 和範例 3-19 所示的逆 CDF 來進行計算時，發現恢復天數大約是 15.53，這會讓左尾面積為 0.05。

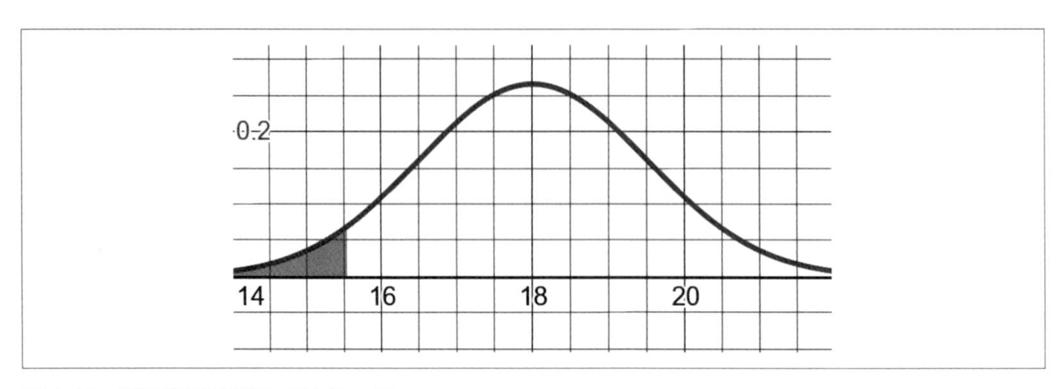

圖 3-18 獲取其後面積為 5% 的 x 值

範例 *3-19* 用於獲取其後面積為 *5%* 的 *x* 值的 *Python* 程式碼

```
from scipy.stats import norm

# 感冒的恢復時間平均為 18 天，標準差為 1.5 天
mean = 18
std_dev = 1.5

# 什麼 x 值會有 5% 的面積在它後面？
x = norm.ppf(.05, mean, std_dev)

print(x) # 15.53271955957279
```

因此，如果我們在樣本組中達成平均 15.53 天或更少的恢復時間，藥物就具有足夠的統計顯著性，足以顯示出影響。但是，我們樣本的平均恢復時間實際上是 16 天，並且不屬於這個虛無假說拒絕區。因此，統計顯著性檢定失敗，如圖 3-19 所示。

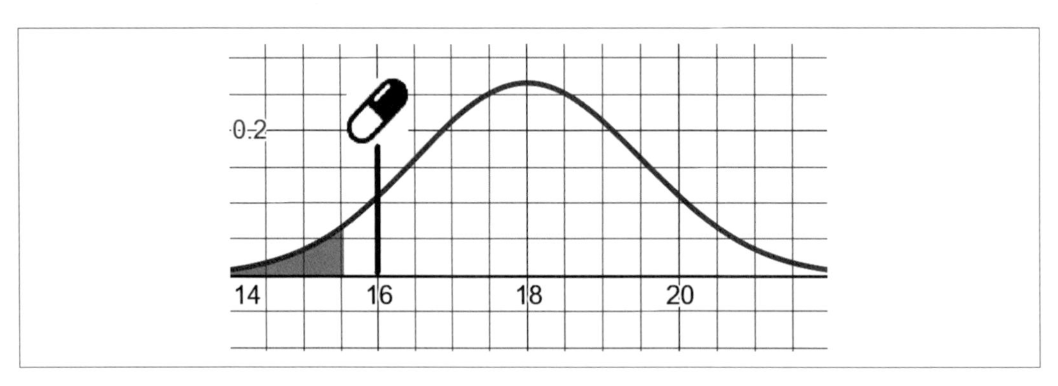

圖 3-19 無法證明藥物測試結果具有統計顯著性

直到 16 天處標記的面積就是我們的 p 值，也就是 0.0912，我們將在 Python 中計算它，如範例 3-20 所示。

範例 3-20　計算單尾 p 值

```
from scipy.stats import norm

# 感冒的恢復時間平均為 18 天，標準差為 1.5 天
mean = 18
std_dev = 1.5

# 16 天或更少天的機率
p_value = norm.cdf(16, mean, std_dev)

print(p_value) # 0.09121121972586788
```

由於 0.0912 的 p 值大於 0.05 的統計顯著性閾值，因此我們不認為藥物試驗成功，並且無法駁回虛無假說。

雙尾檢定

我們之前執行的檢定稱為單尾檢定，因為它只在一條尾巴上尋找統計顯著性。但是，使用雙尾檢定通常會更安全且更好，我們將詳細說明原因，但需要先計算它。

為了進行雙尾檢定（*two-tailed test*），我們把虛無假說和對立假說建構在「相等」和「不相等」的結構中。在藥物檢定中，會說虛無假說的平均恢復時間為 18 天。但對立假說的平均恢復時間並不是 18 天，這要歸功於新藥：

$$H_0\text{:population mean} = 18$$
$$H_1\text{:population mean} \neq 18$$

這有一個重要的義涵。我們正在建構對立假說，讓它不是去檢定藥物是否可以改善感冒恢復時間，而是去檢定它是否會有**任何**影響。這包括檢定它是否增加感冒持續時間。這有幫助嗎？先記住這個想法。

當然，這意味我們要把 p 值的統計顯著性閾值擴展到兩條尾巴，而不僅僅是一條尾巴。如果我們正在檢定 5% 的統計顯著性，那麼我們會把它進行拆分，並把每一半的 2.5% 分配給每條尾巴。如果藥物平均恢復時間落在任何一個區域，檢定就是成功的，可駁回虛無假說（圖 3-20）。

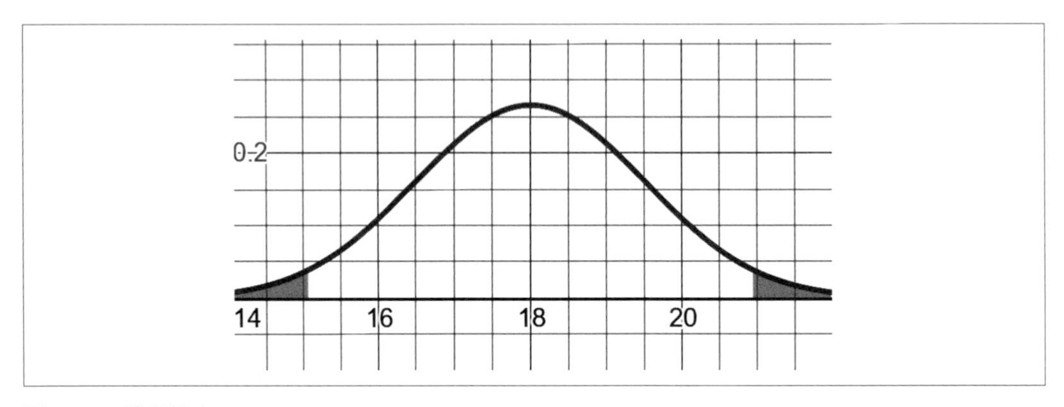

圖 3-20　雙尾檢定

下尾和上尾的 x 值分別為 15.06 和 20.93，這意味著低於或高於這兩個值時，我們會駁回虛無假說。這兩個值是使用圖 3-21 和範例 3-21 中所示的逆 CDF 計算出來的。請記住，要獲得上尾，我們取 0.95，然後加上 0.025 的顯著性閾值，得到 0.975。

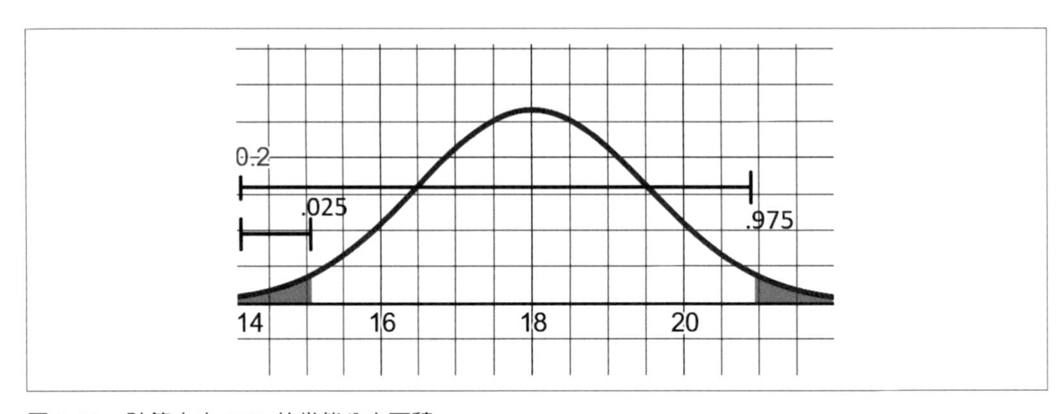

圖 3-21　計算中央 95% 的常態分布面積

範例 *3-21*　計算統計顯著性為 *5%* 的範圍

```
from scipy.stats import norm

# 感冒的恢復時間平均為 18 天，標準差為 1.5 天
mean = 18
std_dev = 1.5

# 什麼 x 值會有 2.5% 的面積在它後面？
x1 = norm.ppf(.025, mean, std_dev)
```

```
# 什麼 x 值會有 97.5% 的面積在它後面？
x2 = norm.ppf(.975, mean, std_dev)

print(x1) # 15.060054023189918
print(x2) # 20.93994597681008
```

藥物檢定組樣本平均值為 16，不小於 15.06 且不大於 20.9399。因此，就像單尾檢定一樣，我們仍然無法駁回虛無假說。如圖 3-22 所示，藥物仍然沒有顯示出會產生任何影響的任何統計顯著性。

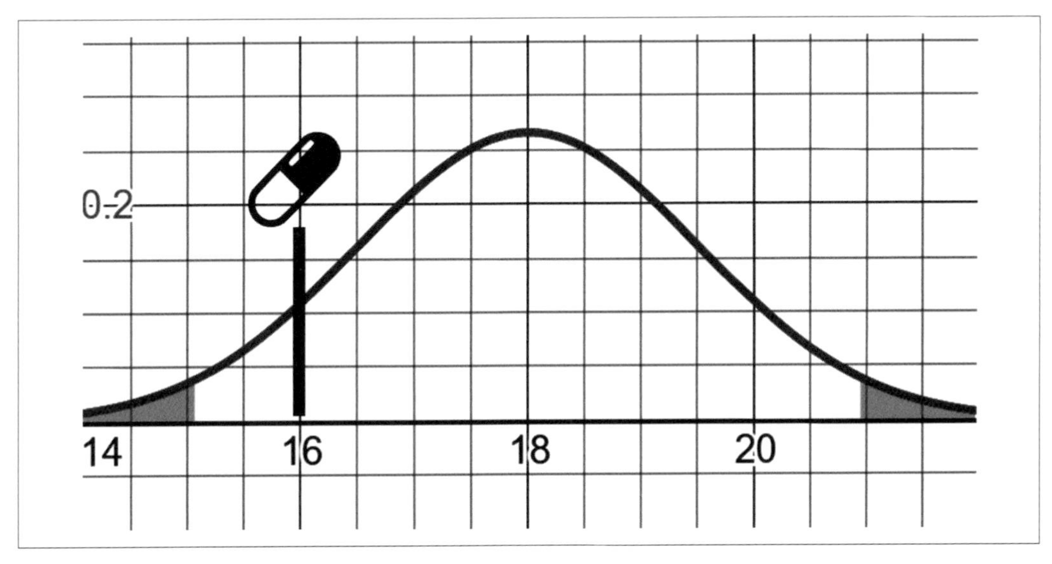

圖 3-22　雙尾檢定未能證明統計顯著性

但是 p 值是什麼？這就是雙尾檢定有趣的地方。p 值不僅得出 16 左側的區域，還要得出右尾的對稱等效區域。由於 16 比平均值低 2 天，我們將會得到高於平均值 2 天，即 20 天以上的區域（圖 3-23）。這是在鐘形曲線的兩側得出事件的機率。

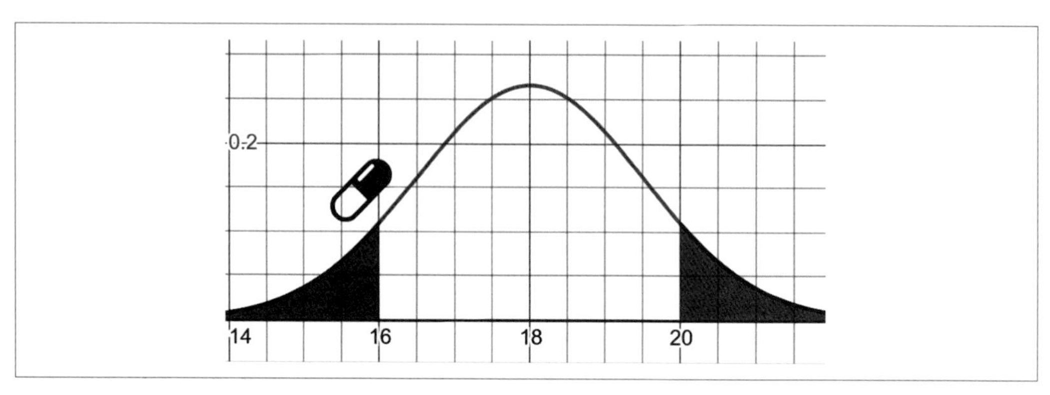

圖 3-23　p 值為了統計顯著性而添加了對稱邊

當我們把這兩個面積相加時，得到的 p 值為 0.1824，比 0.05 大很多，所以肯定沒有通過 p 值閾值 0.05（範例 3-22）。

範例 3-22　計算雙尾 *p* 值

```
from scipy.stats import norm

# 感冒的恢復時間平均為 18 天，標準差為 1.5 天
mean = 18
std_dev = 1.5

# 16 天或更少天的機率
p1 = norm.cdf(16, mean, std_dev)

# 20 天或更多天的機率
p2 = 1.0 -  norm.cdf(20, mean, std_dev)

# 兩個尾巴的 p 值
p_value = p1 + p2

print(p_value) # 0.18242243945173575
```

所以為什麼還要在雙尾檢定中添加對側的對稱區域呢？這裡可能不是最直觀的概念，但請先記住建構假設的過程：

H_0:母體平均值 = 18
H_1:母體平均值 ≠ 18

如果在「等於 18」和「不等於 18」的內容中進行檢定，必須得到任何在兩邊都相等或小於值的機率。畢竟，我們正在努力證明顯著性，這包括任何同樣可能或不太可能發生的事情。對於只使用「大於／小於」邏輯的單尾檢定，沒有這種特殊考量。但是處理「等於／不等於」時，我們感興趣的區域是雙向的。

所以，雙尾檢定的實際意義是什麼？它如何決定我們是否要駁回虛無假說？請問問自己：哪一個會設定更高門檻？您會注意到，即使目標是要展示可能已經減少了某些東西（使用藥物時的感冒恢復時間），重新建構假說以展現出任何影響（更大或更小）都會產生更高的顯著性閾值。如果顯著性閾值是 0.05 或更小的 p 值，單尾檢定在 p 值為 0.0912 時會更接近於被接受，而雙尾檢定是 p 值會是兩倍的 0.182。

這意味著雙尾檢定會使駁回虛無假說變得更加困難，並且需要更有力的證據才能通過檢定。也想一想：如果藥物會使感冒惡化並讓它持續更長時間怎麼辦？得出該機率並解釋該方向的變化可能會有所幫助；這就是為什麼在大多數情況下雙尾檢定更受歡迎的原因。它們往往更可靠，並且不會只將假說偏向一個方向。

我們將在第 5 章和第 6 章再次使用假說檢定和 p 值。

謹防 P-Hacking！

科學研究界有一種 P-Hacking 現象，指研究人員搜購具有統計顯著性的 p 值（0.05 或更低）。這對於巨量資料、機器學習和資料探勘來說並不難，在尋訪數百或數千個變數之後，總是可以找到它們之間顯著（但巧合）的統計關係。

為什麼這麼多研究人員會進行「p-hack」？因為大部分人並沒有意識到這件事，畢竟不斷調整模型，省略「雜訊」資料並更改參數直到它得出「正確」結果，並不是一件難事。其他人則是迫於學術界和產業的壓力，非得產生有利可圖的結果不可，而非客觀結論。

如果 Calvin Cereal Company 聘用您來研究一種甜食 Frosted Chocolate Sugar Bombs 是否會導致糖尿病，您認為誠實分析後，他們還會再聘用您嗎？如果經理要求您產生這樣的預測結果：下一季的新產品發行銷售額為 1500 萬美元，又該怎麼辦呢？您無法控制銷售量，但系統要求您提供能夠產生預定結果的模型。最糟的情況是，一旦證明這是錯誤的，甚至可能會追究您的責任。真不公平，但確實有這種事！

這就是為什麼交際手腕這樣的軟技能，會對資料科學專業人士的職涯產生影響力。如果分享難處和不便之處，還能讓您贏得支持，那真的太了不起了！但還是要隨時留意組織的管理氛圍，確保自己永遠有替代的解決方案。如果您在全盤皆輸的情況下被迫進行「p-hack」，而且可能要在事與願違時承擔責任，就是改變工作環境的時候了！

T 分布：處理小樣本

讓我們簡要介紹一下如何處理 30 個或更少的小樣本，第 5 章的線性迴歸也會需要它。無論是計算信賴區間還是進行假說檢定，如果樣本中的項目數為 30 或更少時，我們將選擇使用 T 分布而不是常態分布。*T 分布*（*T-distribution*）類似於常態分布，但尾部較粗，以反映更多的變異數和不確定性。圖 3-24 顯示了常態分布（虛線）和具有一個自由度的 T 分布（實線）。

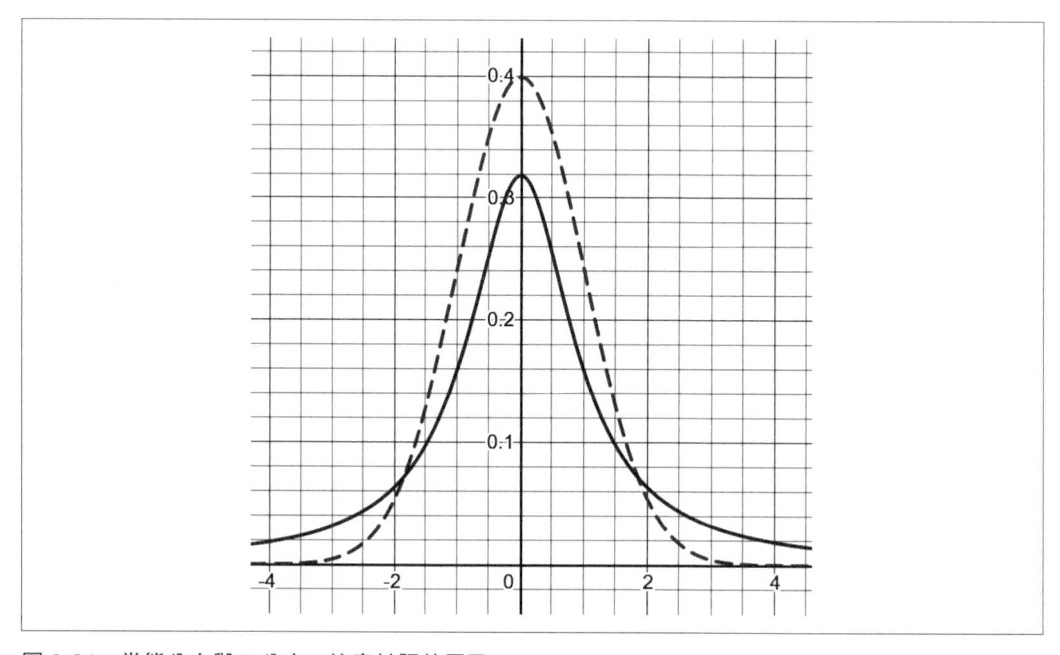

圖 3-24　常態分布與 T 分布；注意較肥的尾巴

樣本量越小，T 分布中的尾部越肥。但有趣的是，當您接近 31 個項目後，T 分布與常態分布幾乎無法區分，這巧妙地反映了中央極限定理背後的思想。

範例 3-23 顯示了如何找到 95% 信心度的臨界 *t* 值（*critical t-value*）。當您的樣本量為 30 或更少時，您可以把它用在信賴區間和假說檢定。它在概念上和臨界 z 值相同，但我們使用了 T 分布而不是常態分布來反映更大的不確定性。樣本量越小、範圍越大，反映的不確定性也越大。

範例 3-23 使用 T 分布來獲得臨界值範圍

```
from scipy.stats import t

# 取得 95% 信心度的臨界值範圍
# 樣本大小為 25

n = 25
lower = t.ppf(.025, df=n-1)
upper = t.ppf(.975, df=n-1)

print(lower, upper)
-2.063898561628021 2.0638985616280205
```

請注意，`df` 是「自由度」（degrees of freedom）參數，如前所述，它應該比樣本量小。

超越平均值

除了平均值之外，我們可以使用信賴區間和假說檢定來測量其他參數，包括變異數 / 標準差以及比例（例如，60% 的人報告說每天步行 1 小時後會提高幸福感）。這些需要其他分布，例如卡方分布（chi-square）而不是常態分布。如前所述，這些都超出了本書的範圍，但希望您有一個強大的概念基礎，在需要時可以擴展到這些領域。

我們將在第 5 章和第 6 章中使用信賴區間和假說檢定。

巨量資料注意事項和德州神槍手謬誤

這是本章結束之前的最後一個想法。正如我們所討論的，隨機性在驗證結果方面扮演重要角色，我們總是必須考慮它的可能性。不幸的是，隨著巨量資料、機器學習和其他資料探勘工具的出現，科學方法突然變成了一種倒退的做法。這可能是令人不安的；請允許我引用 Gary Smith 的著作 *Standard Deviations*（Overlook Press）中的一個例子來說明原因。

假設我從一副公平的牌組中抽了 4 張撲克牌。除了抽 4 張牌並觀察它們之外，這裡並沒有任何比賽或目標。我得到兩個 10、一個 3 和一個 2。「這很有趣，但有意義嗎？我接下來抽的另外 4 張牌是不是也會是兩個連續的數字和一對？這裡的基本模式是什麼？」

看看我做了什麼？我拿了一些完全隨機的東西，我不只會尋找樣式，而且還試圖從中建立一個預測模型。但微妙的是，我從未把獲得這 4 張具有這些特定樣式的卡片作為目標，我只在它們發生後觀察它們。

這正是資料探勘每天都成為受害者的原因：在隨機事件中尋找巧合出現的模式。借助大量資料和快速演算法來尋找樣式，很容易找到看起來有意義但實際上只是隨機巧合的東西。

這也類似於在牆上開槍，然後在洞孔的周圍畫一個靶子，再炫耀給朋友看我驚人的槍法。真的很傻，對吧？好吧，資料科學領域的許多人每天都在做類似的事情，這就是**德州神槍手謬誤**（*Texas Sharpshooter Fallacy*）。他們在沒有目標的情況下採取行動，偶然發現一些罕見的東西，然後再指出他們發現的東西以某種方式創造了預測價值。

問題是真正的大數法則（law of truly large numbers）說很可能會發現罕見的事件，我們只是不知道是哪些。當遇到罕見事件時，我們會強調甚至推測可能導致它們的原因。問題是這樣的：一個特定的人中獎的可能性極小，但還是有人會中獎。當有贏家時，我們為什麼要感到驚訝？除非有人可以預測贏家，否則除了有個隨機的人很幸運之外，沒有任何有意義的事情發生。

這也適用於相關性，我們將在第 5 章中研究。對於包含數千個變數的龐大資料集，是否容易找到具有 0.05 p 值的統計顯著性結果？您說中了！我可以找到成千上萬的結果。我甚至可以證明 Nicolas Cage 的電影數量和一年中在泳池溺水的數量相關（*https://oreil.ly/eGxm0*）。

因此，為了防止德州神槍手謬誤和成為巨量資料謬誤的受害者，請嘗試使用結構化假說檢定（structured hypothesis testing）並為此目標蒐集資料。如果您使用資料探勘，請嘗試獲取新資料以查看您的發現是否仍然有效。最後，永遠要承認這只是巧合的可能性；如果沒有常識性的解釋，那可能就是巧合。

我們學到了要如何在蒐集資料之前進行假說，但資料探勘是先蒐集資料，然後進行假說。具有諷刺意味的是，通常從假說開始會更加客觀，因為我們之後會尋找資料來故意證明和反駁假說。

結論

我們在本章中學到了很多東西，您應該對能走到這一步感到滿意。這可能是本書中較難的主題之一！我們不僅學習了從平均值到常態分布的描述性統計，還處理了信賴區間和假說檢定。

希望您對資料的看法有所不同。它是事物的快照，而不是對現實的完整捕捉。資料本身並不是很有用，我們需要背景、好奇心和分析資料的來源，才能從中獲得有意義的見解。我們介紹了如何描述資料以及基於樣本來推斷更大母體的屬性。最後，我們提到一不小心，可能會陷入的一些資料探勘謬誤，以及如何用新資料和常識來糾正這些謬誤。

如果您需要回過頭來複習本章中的一些內容，不要難過，因為有很多東西需要消化。如果您想在資料科學和機器學習領域取得成功，進入假說檢定的心態也很重要。很少有從業者肯花時間把統計和假說檢定概念與機器學習聯繫起來，真令人難過。

可理解性和可解釋性是機器學習的下一個著力點，所以在本書的其餘部分和您的職業生涯中，請不斷學習和整合這些想法。

習題

1. 您為您的 3D 列表機購買了一卷 1.75 公釐的線材。您想測量線材的實際直徑和 1.75 公釐的接近程度，於是使用卡尺（caliper）工具並在線軸上對直徑進行五次採樣：

   1.78、1.75、1.72、1.74、1.77。

   請計算這組值的平均值和標準差。

2. 某廠商稱 Z-Phone 智慧型手機的平均使用壽命為 42 個月，標準差為 8 個月。假設為常態分布，給定的隨機 Z-Phone 可以持續 20 到 30 個月的機率是多少？

3. 我懷疑我的 3D 列表機線材平均直徑不是宣稱的 1.75 公釐。我用工具對 34 個測量值進行了採樣。樣本平均值為 1.715588，樣本標準差為 0.029252。

   整個線材的平均值的 99% 信賴區間是多少？

4. 您的行銷部門啟動一個新的廣告活動，想知道它是否能影響銷售額，過去的平均值為每天 10,345 美元，標準差為 552 美元。新的廣告活動持續了 45 天，平均銷售額為 11,641 美元。

   活動是否有影響銷售？是與否的理由分別為何？（使用雙尾檢定以獲得更可靠的顯著性。）

答案在附錄 B 中。

第四章

線性代數

讓我們稍微改變一下方向，從機率和統計轉向線性代數。有時人們把線性代數和基本代數混淆了，認為它可能和使用代數函數 $y = mx + b$ 來繪製直線有關。這就是為什麼可能應該稱線性代數為「向量代數」或「矩陣代數」的原因，因為它更為抽象。線性系統在其中扮演著角色，但是以一種更形而上學的方式。

所以，究竟什麼是線性代數？好吧，**線性代數**（*linear algebra*）本身和線性系統（linear system）有關，但透過向量空間和矩陣來表達它們。如果您不知道什麼是向量或矩陣，請不要擔心！我們將深入其定義並探索。線性代數對於數學、統計、作業研究、資料科學和機器學習的許多應用領域都非常重要，當您在處理這些領域的資料時，您可能就正在使用線性代數，只是您或許不知道而已。

您可以暫時不學習線性代數，使用機器學習和統計程式庫來為您做這一切。但是，如果您想獲得黑箱背後的直覺並更有效地處理資料，那麼了解線性代數的基本原理是不可避免的。線性代數是一個龐大的主題，可以填滿厚厚的教科書，所以我們當然不能只靠本書的一章就完全掌握它。但是，我們可以學到足夠的知識來更適應它並有效地駕馭資料科學領域。本書的其餘章節也有機會應用它，包括第 5 章和第 7 章。

什麼是向量？

簡單地說，**向量**（*vector*）是空間中的一個箭頭，具有特定的方向和長度，通常代表一份資料。它是線性代數的核心積木，包括矩陣和線性轉換。在基本形式中，它並沒有位置的概念，所以請想像它的尾巴是從笛卡爾平面的原點（0,0）開始。

圖 4-1 顯示了一個向量 $\vec{v}$，它在水平方向移動了三步，在垂直方向移動了兩步。

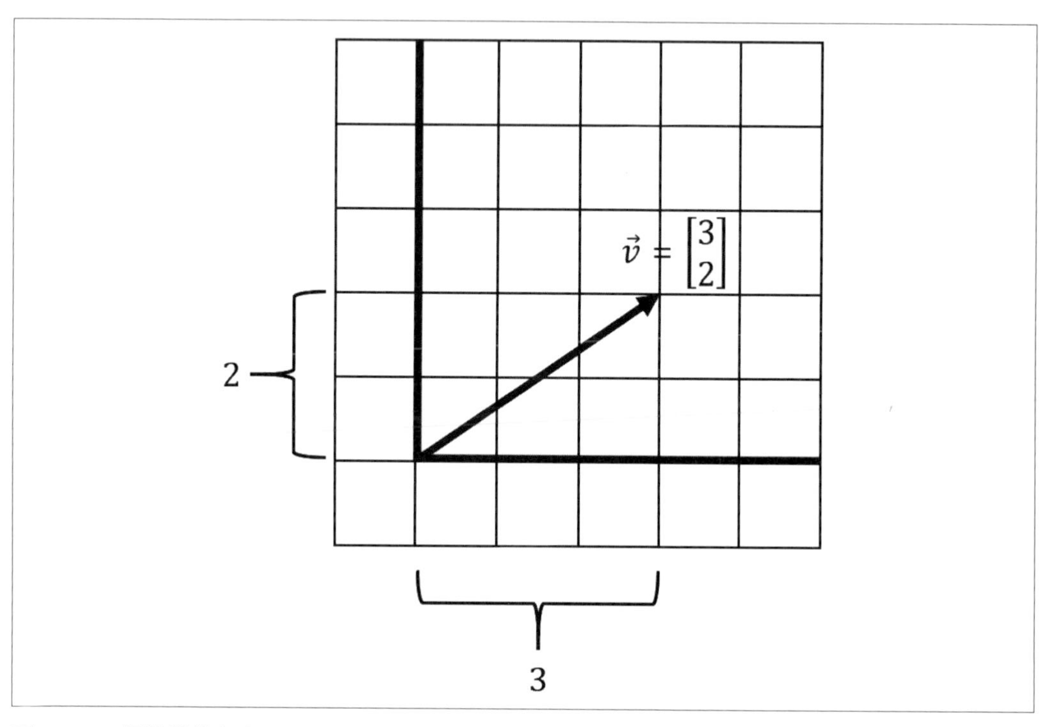

圖 4-1　一個簡單的向量

再次強調，向量的目的是直觀地表達一份資料。如果您有一個 18,000 平方英尺、估價為 260,000 美元的房屋建築面積資料紀錄，我們可以把它表達為一個向量 [18000, 260000]，水平方向前進 18,000 步，垂直方向前進 260,000 步。

在數學上以下列方式宣告一個向量：

$$\vec{v} = \begin{bmatrix} x \\ y \end{bmatrix}$$

$$\vec{v} = \begin{bmatrix} 3 \\ 2 \end{bmatrix}$$

我們可以使用一個簡單的 Python 集合型別來宣告一個向量，就如範例 4-1 中所示的 Python 串列（list）。

範例 *4-1* 使用串列在 *Python* 中宣告向量

```
v = [3, 2]
print(v)
```

但是，當我們開始使用向量進行數學計算時，尤其是在執行機器學習等任務時，我們可能應該使用 NumPy 程式庫，因為它比普通的 Python 更有效率。您也可以使用 SymPy 來執行線性代數運算，但它比較不方便處理小數，所以我們只會在本章中偶爾使用它。NumPy 可能才是您會在實務中使用的程式庫，因此我們將主要使用 NumPy。

要宣告一個向量，可以使用 NumPy 的 `array()` 函數，然後把一組數字傳遞給它，如範例 4-2 所示。

範例 *4-2* 使用 *NumPy* 在 *Python* 中宣告一個向量

```
import numpy as np
v = np.array([3, 2])
print(v)
```

Python 很慢，它的數值程式庫不會

Python 是一種計算速度較慢的語言平台，因為它不能編譯為 Java、C#、C 等較低階的機器程式碼和位元組碼（bytecode）。它會在執行時進行動態地直譯（interpret）。但是，Python 的數值和科學程式庫並不慢。NumPy 之類的程式庫通常是用 C 和 C++ 等低階語言編寫的，因此它們的計算效率很高。Python 是為您的任務整合這些程式庫的「膠合程式碼」。

向量有無數的實際應用。在物理學，向量通常視為方向和大小；在數學，它是 XY 平面上的方向和尺度，有點像移動；在電腦科學中，它是一組儲存資料的數字。電腦科學領域是我們作為資料科學專業人士最熟悉的領域。然而，重要的是我們永遠不會忘記它的視覺層面，因此我們不會把向量看作是深奧的數字網格。如果沒有視覺上的理解，我們幾乎不可能掌握許多基本的線性代數概念，例如線性相關和行列式。

這裡有更多向量的例子。在圖 4-2 中，請注意其中一些向量在 X 和 Y 尺度上具有負方向。當我們之後組合它們時，具有負方向的向量會產生影響，本質上是把它們相減而不是相加。

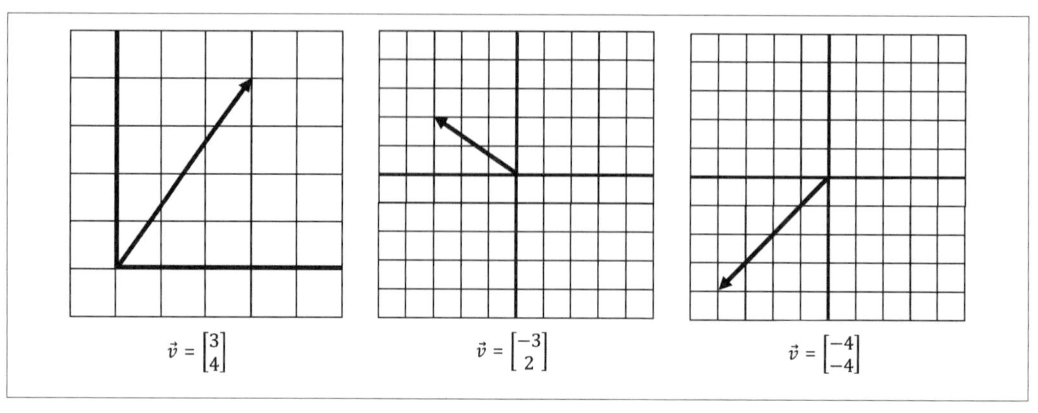

圖 4-2　不同向量的樣本

為什麼向量有用？

許多人不理解向量（以及一般的線性代數），是因為無法理解它們的用處。它們是一個高度抽象的概念，但有許多有形的應用。當您掌握了向量和線性轉換（神奇的 Manim 視覺化程式庫（*https://oreil.ly/Os5WK*）使用向量來定義動畫和轉換）時，會更容易使用電腦繪圖。在進行統計和機器學習工作時，通常會匯入資料並把它轉換為數值向量，以便使用。像 Excel 或 Python PuLP 中的求解器使用了線性規劃（linear programming），它使用向量，在滿足限制的同時將解最大化。甚至電玩遊戲和飛行模擬器也使用向量和線性代數來模擬圖形和物理。我認為使向量如此難以掌握的原因，不是它們的應用不夠明顯，而是這些應用如此多樣化，以至於很難看到一般化。

還要注意，向量可以存在於兩個以上的維度。接下來我們會宣告一個沿著 x、y 和 z 軸的三維向量：

$$\vec{v} = \begin{bmatrix} x \\ y \\ z \end{bmatrix} = \begin{bmatrix} 4 \\ 1 \\ 2 \end{bmatrix}$$

為了建立這個向量，我們在 x 方向上前進四步，在 y 方向前進一步，在 z 方向前進兩步，在圖 4-3 中對它進行了視覺化。請注意，我們不再顯示二維網格上的向量，而是顯示具有三個軸，x、y 和 z 的三維空間。

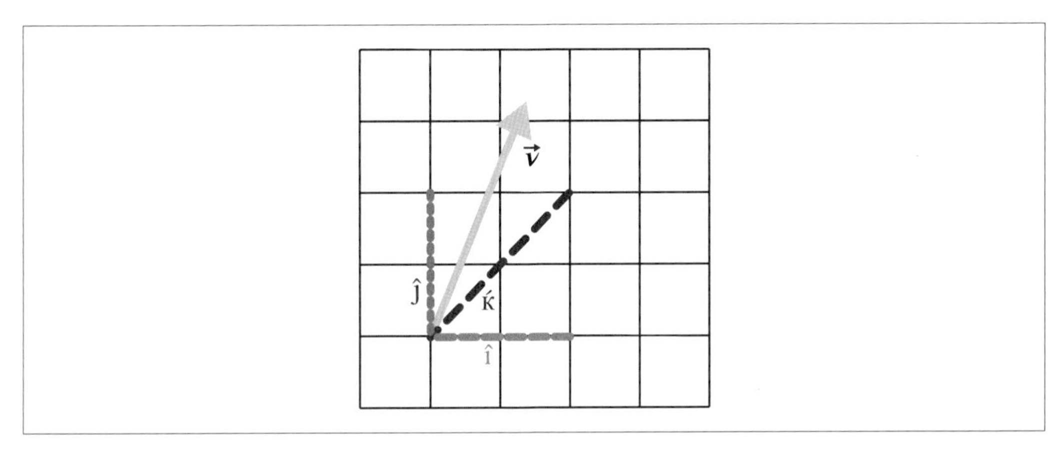

圖 4-3　一個三維向量

自然地，我們可以在 Python 中使用三個數值來表示這個三維向量，如範例 4-3 中所述。

範例 *4-3*　使用 *NumPy* 在 *Python* 中宣告一個三維向量

```
import numpy as np
v = np.array([4, 1, 2])
print(v)
```

像許多數學模型一樣，要對超過三個維度進行視覺化極具挑戰性，我們不會在本書中花費精力去做這件事情。但從數字上看，它仍然是簡單明瞭的。範例 4-4 展示如何在 Python 中以數學方式宣告一個五維向量。

$$\vec{v} = \begin{bmatrix} 6 \\ 1 \\ 5 \\ 8 \\ 3 \end{bmatrix}$$

範例 *4-4*　使用 *NumPy* 在 *Python* 中宣告一個五維向量

```
import numpy as np
v = np.array([6, 1, 5, 8, 3])
print(v)
```

相加和組合向量

就本身而言，向量並不有趣；只是表達一個方向和大小，有點像在空間中的移動。但是當您開始組合向量時，也就是所謂的**向量加法**（*vector addition*），它就開始變得有趣了。我們可以有效地把兩個向量的移動組合成一個向量。

假設我們有兩個向量 $\vec{v}$ 和 $\vec{w}$，如圖 4-4 所示，要怎麼把這兩個向量相加呢？

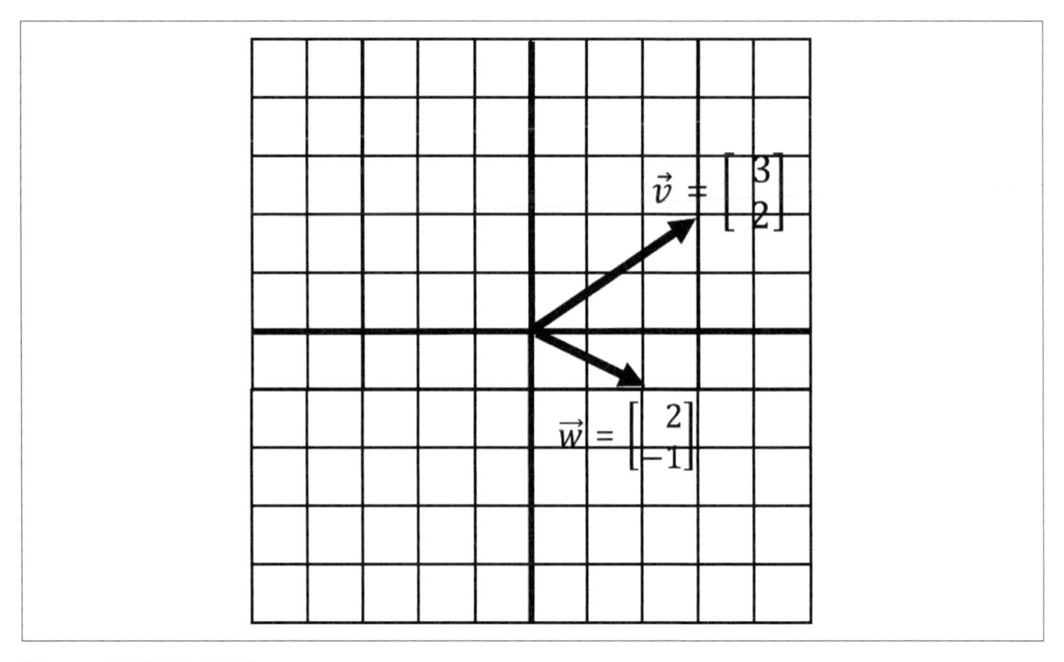

圖 4-4　將兩個向量相加

之後我們將了解為什麼把向量相加很有用。但是如果想結合這兩個向量，包含它們的方向和尺度，那會是什麼樣子呢？從數字上看，這很簡單。您只需將各自的 x 值和 y 值相加後放到一個新向量中，如範例 4-5 所示。

$$\vec{v} = \begin{bmatrix} 3 \\ 2 \end{bmatrix}$$

$$\vec{w} = \begin{bmatrix} 2 \\ -1 \end{bmatrix}$$

$$\vec{v} + \vec{w} = \begin{bmatrix} 3+2 \\ 2+-1 \end{bmatrix} = \begin{bmatrix} 5 \\ 1 \end{bmatrix}$$

範例 4-5　使用 *NumPy* 在 *Python* 中相加兩個向量

```
from numpy import array

v = array([3,2])
w = array([2,-1])

# 相加向量
v_plus_w = v + w

# 顯示加總後的向量
print(v_plus_w) # [5, 1]
```

但這在視覺上的意涵是什麼？要把這兩個向量視覺式地相加，請把向量一個接一個地連接起來，然後走到最後一個向量的頂端（圖 4-5）。結束的點會是一個新向量，那就是兩個向量相加的結果。

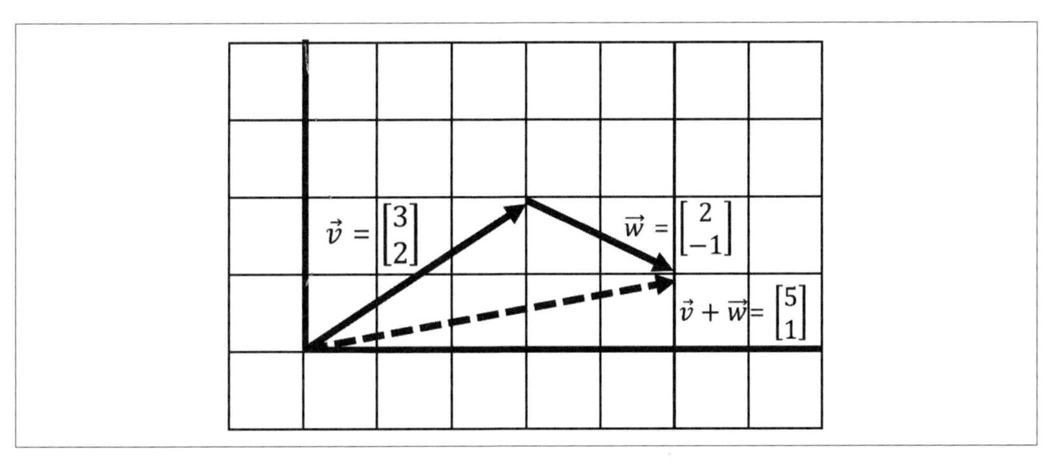

圖 4-5　將兩個向量相加成一個新向量

如圖 4-5 所示，走到最後一個向量 $\vec{w}$ 的末尾時，會得到一個新向量 [5, 1]，這個新向量是 $\vec{v}$ 和 $\vec{w}$ 相加的結果。在實務上，這樣可以簡單地把資料相加在一起。如果要合計一個區域的房屋價值及其建築面積，就會以這種方式來把多個向量相加成單一向量。

請注意，在 $\vec{w}$ 之前加上 $\vec{v}$ 或反過來都可以，這意味著它是**可交換的**（*commutative*）並且運算順序無關緊要。如果在 $\vec{v}$ 之前先走過 $\vec{w}$，最終也會得到相同的結果向量 [5, 1]，如圖 4-6 所示。

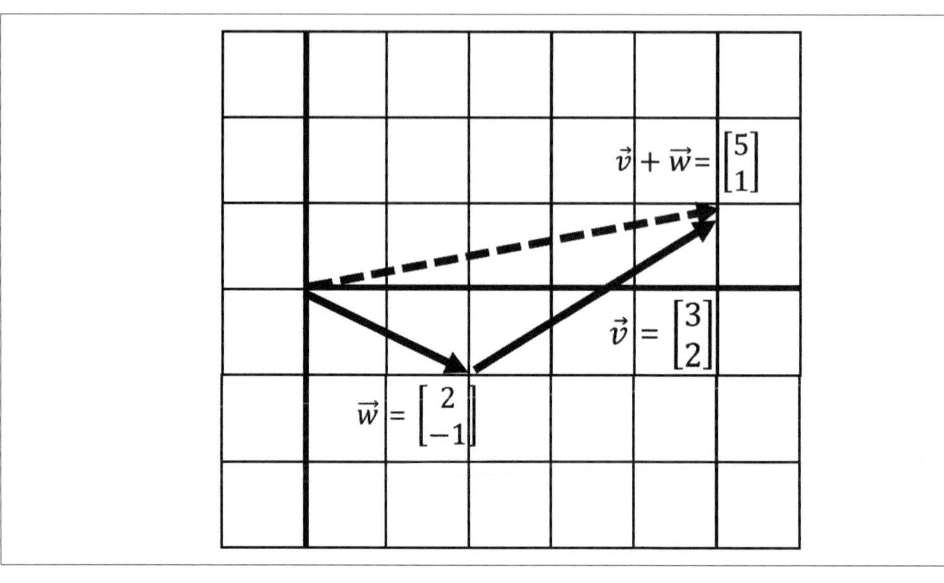

圖 4-6　向量相加是可交換的

縮放向量

縮放（*scaling*）是指增加或縮小向量的長度。您可以透過把向量和某單一值（稱為純量（*scalar*））相乘或縮放來增大／縮小向量。圖 4-7 是向量 $\vec{v}$ 放大 2 倍，也就是把它加倍。

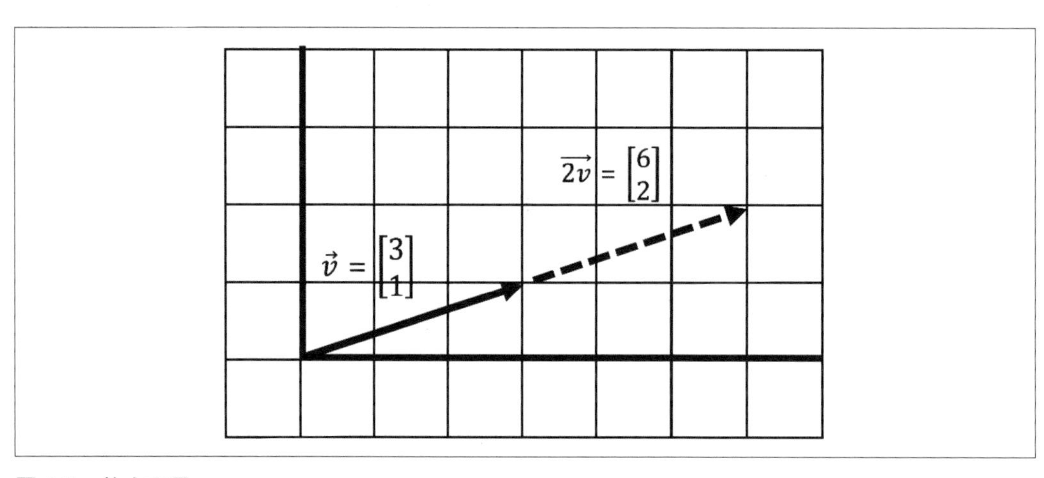

圖 4-7　放大向量

在數學上，您要把向量的每個元素乘以純量值：

$$\vec{v} = \begin{bmatrix} 3 \\ 1 \end{bmatrix}$$

$$2\vec{v} = 2\begin{bmatrix} 3 \\ 1 \end{bmatrix} = \begin{bmatrix} 3 \times 2 \\ 1 \times 2 \end{bmatrix} = \begin{bmatrix} 6 \\ 2 \end{bmatrix}$$

在 Python 中要執行這種縮放運算就只需把向量乘以純量，如範例 4-6 中所示。

範例 4-6　使用 *NumPy* 在 *Python* 中縮放數字

```
from numpy import array

v = array([3,1])

# 縮放向量
scaled_v = 2.0 * v

# 顯示縮放後的向量
print(scaled_v) # [6 2]
```

在圖 4-8 中，$\vec{v}$ 被縮小了 0.5 倍，也就是減半。

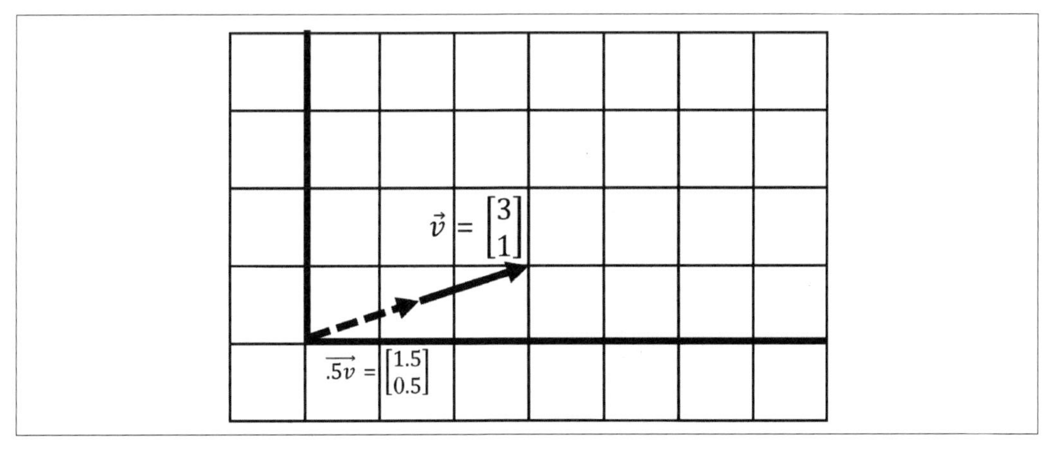

圖 4-8　將向量縮小一半

> ### 操縱資料就是操縱向量
>
> 每個資料運算都可以想成以向量來進行，甚至簡單的平均值也是。
>
> 以縮放為例。假設我們試圖獲得整個社區的平均房價和平均建築面積。我們把向量加在一起以分別組合它們的價值和建築面積，會給出一個包含總價值和總建築面積的巨大向量。然後我們透過除以房屋數量 N 來縮小向量，這實際上是乘以 $1/N$，就能得到一個包含了平均房屋價值和平均建築面積的向量了。

這裡要注意的一個重要細節是，縮放向量並不會改變它的方向，只會改變它的大小。但是這個規則有一點例外，如圖 4-9 所示。當您將向量乘以負數時，它會翻轉向量的方向，如圖所示。

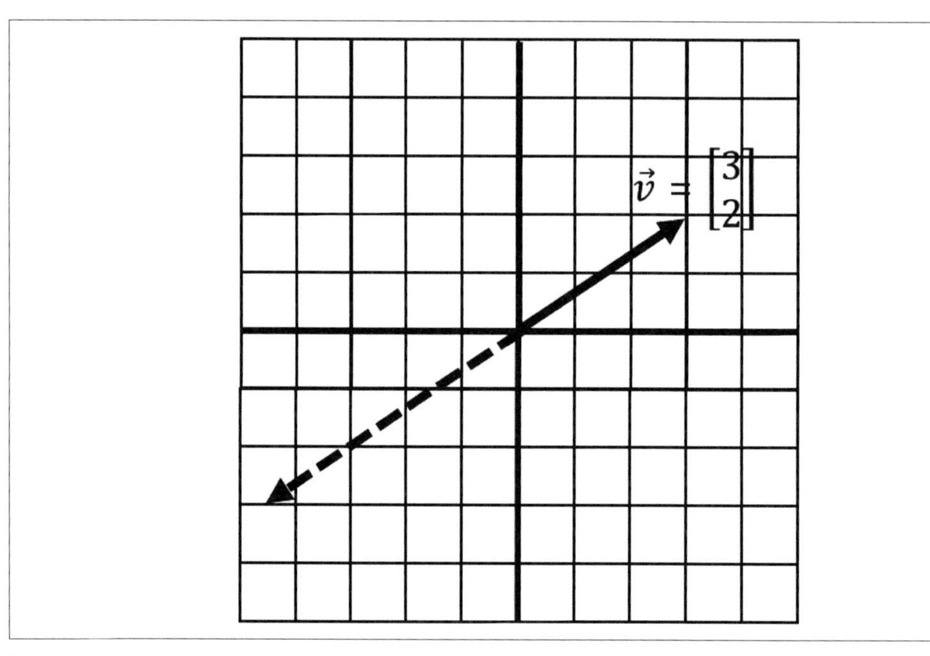

圖 4-9　負純量會翻轉向量方向

但是，當您思考這件事時，按負數來縮放並沒有真正地改變方向，因為它仍然存在於同一條線上。這涉及到一個稱為線性相關的關鍵概念。

生成空間和線性相關

相加兩個向量並縮放它們的運算，帶來一個簡單但強大的想法。藉由這兩個運算，我們可以組合兩個向量並縮放它們，來建立想要的任何結果向量。圖 4-10 顯示了採用兩個向量和並進行縮放 $\vec{v}$ 和 $\vec{w}$ 組合的六個範例。這兩個向量 $\vec{v}$ 和 $\vec{w}$ 被固定在兩個不同的方向上，可以縮放和相加以建立**任何的**新向量 $\overrightarrow{v+w}$。

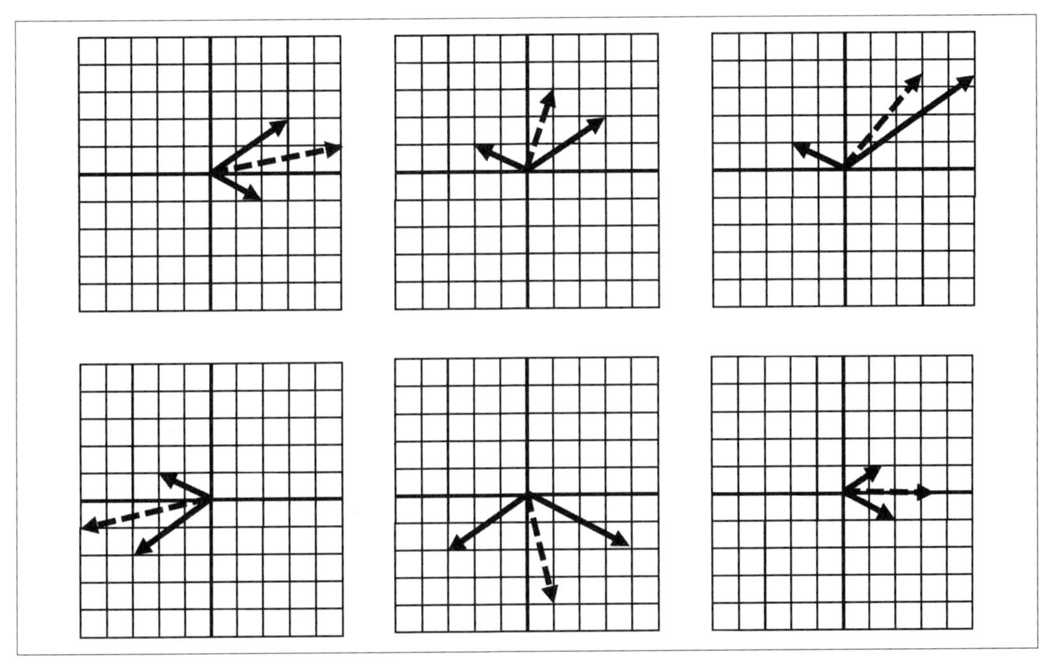

圖 4-10　縮放兩個相加後的向量，允許我們建立任何新向量

同樣的，$\vec{v}$ 和 $\vec{w}$ 的方向是固定的，除非用負純量來翻轉，但我們可以使用縮放來自由地建立任何由 $\overrightarrow{v+w}$ 組成的向量。

由所有可能的向量所構成的空間稱為**生成空間**（*span*），在大多數情況下，生成空間可以從這兩個向量來建立無限的向量，只需對它們進行縮放和相加。有兩個不同方向的向量時，它們是**線性獨立的**（*linearly independent*）並且具有像這樣的無限制生成空間。

但是，在什麼情況下，我們建立的向量會受到限制呢？請先思考一下再繼續閱讀。

當兩個向量存在於同一方向或存在於同一條線上時會發生什麼事呢？這些向量的組合也會停留在同一條線上，讓生成空間限制在這條線上。無論您如何縮放它，生成的加總向量也會停留在同一條線上。這使得它們成為**線性相關的**（*linearly dependent*），如圖 4-11 所示。

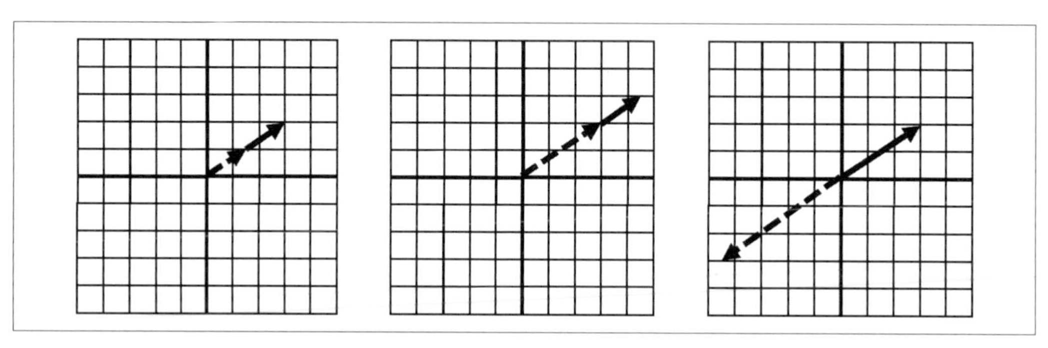

圖 4-11　線性相關的向量

這裡的生成空間和構成它的兩個向量都位於同一條線上。因為這兩個向量存在於同一條基礎線上，無法透過縮放來彈性地建立任何新向量。

在三維或更多維度中，當有一組線性相關的向量時，經常會受困在一個維度較少的平面上。這裡是一個受困在二維平面上的例子，即使我們有如圖 4-12 中宣告的三維向量。

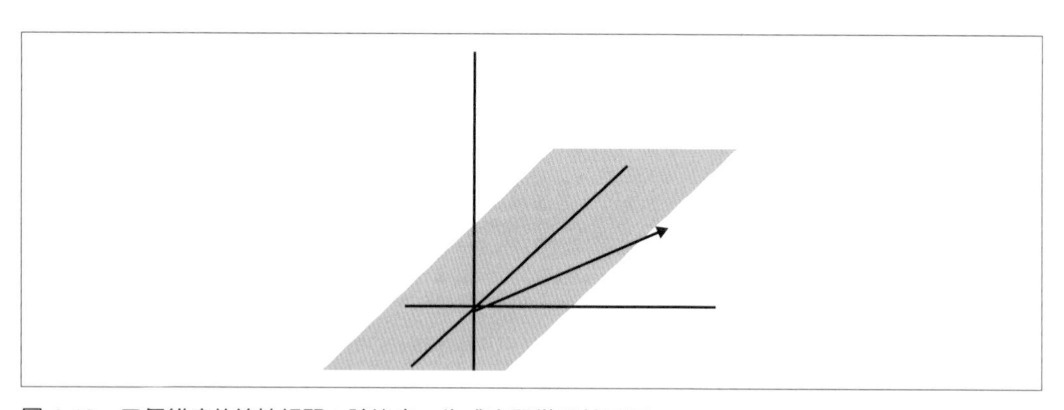

圖 4-12　三個維度的線性相關；請注意，生成空間僅限於平面

之後我們將會學習一個稱為行列式的簡單工具來檢查線性相關性，但是為什麼我們要關心兩個向量是線性相關還是獨立的呢？因為許多問題會在線性相關時變得困難或無法解決，例如，當我們在本章後面學習方程組時，一組線性相關的方程式會導致變數消失，

使問題變成無解。但是，如果您具有線性獨立性，從兩個或多個向量來建立您所需的任何向量，這種靈活性對於求解這件事將變得非常珍貴！

線性轉換

這種把兩個具有固定方向的向量相加，但縮放它們以獲得不同的組合向量的概念非常重要，除了線性相關的情況外，這種組合向量可以指向我們所選擇的任何方向並具有任何長度。這為線性轉換（linear transformation）建立了一種直覺，我們可以用類似函數的方式使用一個向量來轉換另一個向量。

基底向量

假設我們有兩個簡單的向量 $\hat{i}$ 和 $\hat{j}$（i-hat 和 j-hat），稱它們為**基底向量**（*basis vector*），可用來描述對其他向量的轉換。它們的長度通常為 1，並指向垂直的正方向，如圖 4-13 所示。

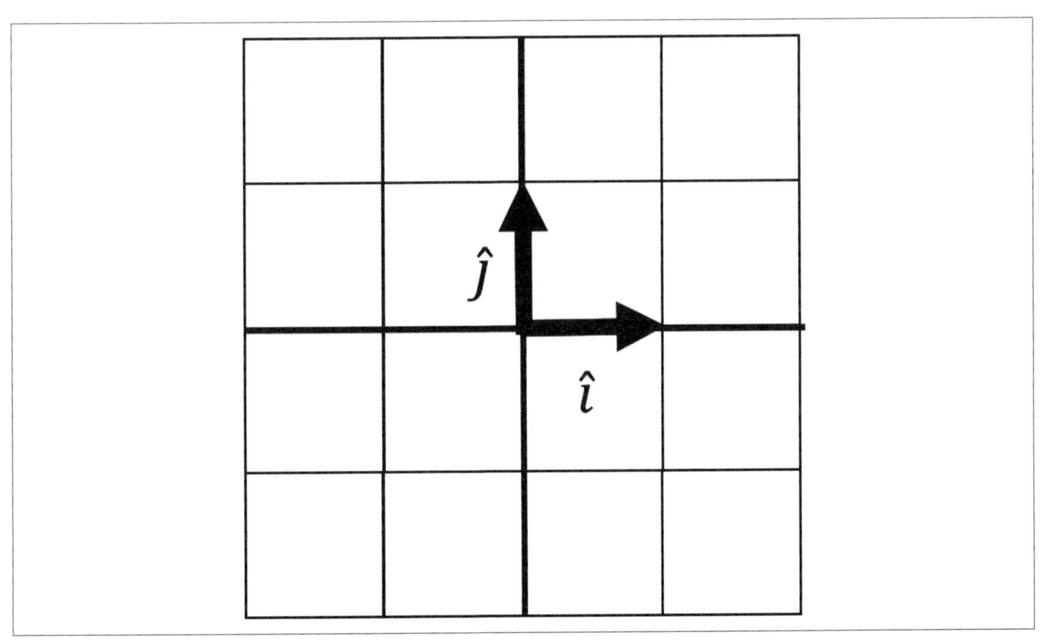

圖 4-13　基底向量 $\hat{i}$ 和 $\hat{j}$

把基底向量看作是建構或轉換任何向量的積木。我們的基底向量會用 2×2 矩陣來表達，其中第一行是 $\hat{i}$，第二行是 $\hat{j}$：

$$\hat{i} = \begin{bmatrix} 1 \\ 0 \end{bmatrix}$$

$$\hat{j} = \begin{bmatrix} 0 \\ 1 \end{bmatrix}$$

$$\text{基底} = \begin{bmatrix} 1 & 0 \\ 0 & 1 \end{bmatrix}$$

矩陣（*matrix*）是向量（例如 $\hat{i}$、$\hat{j}$）的集合，可以有多列（row）和多行（column），是封裝資料的便捷方式。我們可以透過縮放和相加 $\hat{i}$ 和 $\hat{j}$ 來建立想要的任何向量，從長度為 1 的向量開始，並在圖 4-14 中顯示結果向量 $\vec{v}$。

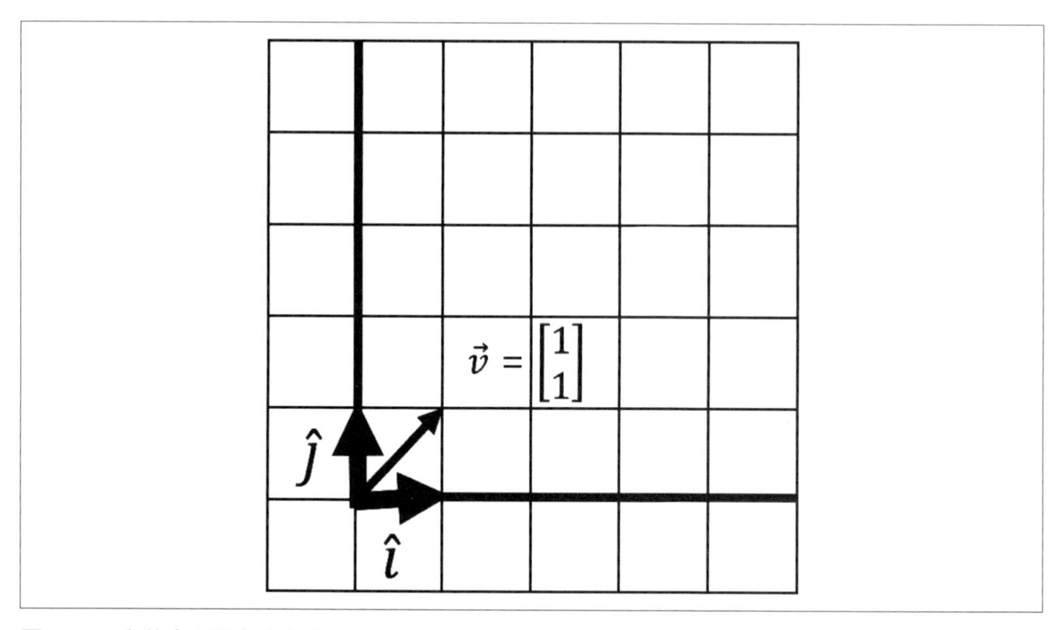

圖 4-14　由基底向量來建立向量

我希望向量 $\vec{v}$ 落在 [3, 2] 處。如果把 $\hat{i}$ 拉伸 3 倍、把 $\hat{j}$ 拉伸 2 倍，$\vec{v}$ 會變怎樣呢？首先，我們個別地縮放它們，如下所示：

$$3\hat{i} = 3\begin{bmatrix}1\\0\end{bmatrix} = \begin{bmatrix}3\\0\end{bmatrix}$$

$$2\hat{j} = 2\begin{bmatrix}0\\1\end{bmatrix} = \begin{bmatrix}0\\2\end{bmatrix}$$

如果在這兩個方向上拉伸空間，對 $\vec{v}$ 會有什麼影響？好吧，它會隨著 $\hat{i}$ 和 $\hat{j}$ 伸展。這可稱為**線性轉換**（*linear transformation*），我們會透過追蹤基底向量的移動並利用拉伸、擠壓、剪切（shear）或旋轉來轉換向量。在本案例中（圖 4-15），縮放 $\hat{i}$ 和 $\hat{j}$ 會和向量 $\vec{v}$ 一起拉伸了空間。

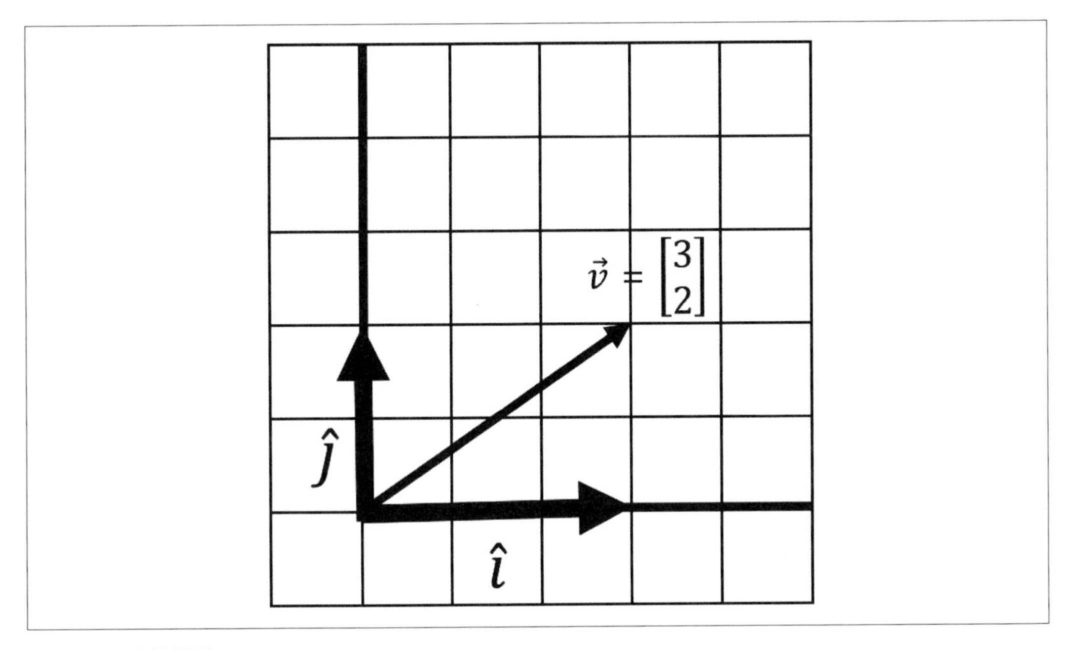

圖 4-15　線性轉換

但是 $\vec{v}$ 會落在哪裡呢？這裡很容易可以看出它的位置，也就是 [3, 2]。回想一下，向量 $\vec{v}$ 是由 $\hat{i}$ 和 $\hat{j}$ 相加而成的，所以只需把拉伸後的 $\hat{i}$ 和 $\hat{j}$ 相加，就可知向量 $\vec{v}$ 會落在哪裡：

$$\vec{v}_{new} = \begin{bmatrix}3\\0\end{bmatrix} + \begin{bmatrix}0\\2\end{bmatrix} = \begin{bmatrix}3\\2\end{bmatrix}$$

通常透過線性轉換，您可以達成 4 種動作，如圖 4-16 所示。

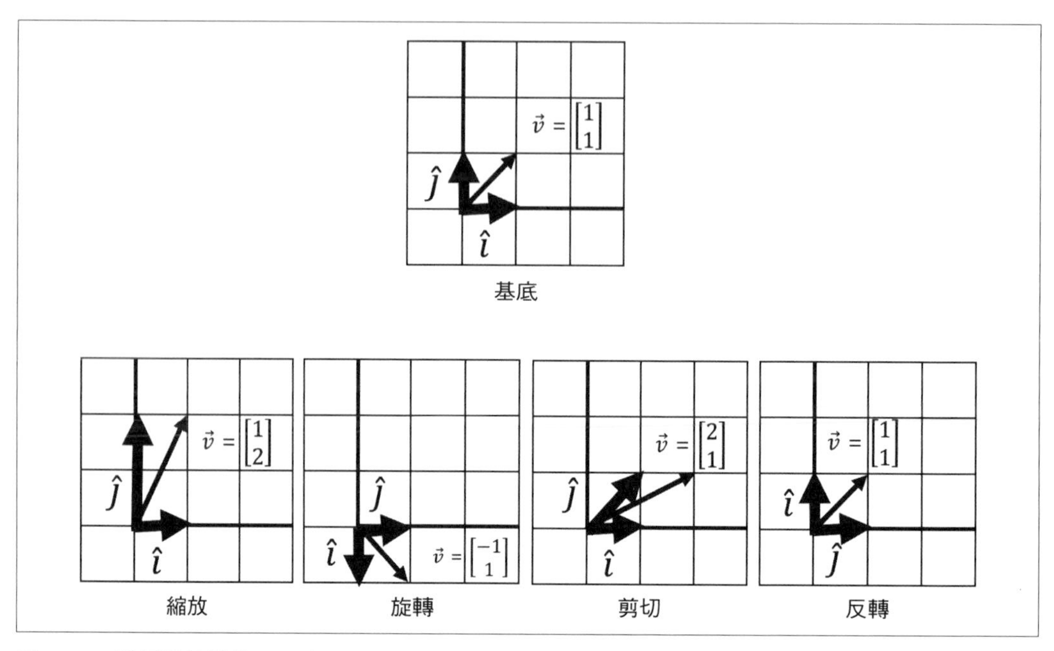

圖 4-16　透過線性轉換可以達成 4 種動作

這四個線性轉換是線性代數的核心部分。縮放（scaling）向量會拉伸或擠壓它，旋轉（rotation）會轉動向量空間，反轉（inversion）會翻轉向量空間，而使 $\hat{i}$ 和 $\hat{j}$ 交換各自的位置。

請務必注意，您不能進行非線性的轉換，從而導致不再遵循直線的曲線或波浪形轉換。這就是為什麼我們稱它為線性代數，而不是非線性代數！

矩陣向量乘法

這是線性代數的下一個重要想法。這種追蹤在轉換之後的 $\hat{i}$ 和 $\hat{j}$ 的所在位置的概念很重要，因為它不僅允許建立向量，還允許轉換現有向量。如果您想要從根本了解線性代數，就想想為什麼建立向量和轉換向量實際上是同一回事；至於您的基底向量是轉換前還是轉換後的起點，這完全是一個相對性的問題。

給定封裝為矩陣的基底向量 $\hat{i}$ 和 $\hat{j}$，用來轉換向量 $\vec{v}$ 的公式為：

$$\begin{bmatrix} x_{new} \\ y_{new} \end{bmatrix} = \begin{bmatrix} a & b \\ c & d \end{bmatrix} \begin{bmatrix} x \\ y \end{bmatrix}$$

$$\begin{bmatrix} x_{new} \\ y_{new} \end{bmatrix} = \begin{bmatrix} ax + by \\ cx + dy \end{bmatrix}$$

$\hat{i}$ 是第一行 [*a*, *c*]，$\hat{j}$ 是行 [*b*, *d*]。把這兩個基底向量封裝為一個矩陣，而它同時地是一個向量的集合，表達為二維或多個維度的數字網格。藉由應用基底向量對向量進行的這種轉換稱為**矩陣向量乘法**（*matrix vector multiplication*）。乍看之下似乎是精心設計的，但這個公式是縮放和相加和的捷徑，就像我們之前相加兩個向量並將轉換應用於任何向量 $\vec{v}$ 一樣。

所以實際上，矩陣實際上就是一種表達為基底向量的轉換。

要使用 NumPy 在 Python 中執行這種轉換，我們需要把基底向量宣告為矩陣，然後使用 `dot()` 運算子來把它應用在向量 $\vec{v}$ 上（範例 4-7）。`dot()` 運算子會如剛剛所描述的作法，在矩陣和向量之間執行縮放和加法，稱為**點積**（*dot product*），我們將在本章中探討它。

範例 4-7　NumPy 中的矩陣向量乘法

```
from numpy import array

# 使用 i-hat 和 j-hat 來組合基底矩陣
basis = array(
    [[3, 0],
     [0, 2]]
 )

# 宣告向量 v
v = array([1,1])

# 透過使用點積來轉換 v
# 以建立新向量
new_v = basis.dot(v)

print(new_v) # [3, 2]
```

在以基底向量來思考時，我更喜歡分解基底向量，然後把它們組合成一個矩陣。請注意，您將需要轉置（*transpose*）或交換行和列。這是因為 NumPy 的 `array()` 函數會使用相反方向來進行運算，把每個向量看作是一列而不是一行來填充矩陣。範例 4-8 示範了 NumPy 中的轉置。

範例 *4-8* 分離基底向量並把它們作為轉換來應用

```
from numpy import array

# 宣告 i-hat 和 j-hat
i_hat = array([2, 0])
j_hat = array([0, 3])

# 使用 i-hat 和 j-hat 來組合基底矩陣
# 還需要將列轉置為行
basis = array([i_hat, j_hat]).transpose()

# 宣告向量 v
v = array([1,1])

# 透過使用點積來轉換 v
# 以建立新向量
new_v = basis.dot(v)

print(new_v) # [2, 3]
```

以下是另一個範例。讓我們從向量 $\vec{v}$ 是 [2, 1] 、$\hat{i}$ 和 $\hat{j}$ 分別是 [1, 0] 和 [0, 1] 開始。然後再把 $\hat{i}$ 和 $\hat{j}$ 轉換為 [2, 0] 和 [0, 3]。向量 $\vec{v}$ 會發生什麼事呢？使用公式來進行手動數學計算，我們會得到：

$$\begin{bmatrix} x_{new} \\ y_{new} \end{bmatrix} = \begin{bmatrix} a & b \\ c & d \end{bmatrix} \begin{bmatrix} x \\ y \end{bmatrix} = \begin{bmatrix} ax + by \\ cx + dy \end{bmatrix}$$

$$\begin{bmatrix} x_{new} \\ y_{new} \end{bmatrix} = \begin{bmatrix} 2 & 0 \\ 0 & 3 \end{bmatrix} \begin{bmatrix} 2 \\ 1 \end{bmatrix} = \begin{bmatrix} (2)(2) + (0)(1) \\ (2)(0) + (3)(1) \end{bmatrix} = \begin{bmatrix} 4 \\ 3 \end{bmatrix}$$

範例 4-9 用 Python 展示了這個解答。

範例 *4-9*　使用 *NumPy* 來轉換向量

```
from numpy import array

# 宣告 i-hat 和 j-hat
i_hat = array([2, 0])
j_hat = array([0, 3])

# 使用 i-hat 和 j-hat 來組合基底矩陣
# 還需要將列轉置為行
basis = array([i_hat, j_hat]).transpose()

# 宣告向量 v
v = array([2,1])

# 透過使用點積來轉換 v
# 以建立新向量
new_v = basis.dot(v)

print(new_v) # [4, 3]
```

向量 $\vec{v}$ 現在落在 [4, 3] 處。圖 4-17 顯示了這種轉換的樣子。

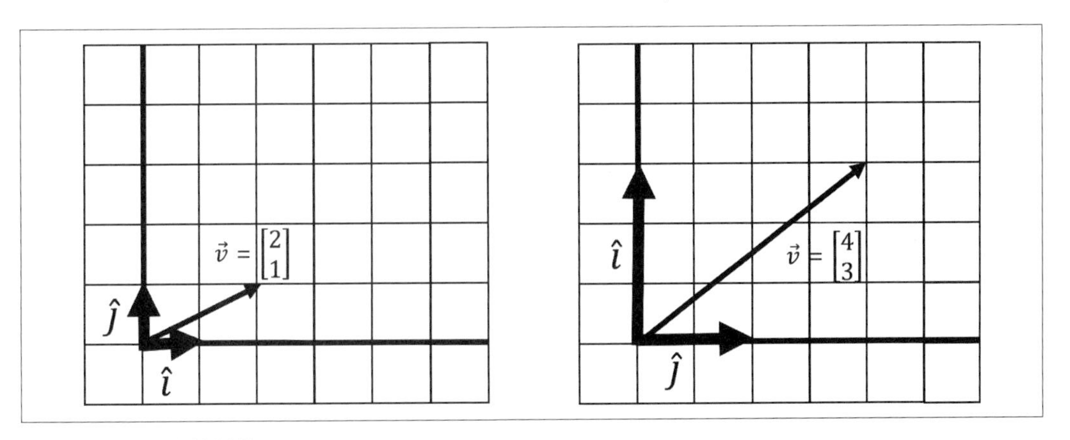

圖 4-17　拉伸線性轉換

以下是一個讓事情更上一層樓的例子。讓向量 $\vec{v}$ 為 [2, 1]，且讓 $\hat{i}$ 和 $\hat{j}$ 從 [1, 0] 和 [0, 1] 開始，但隨後被轉換並落在 [2, 3] 和 [2, -1] 處。$\vec{v}$ 會發生什麼事呢？讓我們看一下圖 4-18 和範例 4-10。

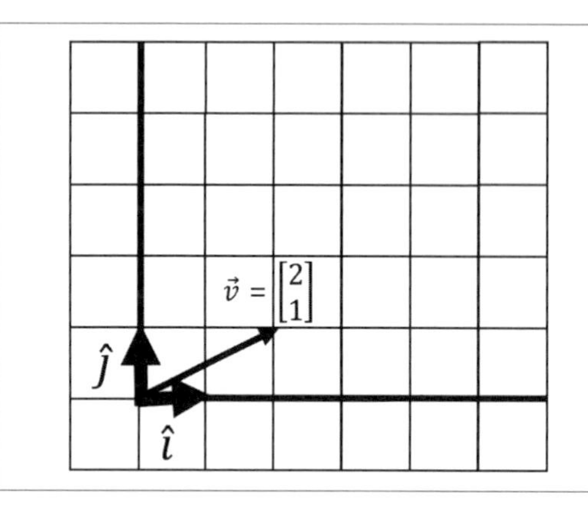

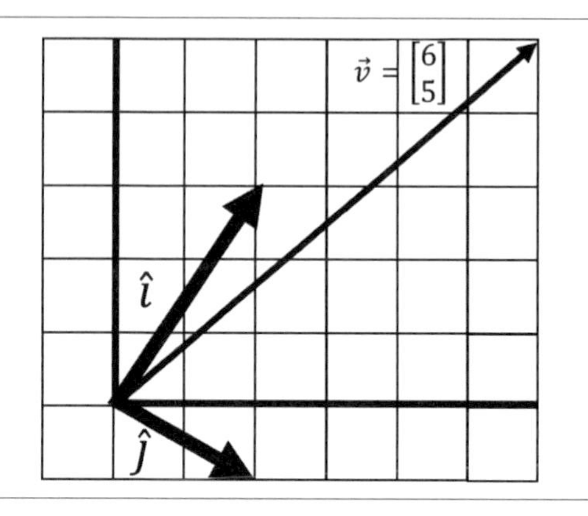

圖 4-18　對空間進行旋轉、剪切和翻轉的線性轉換

範例 *4-10*　更複雜的轉換

```
from numpy import array

# 宣告 i-hat 和 j-hat
i_hat = array([2, 3])
j_hat = array([2, -1])

# 使用 i-hat 和 j-hat 來組合基底矩陣
# 還需要將列轉置為行
basis = array([i_hat, j_hat]).transpose()

# 宣告向量 v
v = array([2,1])

# 透過使用點積來轉換 v
# 以建立新向量
new_v = basis.dot(v)

print(new_v) # [6, 5]
```

這裡發生了很多事情。我們不僅縮放了 $\hat{i}$ 和 $\hat{j}$ 並拉長了向量 $\vec{v}$，實際上也剪切、旋轉和翻轉了空間。您知道當 $\hat{i}$ 和 $\hat{j}$ 依順時針方向改變位置時，空間被翻轉了，我們會在本章後面學習如何使用行列式來偵測這一點。

3D 及以上的基底向量

您可能想知道我們如何看待三維或更多維度的向量轉換，基底向量的概念在這方面延伸地很好。如果我有一個三維向量空間，表示我有基底向量 $\hat{i}$、$\hat{j}$ 和 $\hat{k}$。我只是不斷地從字母表中為每個新維度添加更多字母（圖 4-19）。

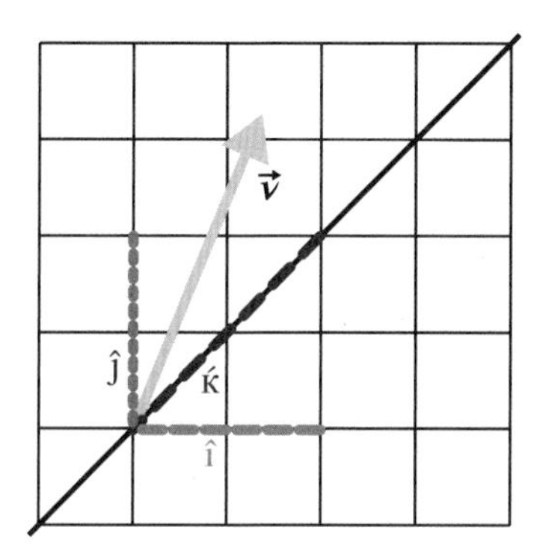

圖 4-19　3D 基底向量

要特別指出的一點是，一些線性轉換可以把向量空間轉換為更少或更多的維度，這正是非方陣（其中列數和行數並不相等）的作用。由於時間關係，我們無法深入解釋。但是 3Blue1Brown 用動畫清楚解釋這個概念（*https://oreil.ly/TsoSJ*）。

矩陣乘法

我們學習了如何把一個向量和一個矩陣相乘，但是把兩個矩陣相乘到底代表什麼呢？請把矩陣乘法（*matrix multiplication*）看作是把多個轉換應用於向量空間，每個轉換就像一個函數，我們首先應用最裡面的轉換，然後向外應用每個後續的轉換。

以下是對任何值為 [*x*, *y*] 的向量 $\vec{v}$ 應用旋轉後再剪切：

$$\begin{bmatrix} 1 & 1 \\ 0 & 1 \end{bmatrix} \begin{bmatrix} 0 & -1 \\ 1 & 0 \end{bmatrix} \begin{bmatrix} x \\ y \end{bmatrix}$$

實際上可以透過公式來合併這兩個轉換，而把一個轉換應用於最後一個矩陣。以「左右－上下！左右－上下！」的樣式，把第一個矩陣的每一列乘上第二個矩陣的對應行：

$$\begin{bmatrix} a & b \\ c & d \end{bmatrix} \begin{bmatrix} e & f \\ g & h \end{bmatrix} = \begin{bmatrix} ae + bg & af + bh \\ ce + dg & cf + dh \end{bmatrix}$$

所以我們實際上可以把這兩個分別的轉換（旋轉和剪切）合併為一個轉換：

$$\begin{bmatrix} 1 & 1 \\ 0 & 1 \end{bmatrix} \begin{bmatrix} 0 & -1 \\ 1 & 0 \end{bmatrix} \begin{bmatrix} x \\ y \end{bmatrix}$$

$$= \begin{bmatrix} (1)(0) + (1)(1) & (-1)(1) + (1)(0) \\ (0)(0) + (1)(1) & (0)(-1) + (1)(0) \end{bmatrix} \begin{bmatrix} x \\ y \end{bmatrix}$$

$$= \begin{bmatrix} 1 & -1 \\ 1 & 0 \end{bmatrix} \begin{bmatrix} x \\ y \end{bmatrix}$$

要在 Python 中使用 NumPy 執行此運算，您可以簡單地使用 `matmul()` 或 `@` 運算子來組合兩個矩陣（範例 4-11）。然後我們會轉身使用這個合併後的轉換並把它應用於向量 [1, 2]。

範例 *4-11* 結合兩個轉換

```
from numpy import array

# 轉換 1
i_hat1 = array([0, 1])
j_hat1 = array([-1, 0])
transform1 = array([i_hat1, j_hat1]).transpose()

# 轉換 2
i_hat2 = array([1, 0])
j_hat2 = array([1, 1])
transform2 = array([i_hat2, j_hat2]).transpose()

# 組合轉換
combined = transform2 @ transform1

# 測試
print("COMBINED MATRIX:\n {}".format(combined))

v = array([1, 2])
print(combined.dot(v))  # [-1, 1]
```

使用 dot() 對上 matmul() 和 @

通常，您會希望使用 matmul() 及其簡寫 @ 來組合矩陣，而不是 NumPy 中的 dot() 運算子。前者通常對高維矩陣在進行矩陣乘法時，元素是如何和其他元素相乘的方式有更好的政策。

如果您喜歡深入研究這類型的實作細節，StackOverflow 問題是一個很好的起點（*https://oreil.ly/YX83Q*）。

請注意，我們也可以把每個轉換個別應用於向量 $\vec{v}$，並且仍然會得到相同的結果。如果把最後一行替換為應用每個轉換的以下三行，您仍然會在該新向量上獲得 [-1, 1]：

```
rotated = transform1.dot(v)
sheared = transform2.dot(rotated)
print(sheared) # [-1, 1]
```

請注意，應用每個轉換的順序很重要！如果我們在 transformation2 的結果上應用 transformation1，會得到一個不同的結果 [-2, 3]，如範例 4-12 中計算的那樣。所以矩陣點積是不可交換的，這意味著您不可能翻轉順序並期望得到相同的結果！

範例 4-12　反向應用轉換

```
from numpy import array

# 轉換 1
i_hat1 = array([0, 1])
j_hat1 = array([-1, 0])
transform1 = array([i_hat1, j_hat1]).transpose()

# 轉換 2
i_hat2 = array([1, 0])
j_hat2 = array([1, 1])
transform2 = array([i_hat2, j_hat2]).transpose()

# 組合轉換，先應用剪切，然後再旋轉
combined = transform1 @ transform2

# 測試
print("COMBINED MATRIX:\n {}".format(combined))

v = array([1, 2])
print(combined.dot(v)) # [-2, 3]
```

把每個轉換看作是一個函數，從最內層應用到最外層，就像巢狀函數呼叫一樣。

> **實務中的線性轉換**
>
> 您可能想知道這些線性轉換和矩陣與資料科學和機器學習有什麼關係？答案就是一切都有關係！從匯入資料到使用線性迴歸、邏輯迴歸和神經網路來進行數值運算，線性轉換就是以數學方式來處理資料的核心。
>
> 然而，在實務上，您很少會花時間把資料以幾何方式視覺化為向量空間和線性轉換。因為有太多維度需要處理而無法有效地做到這一點。但最好留意幾何上的解釋，以了解這些看似人為的數值運算的作用！否則，您只是在沒有任何上下文的情況下記住數字運算樣式。它還會讓像是行列式等新的線性代數概念更加明顯。

行列式

執行線性轉換時，有時會「擴展」或「擠壓」空間，而這些情況發生的程度可能會對我們有所幫助。從圖 4-20 中的向量空間中取出一個採樣面積：在縮放 $\hat{i}$ 和 $\hat{j}$ 之後會發生什麼事呢？

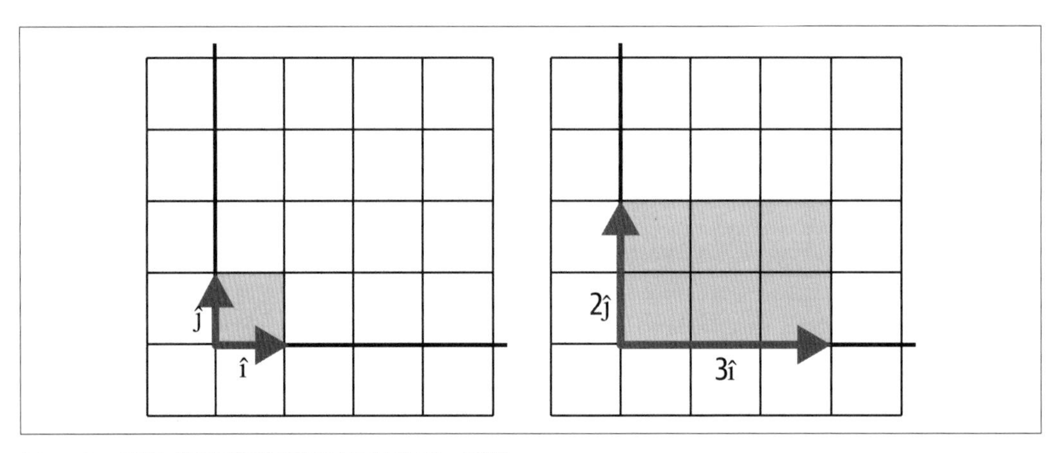

圖 4-20　行列式測量線性轉換以此縮放某一面積

請注意，它的面積增加了 6.0 倍，這個倍數稱為行列式（*determinant*）。行列式描述了向量空間中的採樣面積隨著線性轉換的縮放而變化的程度，提供有關轉換的有用資訊。

範例 4-13 展示了如何在 Python 中計算這個行列式。

範例 *4-13* 計算行列式

```
from numpy.linalg import det
from numpy import array

i_hat = array([3, 0])
j_hat = array([0, 2])

basis = array([i_hat, j_hat]).transpose()

determinant = det(basis)

print(determinant) # 印出 6.0
```

簡單的剪切和旋轉不會影響行列式，因為面積並不會改變。圖 4-21 和範例 4-14 顯示了一個簡單的剪切，而行列式會維持在倍數 1.0，表明它沒有變化。

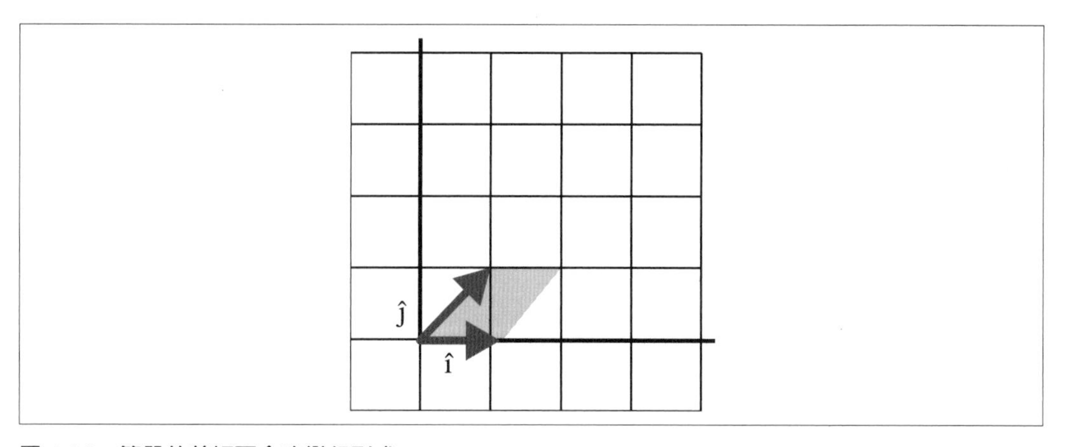

圖 4-21 簡單的剪切不會改變行列式

範例 *4-14* 剪切的行列式

```
from numpy.linalg import det
from numpy import array

i_hat = array([1, 0])
j_hat = array([1, 1])

basis = array([i_hat, j_hat]).transpose()

determinant = det(basis)

print(determinant) # 印出 1.0
```

但是縮放會增加或減少行列式，因為這會增加 / 減少採樣的面積。當方向翻轉（$\hat{i}$ 和 $\hat{j}$ 以順時針方向交換）時，行列式將會是負數。圖 4-22 和範例 4-15 說明一個顯示轉換的行列式，而此轉換不僅縮放而且還翻轉了向量空間的方向。

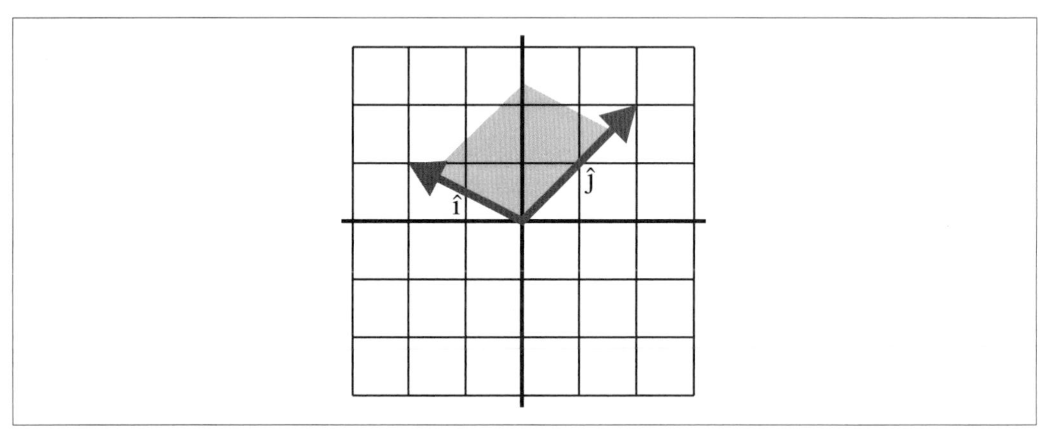

圖 4-22　翻轉空間的行列式為負

範例 4-15　負的行列式

```
from numpy.linalg import det
from numpy import array

i_hat = array([-2, 1])
j_hat = array([1, 2])

basis = array([i_hat, j_hat]).transpose()

determinant = det(basis)

print(determinant) # 印出 -5.0
```

因為這個行列式是負數，我們馬上就可以發現方向已經翻轉。但到目前為止，行列式告訴您的最關鍵資訊是轉換是否是線性相關的。如果行列式為 0，則意味著所有空間都被壓縮到較小的維度。

在圖 4-23 中，我們看到了兩個線性相關的轉換，其中 2D 空間被壓縮為一維，而 3D 空間被壓縮為二維。兩種情況下的面積和體積分別為 0！

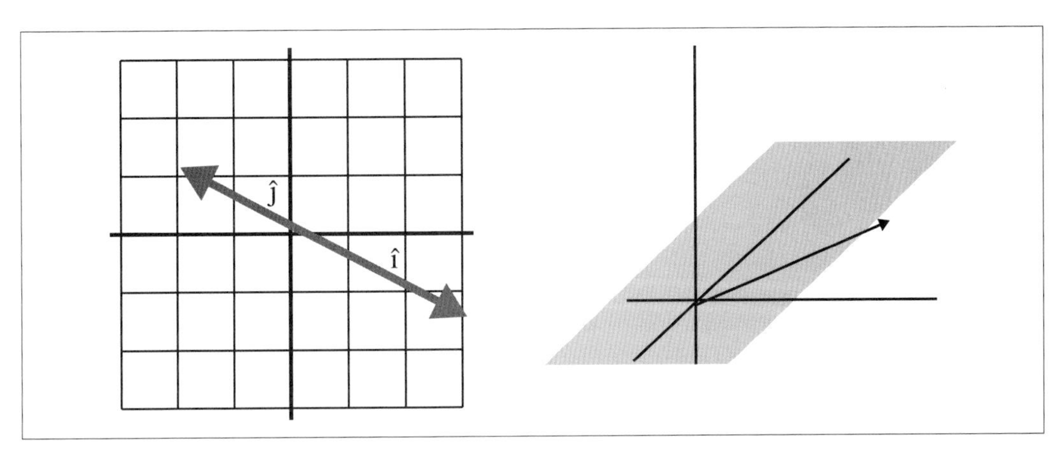

圖 4-23　2D 和 3D 中的線性相關性

範例 4-16 顯示了前面的 2D 範例程式碼，它把整個 2D 空間壓縮為一個一維數線。

範例 4-16　行列式為 0

```
from numpy.linalg import det
from numpy import array

i_hat = array([-2, 1])
j_hat = array([3, -1.5])

basis = array([i_hat, j_hat]).transpose()

determinant = det(basis)

print(determinant) # 印出 0.0
```

因此，測試行列式是否為 0 對於確定轉換是否具有線性相關性非常有幫助。當您遇到這種情況時，您可能會發現手上有的是一個困難或無解的問題。

特殊類型的矩陣

以下介紹一些值得注意的矩陣案例。

方陣

方陣（*square matrix*）是列數和行數相等的矩陣：

$$\begin{bmatrix} 4 & 2 & 7 \\ 5 & 1 & 9 \\ 4 & 0 & 1 \end{bmatrix}$$

它們主要用於表達線性轉換，並且是許多運算（例如特徵分解）的要求條件。

單位矩陣

單位矩陣（*identity matrix*）是一個對角線為 1 而其他值為 0 的方陣：

$$\begin{bmatrix} 1 & 0 & 0 \\ 0 & 1 & 0 \\ 0 & 0 & 1 \end{bmatrix}$$

單位矩陣有什麼大不了的呢？好吧，當您有一個單位矩陣時，您基本上已經撤消了一個轉換並找到了您的起始基底向量。這將在下一節求解方程組時發揮重要的作用。

反矩陣

反矩陣（*inverse matrix*）是會撤消另一個矩陣所進行的轉換的矩陣。假設我有一矩陣 A：

$$A = \begin{bmatrix} 4 & 2 & 4 \\ 5 & 3 & 7 \\ 9 & 3 & 6 \end{bmatrix}$$

矩陣 A 的反矩陣稱為 A^{-1}。我們將在下一節中學習如何使用 Sympy 或 NumPy 來計算反矩陣，不過以下是矩陣 A 的反矩陣：

$$A^{-1} = \begin{bmatrix} -\frac{1}{2} & 0 & \frac{1}{3} \\ 5.5 & -2 & \frac{4}{3} \\ -2 & 1 & \frac{1}{3} \end{bmatrix}$$

在 A^{-1} 和 A 之間執行矩陣乘法時，我們最終會得到一個單位矩陣。我們將在下一節關於方程組的部分中看到它在 NumPy 和 Sympy 的效果。

$$\begin{bmatrix} -\frac{1}{2} & 0 & \frac{1}{3} \\ 5.5 & -2 & \frac{4}{3} \\ -2 & 1 & \frac{1}{3} \end{bmatrix} \begin{bmatrix} 4 & 2 & 4 \\ 5 & 3 & 7 \\ 9 & 3 & 6 \end{bmatrix} = \begin{bmatrix} 1 & 0 & 0 \\ 0 & 1 & 0 \\ 0 & 0 & 1 \end{bmatrix}$$

對角矩陣

和單位矩陣類似的是**對角矩陣**（*diagonal matrix*），它有一個非零值的對角線，而其餘的值都是 0。某些計算會想求得對角矩陣，因為它是能被應用到向量空間中的簡單純量。它會出現在一些線性代數運算中。

$$\begin{bmatrix} 4 & 0 & 0 \\ 0 & 2 & 0 \\ 0 & 0 & 5 \end{bmatrix}$$

三角矩陣

和對角矩陣類似的是**三角矩陣**（*triangular matrix*），它在一個三角形的值之前有一條非零值的對角線，而其餘的值都是 0。

$$\begin{bmatrix} 4 & 2 & 9 \\ 0 & 1 & 6 \\ 0 & 0 & 5 \end{bmatrix}$$

許多數值分析任務都需要三角矩陣，因為它們通常會讓在方程組中求解變得更容易。它們還出現在某些分解任務中，例如 LU 分解（*https://oreil.ly/vYK8t*）。

稀疏矩陣

有時，您會遇到大多數的元素都是 0，且非 0 元素很少的矩陣，稱為**稀疏矩陣**（*sparse matrix*）。從純數學的角度來看，它們並不是很有趣；但從計算的角度來看，它們提供了創造效率的機會。如果矩陣大部分是 0，則稀疏矩陣在實作上並不會浪費空間來儲存一堆 0，而是只追蹤非零的元素。

$$\text{sparse:}\begin{bmatrix} 0 & 0 & 0 \\ 0 & 0 & 2 \\ 0 & 0 & 0 \\ 0 & 0 & 0 \end{bmatrix}$$

當您擁有稀疏的大型矩陣時，您可能會外顯式地使用稀疏函數來建立矩陣。

方程組和反矩陣

線性代數的基本使用案例之一是求解方程組。它也是學習反矩陣的一個理想應用。假設為您提供了以下的方程式，而您需要求解 x、y 和 z：

$$\begin{aligned} 4x + 2y + 4z &= 44 \\ 5x + 3y + 7z &= 56 \\ 9x + 3y + 6z &= 72 \end{aligned}$$

您可以手動地嘗試不同的代數運算來隔離這三個變數，但如果您想要用電腦來解它，您將需要用矩陣來表達這個問題，如下所示。把係數提取到矩陣 A 中、把等式右側的值提取到矩陣 B 中、並把未知變數提取到矩陣 X 中：

$$A = \begin{bmatrix} 4 & 2 & 4 \\ 5 & 3 & 7 \\ 9 & 3 & 6 \end{bmatrix}$$

$$B = \begin{bmatrix} 44 \\ 56 \\ 72 \end{bmatrix}$$

$$X = \begin{bmatrix} x \\ y \\ z \end{bmatrix}$$

線性方程組的函數是 $AX = B$。我們需要用某個矩陣 X 來轉換矩陣 A，從而得到矩陣 B：

$$AX = B$$

$$\begin{bmatrix} 4 & 2 & 4 \\ 5 & 3 & 7 \\ 9 & 3 & 6 \end{bmatrix} \cdot \begin{bmatrix} x \\ y \\ z \end{bmatrix} = \begin{bmatrix} 44 \\ 56 \\ 72 \end{bmatrix}$$

我們需要「撤消」A，以便隔離 X 並獲得 x、y 和 z 的值。撤消 A 的方法是取 A 的反矩陣，也就是 A^{-1}，並透過矩陣乘法把它應用於 A。可以用代數來表達：

$$AX = B$$
$$A^{-1}AX = A^{-1}B$$
$$X = A^{-1}B$$

要計算矩陣 A 的反矩陣可能會使用電腦，而不是使用高斯消去法（Gaussian elimination）手動地尋找解答，但本書不會對此深入探討。以下是矩陣 A 的反矩陣：

$$A^{-1} = \begin{bmatrix} -\frac{1}{2} & 0 & \frac{1}{3} \\ 5.5 & -2 & \frac{4}{3} \\ -2 & 1 & \frac{1}{3} \end{bmatrix}$$

請注意，當把 A^{-1} 和 A 進行矩陣乘法時，它會建立一個單位矩陣，也就是一個除了對角線裡的 1 之外全部是 0 的矩陣。單位矩陣是乘以 1 這個運算在線性代數中的等價物，這意味著它本質上並不會造成任何影響，並且會有效地隔離 x、y 和 z 的值：

$$A^{-1} = \begin{bmatrix} -\frac{1}{2} & 0 & \frac{1}{3} \\ 5.5 & -2 & \frac{4}{3} \\ -2 & 1 & \frac{1}{3} \end{bmatrix}$$

$$A = \begin{bmatrix} 4 & 2 & 4 \\ 5 & 3 & 7 \\ 9 & 3 & 6 \end{bmatrix}$$

$$A^{-1}A = \begin{bmatrix} 1 & 0 & 0 \\ 0 & 1 & 0 \\ 0 & 0 & 1 \end{bmatrix}$$

要在 Python 中查看此單位矩陣的運作，您會需要使用 SymPy 而不是 NumPy。NumPy 中的浮點小數不會讓單位矩陣變得那麼明顯，但是在範例 4-17 中以符號的方式運作時，可看到一個乾淨的、符號式的輸出。請注意，要在 SymPy 中進行矩陣乘法，要使用星號 * 而不是 @。

範例 *4-17*　使用 *SymPy* 來研究反矩陣和單位矩陣

```
from sympy import *

# 4x + 2y + 4z = 44
# 5x + 3y + 7z = 56
# 9x + 3y + 6z = 72

A = Matrix([
    [4, 2, 4],
    [5, 3, 7],
    [9, 3, 6]
])

# A 和它的反矩陣之間的點積
# 會產生單位矩陣
inverse = A.inv()
identity = inverse * A

# 印出 Matrix([[-1/2, 0, 1/3], [11/2, -2, -4/3], [-2, 1, 1/3]])
print("INVERSE: {}".format(inverse))

# 印出 Matrix([[1, 0, 0], [0, 1, 0], [0, 0, 1]])
print("IDENTITY: {}".format(identity))
```

在實務上，浮點數的精準度不足不會對答案產生太大影響，因此使用 NumPy 應該也可以解開 x。範例 4-18 顯示使用 NumPy 的解法。

範例 *4-18*　使用 *NumPy* 求解方程組

```
from numpy import array
from numpy.linalg import inv

# 4x + 2y + 4z = 44
# 5x + 3y + 7z = 56
# 9x + 3y + 6z = 72

A = array([
    [4, 2, 4],
    [5, 3, 7],
    [9, 3, 6]
```

```
])

B = array([
    44,
    56,
    72
])

X = inv(A).dot(B)

print(X) # [ 2. 34. -8.]
```

所以 $x = 2$，$y = 34$，$z = -8$。範例 4-19 顯示 SymPy 中的完整求解過程，可作為 NumPy 的替代方案。

範例 4-19 使用 SymPy 求解方程組

```
from sympy import *

# 4x + 2y + 4z = 44
# 5x + 3y + 7z = 56
# 9x + 3y + 6z = 72

A = Matrix([
    [4, 2, 4],
    [5, 3, 7],
    [9, 3, 6]
])

B = Matrix([
    44,
    56,
    72
])

X = A.inv() * B

print(X) # Matrix([[2], [34], [-8]])
```

這是以數學符號表達的解法：

$$A^{-1}B = X$$

$$\begin{bmatrix} -\frac{1}{2} & 0 & \frac{1}{3} \\ 5.5 & -2 & \frac{4}{3} \\ -2 & 1 & \frac{1}{3} \end{bmatrix} \begin{bmatrix} 44 \\ 56 \\ 72 \end{bmatrix} = \begin{bmatrix} x \\ y \\ z \end{bmatrix}$$

$$\begin{bmatrix} 2 \\ 34 \\ -8 \end{bmatrix} = \begin{bmatrix} x \\ y \\ z \end{bmatrix}$$

希望這能讓您對反矩陣以及如何使用它們求解方程組建立一些概念。

線性規劃中的方程組

這種求解方程組的方法也用於線性規劃，可用不等式來定義限制並且會最小化／最大化一個目標。

PatrickJMT 有很多關於線性規劃的影片（*https://bit.ly/3aVyrD6*），附錄 A 也會簡單介紹它。

實際上，您會發現不太需要手動計算反矩陣，而且可以讓電腦來為您完成。但如果有需要或基於好奇的話，您可能會想要了解高斯消去法。YouTube（*https://oreil.ly/RfXAv*）上的 PatrickJMT 有許多示範高斯消去法的影片。

特徵向量和特徵值

矩陣分解（*matrix decomposition*）是把矩陣分解為其基本組成部分，就像分解數字一樣（例如，10 可以分解為 2×5）。

矩陣分解對於尋找反矩陣和計算行列式以及線性迴歸等任務很有幫助，根據不同任務，而有不同分解矩陣的方法。在第 5 章中，我們將使用矩陣分解技術中的 QR 分解來執行線性迴歸。

但在本章中，我們會重點介紹一種稱為特徵分解（eigendecomposition）的常用方法，此方法通常用於機器學習和主成分分析（principal component analysis）上。目前我們還不需要深入研究這些應用，現在您只要知道特徵分解有助於把矩陣分解為在不同機器學習任務中更容易使用的組件就可以了。另外請注意，它只適用於方陣。

在特徵分解中，會有兩個成分：用 lambda λ 來表達特徵值（eigenvalue）和用 v 來表達特徵向量（eigenvector），如圖 4-24 所示。

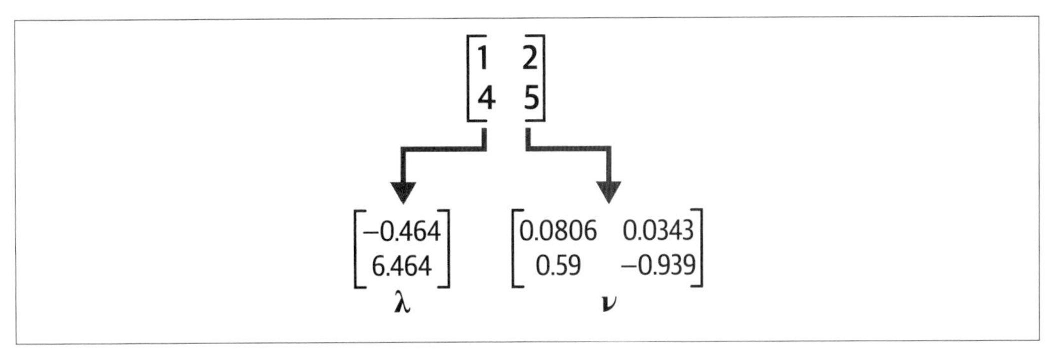

圖 4-24　特徵向量和特徵值

如果我們有一個方陣 A，它有以下特徵值方程式：

$$Av = \lambda v$$

如果 A 是原始矩陣，它將是由特徵向量 v 和特徵值 λ 所組成。父矩陣的每一維度都有一個特徵向量和特徵值，而且並不是所有的矩陣都可以分解為一個特徵向量和特徵值。有時甚至會產生複數（虛數）。

範例 4-20 顯示如何在 NumPy 中計算給定矩陣 A 的特徵向量和特徵值。

範例 4-20　在 NumPy 中執行特徵分解

```
from numpy import array, diag
from numpy.linalg import eig, inv

A = array([
    [1, 2],
    [4, 5]
])

eigenvals, eigenvecs = eig(A)
```

```
print("EIGENVALUES")
print(eigenvals)
print("\nEIGENVECTORS")
print(eigenvecs)

"""
EIGENVALUES
[-0.46410162  6.46410162]

EIGENVECTORS
[[-0.80689822 -0.34372377]
 [ 0.59069049 -0.9390708 ]]
"""
```

那我們要如何從特徵向量和特徵值中重建矩陣 A 呢？回想一下這個公式：

$$Av = \lambda v$$

我們需要對公式進行一些調整來重構 A：

$$A = Q \Lambda Q^{-1}$$

在這個新公式中，Q 是特徵向量，Λ 是對角線形式的特徵值，Q^{-1} 是 Q 的反矩陣。對角線形式意味著向量被填充到零矩陣中，並以類似於單位矩陣的樣式來占據對角線。

範例 4-21 在 Python 中完整地展示了這個範例，從分解矩陣開始，然後重新組合它。

範例 4-21　在 NumPy 中分解和重組矩陣

```
from numpy import array, diag
from numpy.linalg import eig, inv

A = array([
    [1, 2],
    [4, 5]
])

eigenvals, eigenvecs = eig(A)

print("EIGENVALUES")
print(eigenvals)
print("\nEIGENVECTORS")
print(eigenvecs)

print("\nREBUILD MATRIX")
Q = eigenvecs
R = inv(Q)
```

```
L = diag(eigenvals)
B = Q @ L @ R

print(B)

"""
EIGENVALUES
[-0.46410162  6.46410162]

EIGENVECTORS
[[-0.80689822 -0.34372377]
 [ 0.59069049 -0.9390708 ]]

REBUILD MATRIX
[[1. 2.]
 [4. 5.]]
"""
```

如您所見，重建的矩陣就是一開始使用的矩陣。

結論

線性代數是令人發狂的抽象概念，充滿值得思考的奧祕和想法。您可能會發現這整個主題都是一個大兔子洞，您是對的！但是，如果您想擁有一個久遠且成功的資料科學職涯時，遲早會需要認識它。它是統計計算、機器學習和其他應用資料科學領域的基礎；說到底，它就是一般電腦科學的基礎。您當然可以暫時不理會它，但在某些時候您會遇到理解上的限制。

您可能想知道這些想法要如何實際運用，因為它們感覺上好像是理論性的，不用擔心，我們將在本書中學到一些實際應用。但是，理論和幾何上的解釋對於處理資料時的直覺很重要，並且透過視覺式的理解線性轉換，能讓您準備好接受更進階的概念，而這些概念可能會在您以後的追求中遇到。

如果您想了解更多關於線性規劃的知識，沒有比 3Blue1Brown 的 YouTube 播放清單「Essence of Linear Algebra」（*https://oreil.ly/FSCNz*）更好的地方了。PatrickJMT（*https://oreil.ly/Hx9GP*）的線性代數影片也很有幫助。

如果您想更熟悉 NumPy，推薦您閱讀 Wes McKinney 撰寫，由 O'Reilly 出版的 *Python for Data Analysis*（第 2 版）一書。它的重點不在線性代數，但確實提供在資料集上使用 NumPy、Pandas 和 Python 的實用指引。

習題

1. 向量 $\vec{v}$ 的值為 [1, 2] 但隨後發生了轉換，$\hat{i}$ 落在 [2, 0] 處，$\hat{j}$ 落在 [0, 1.5] 處。請問 $\vec{v}$ 會落在哪裡？

2. 向量 $\vec{v}$ 的值為 [1, 2] 但隨後發生了轉換，$\hat{i}$ 落在 [-2, 1] 處，$\hat{j}$ 落在 [1, -2] 處。請問 $\vec{v}$ 會落在哪裡？

3. 某一轉換的 $\hat{i}$ 落在 [1, 0] 處，$\hat{j}$ 落在 [2, 2] 處。這個轉換的行列式是什麼？

4. 一次線性轉換中可以進行兩個或多個線性轉換嗎？可以與否的理由分別為何？

5. 求解 x、y 和 z 的方程組：

$$
\begin{aligned}
3x + 1y + 0z = \; &= 54 \\
2x + 4y + 1z &= 12 \\
3x + 1y + 8z &= 6
\end{aligned}
$$

6. 下面的矩陣是線性相關的嗎？是與否的理由分別為何？

$$
\begin{bmatrix} 2 & 1 \\ 6 & 3 \end{bmatrix}
$$

答案在附錄 B 中。

第五章

線性迴歸

資料分析中最實用的技術之一，就是透過觀察到的資料點來擬合一條線，以顯示兩個或多個變數之間的關係。**迴歸**（*regression*）嘗試將函數擬合到觀察資料，以預測新資料。**線性迴歸**（*linear regression*）是將一條直線擬合到觀察資料，試圖證明變數之間的線性關係，並對尚未觀察到的新資料進行預測。

觀看圖片可能比閱讀線性迴歸的描述更有意義。圖 5-1 中有一個線性迴歸的範例。

線性迴歸是資料科學和統計學的主力，它不僅應用我們在前幾章學到的概念，而且為神經網路（第 7 章）和邏輯迴歸（第 6 章）等後續主題奠定了新的基礎。這種相對簡單的技術已經存在了 200 多年，並且在當時稱為機器學習的一種形式。

機器學習從業者通常會採用不同的方法來進行驗證，從資料的訓練－測試拆分（train-test split）開始。統計學家更有可能使用預測區間和相關性等度量來獲得統計顯著性。我們將會涵蓋這兩種思想流派，以便讀者能夠彌合這兩個學科之間不斷擴大的差距，從而發現能夠同時兼備的自己，才是最有能力的。

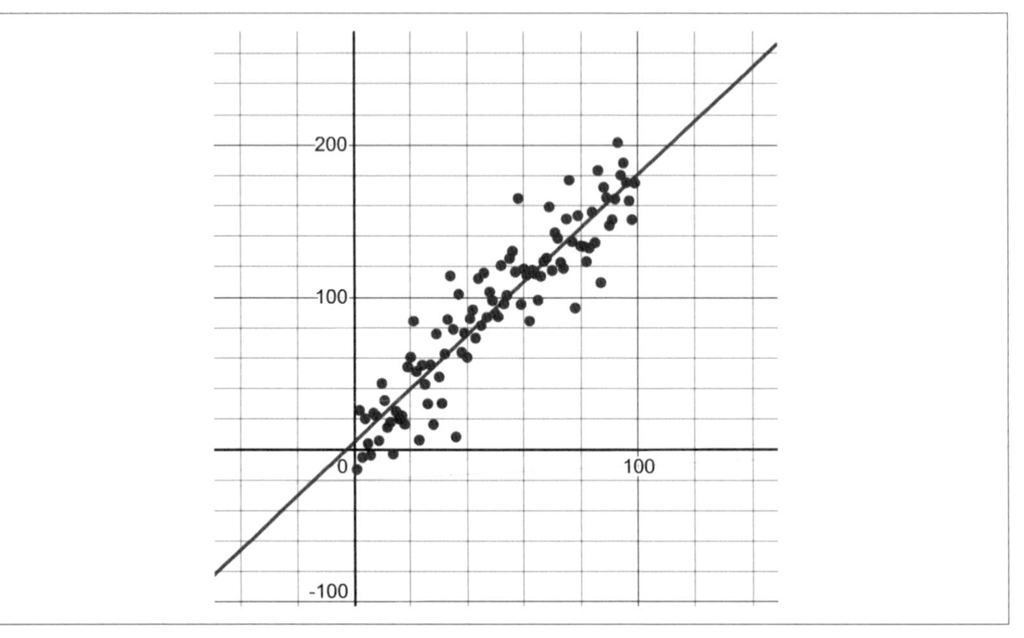

圖 5-1　線性迴歸範例，把一條線擬合到觀察資料

等等，迴歸是機器學習嗎？

機器學習有幾種技術，但目前使用案例最多的一種是監督式學習（supervised learning），而迴歸在這裡發揮了重要作用。這就是為什麼線性迴歸也是機器學習的一種形式。令人困惑的是，統計學家可能把他們的迴歸模型稱為*統計學習*（*statistical learning*），而資料科學和機器學習專業人士則將他們的模型稱為*機器學習*（*machine learning*）。

雖然監督式學習常常就是迴歸，但非監督式（unsupervised）機器學習更多的是關於分群（clustering）和異常偵測（anomaly detection）。強化學習通常會把監督式機器學習和模擬結合起來，以快速地產生合成資料。

我們將在關於邏輯迴歸的第 6 章和關於神經網路的第 7 章中，學習另外兩種形式的監督式機器學習。

基本線性迴歸

我想研究狗的年齡，和牠接受獸醫檢查次數之間的關係。在一個捏造的樣本中，我們有 10 隻隨機的狗。我喜歡用簡單的資料集（不論真實與否）來理解複雜的技術，讓我們能了解該技術的優勢和局限性，而不需要複雜的資料來攪渾水。首先畫出這個資料集，如圖 5-2 所示。

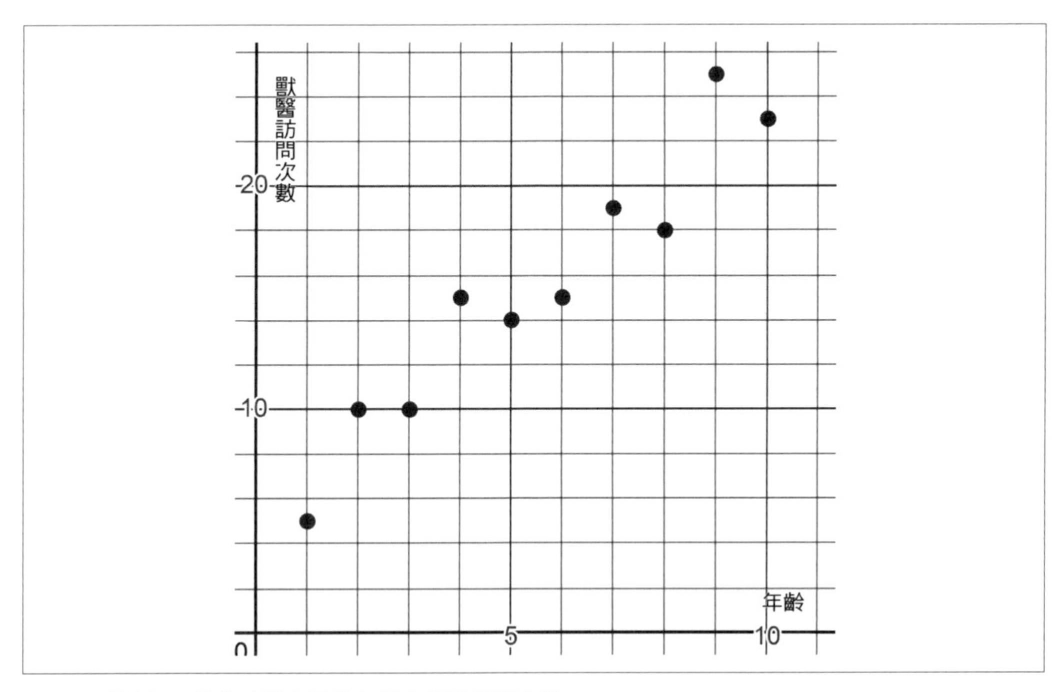

圖 5-2　繪製 10 隻狗的樣本及其年齡和獸醫訪問次數

可以清楚地看到這裡存在著**線性相關性**（*linear correlation*），這意味著當這些變數中的其中一個增加／減少時，另一個變數也會以大致成比例的量來增加／減少。我們可以如圖 5-3 所示，畫一條通過這些點的線，來顯示像這樣的相關性。

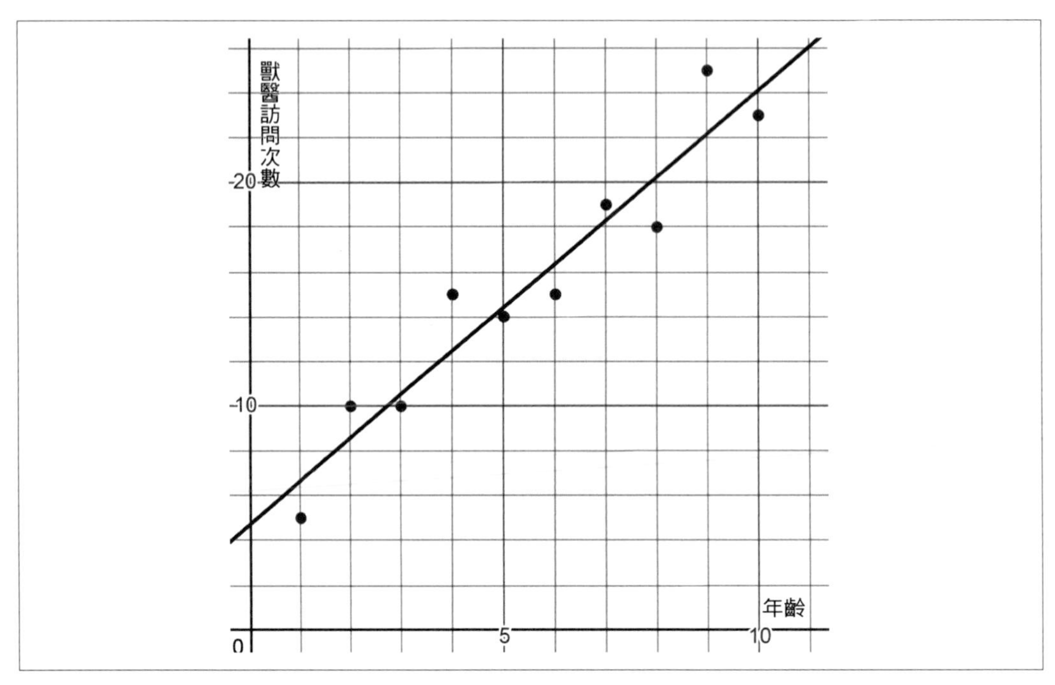

圖 5-3　擬合一條通過資料的線

我會在本章後面展示如何計算這條擬合線，並探討如何計算這條擬合線的品質。現在，讓我們聚焦於執行線性迴歸的好處。它能讓我們預測以前從未見過的資料。我的樣本中並沒有一隻 8.5 歲的狗，但我可以查看這條線並估計那隻狗一生中會接受 21 次獸醫檢查，因為看那條線的 $x = 8.5$ 位置，能看到 $y = 21.218$，如圖 5-4 所示。另一個好處是我們可以分析變數的可能關係，並假設相關變數互為因果。

但線性迴歸的缺點是什麼呢？我不能指望每一個結果都會剛好落在這條線上。畢竟，現實世界的資料是充滿雜訊的、永遠不會完美、也不會遵循一條直線。它可能根本不會沿著直線走！在該線的周圍將會有誤差存在，點會落在該線的上方或下方。談論 p 值、統計顯著性和預測區間時，我們會以數學方式來涵蓋這一點，而這可以描述線性迴歸的可靠性。另一個問題是我們不應該使用線性迴歸來預測所擁有資料範圍之外的事情，這意味著我們不應該在 $x < 0$ 和 $x > 10$ 的情況下預測，因為我們並沒有那些值之外的資料。

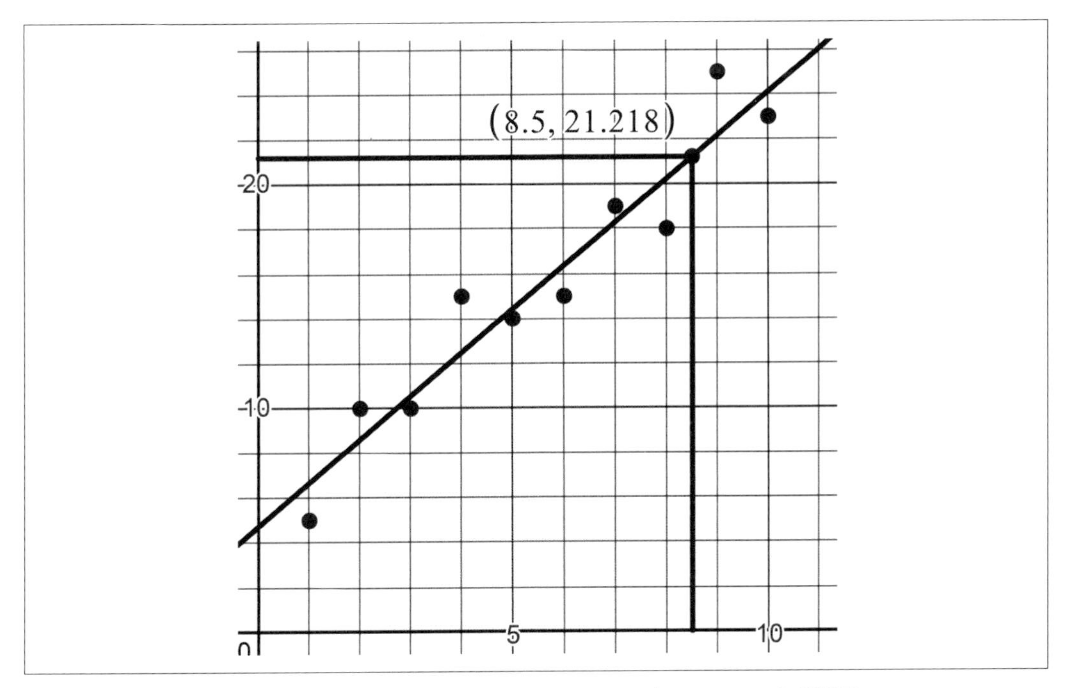

圖 5-4　使用線性迴歸來預測，可以看到一隻 8.5 歲的狗預計會看過 21.2 次的獸醫

不要忘記採樣偏差！

我們應該要質疑這些資料以及它的採樣方式，以偵測偏差的存在。這全在單一獸醫診所嗎？還是多個隨機診所？使用獸醫資料是否存在自我選擇偏差，只調查看過獸醫的狗？如果這些狗是在同一個地理區域採樣的，會影響資料嗎？也許在炎熱的沙漠氣候中，狗會因為熱衰竭和蛇咬傷而更常去看獸醫，而這會誇大樣本中的獸醫訪問次數。

正如第 3 章所討論的，視資料為真理的神諭已經成為一種潮流。然而，資料只是來自母體的樣本，我們需要練習辨別樣本的代表性。請對資料的來源感興趣（至少如此），而不僅僅是資料的內容。

使用 SciPy 來進行基本線性迴歸

在本章中，我們要學習很多關於線性迴歸的知識，但先從一些程式碼開始來執行我們目前已知道的部分。

有很多平台可以執行線性迴歸，從 Excel 到 Python 和 R。但我們在本書中會堅持使用 Python，並用 scikit-learn 來執行。我會在本章後面展示如何「從頭開始」建構線性迴歸，以便掌握梯度下降和最小平方等重要概念。

範例 5-1 是如何使用 scikit-learn 來對 10 隻狗的樣本執行基本的、未經驗證的線性迴歸。我們使用 Pandas（*https://oreil.ly/xCvwR*）來提取這些資料，把它轉換為 NumPy 陣列、使用 scikit-learn 來執行線性迴歸、並使用 Plotly 將它顯示在圖表中。

範例 5-1　使用 scikit-learn 來進行線性迴歸

```
import pandas as pd
import matplotlib.pyplot as plt
from sklearn.linear_model import LinearRegression

# 匯入資料點
df = pd.read_csv('https://bit.ly/3goOAnt', delimiter=",")

# 提取輸入變數（所有列、除了最後一行之外的所有行）
X = df.values[:, :-1]

# 提取輸出行（所有列、最後一行）
Y = df.values[:, -1]

# 擬合一條線到資料點上
fit = LinearRegression().fit(X, Y)

# m = 1.7867224, b = -16.51923513
m = fit.coef_.flatten()
b = fit.intercept_.flatten()
print("m = {0}".format(m))
print("b = {0}".format(b))

# 在圖表中顯示
plt.plot(X, Y, 'o') # 散布圖
plt.plot(X, m*X+b) # 直線
plt.show()
```

首先，我們從 GitHub（*https://bit.ly/3cIH97A*）上的這個 CSV 檔匯入，使用 Pandas 把兩行分成 *X* 和 *Y* 資料集。然後，將 `LinearRegression` 模型 `fit()` 到輸入資料 *X* 和輸出資料 *Y*，可以得到用來描述擬合後的線性函數的 *m* 和 *b* 係數。

在圖中，果然你會得到一條穿過這些點的擬合線，如圖 5-5 所示。

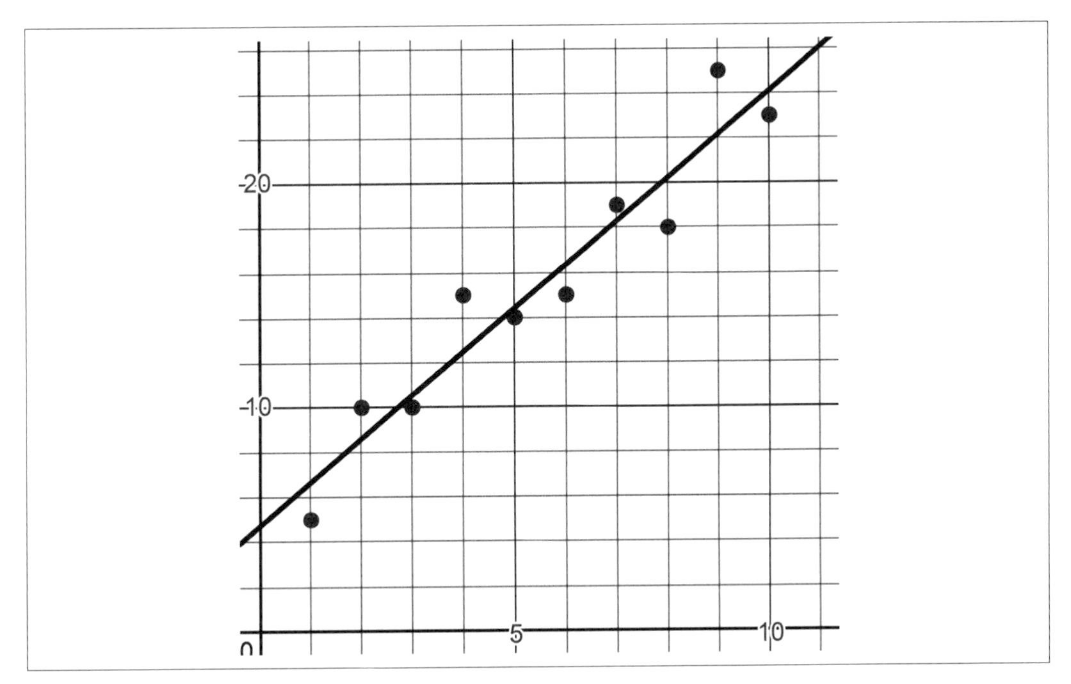

圖 5-5　SciPy 將為您的資料擬合一條迴歸線

是什麼決定了這些點的最佳擬合線？讓我們接下來討論一下。

殘差和平方誤差

像 scikit-learn 這樣的統計工具是怎麼得出擬合這些點的那條線的？這可以歸結為兩個對機器學習訓練至關重要的問題：

- 如何定義「最佳擬合」（best fit）？
- 如何達到「最佳擬合」？

第一個問題有一個非常確定的答案：最小化殘差的平方，或者更具體地說，最小化殘差的平方和。讓我們分解一下。繪製一條穿過這些點的線。殘差（*residual*）是線和點之間的數值差，如圖 5-6 所示。

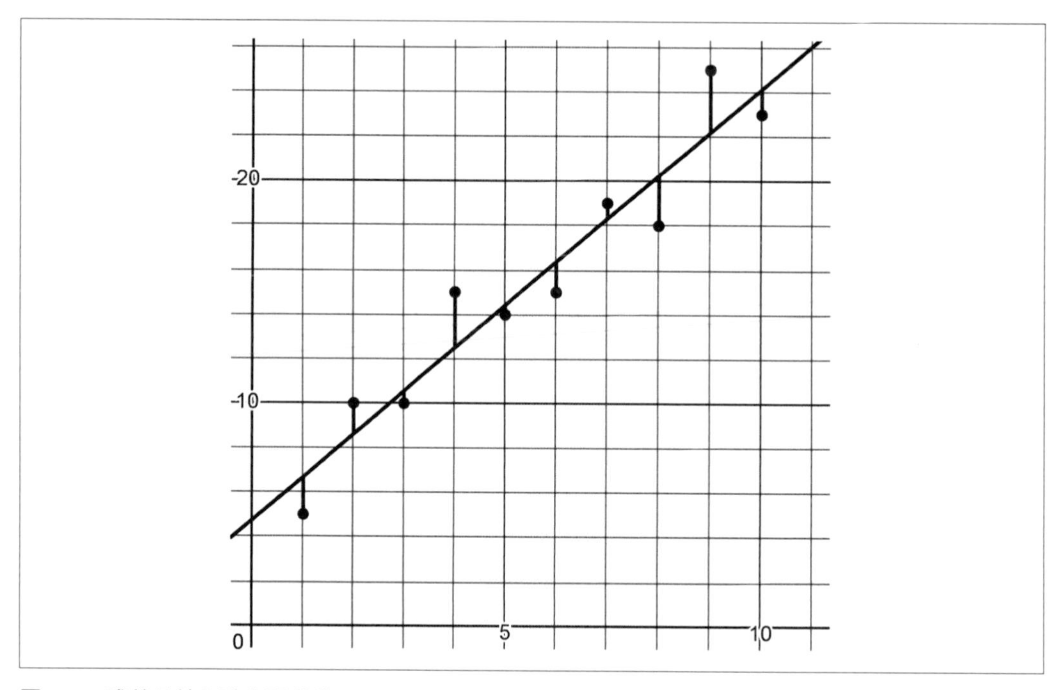

圖 5-6　殘差是線和點之間的差

線上方的點會具有正殘差，而線下方的點會具有負殘差。換句話說，它是預測的 y 值（來自該線）與實際 y 值（來自資料）之間的差值。殘差的另一個名稱是誤差（*error*），因為它們反映了線在預測資料時的錯誤程度。

讓我們在範例 5-3 中計算這 10 個點，和範例 5-2 中的線 y = 1.93939x + 4.73333 之間的差，以及每個點的殘差。

範例 *5-2*　計算給定的線和資料的殘差

```
import pandas as pd

# 匯入資料點
points = pd.read_csv('https://bit.ly/3goOAnt', delimiter=",").itertuples()

# 用一給定線來測試
```

```
m = 1.93939
b = 4.73333

# 計算殘差
for p in points:
    y_actual = p.y
    y_predict = m*p.x + b
    residual = y_actual - y_predict
    print(residual)
```

範例 5-3　每個點的殘差

```
-1.67272
1.3878900000000005
-0.5515000000000008
2.5091099999999997
-0.4302799999999998
-1.3696699999999993f
0.6909400000000012
-2.2484499999999983
2.812160000000002
-1.1272299999999973
```

如果透過 10 個資料點來擬合一條直線，我們可能會希望在總體上最小化這些殘差，以讓線和點之間的間隙盡可能縮小。但是要如何衡量「總體」呢？最好的方法是取**平方和**（*sum of squares*），也就是把每個殘差進行平方，或是把每個殘差乘以自身，然後再對它們進行加總。取每個實際的 y 值，並從中減去從線所獲取的預測 y 值，然後對所有這些差進行平方再加總。

為什麼不用絕對值？

您可能會好奇，為什麼必須在加總之前對殘差進行平方。為什麼不直接把它們相加而不進行平方呢？那是行不通的，因為負值會抵消正值。如果加總會把所有負值變成正值的絕對值（absolute value）又怎麼樣呢？這聽起來很有希望，但絕對值在數學上不是那麼方便。更具體地說，絕對值不適用於之後將用於梯度下降的微積分微分。這就是為什麼我們選擇平方後的殘差作為總損失的方式。

可見視覺式的思考方式，如圖 5-7 所示，在每個殘差上覆蓋一個正方形，每邊是殘差的長度，將所有這些正方形的面積相加，之後我們將學習如何透過識別出最佳的 m 和 b，來找到可以達到的最小總和。

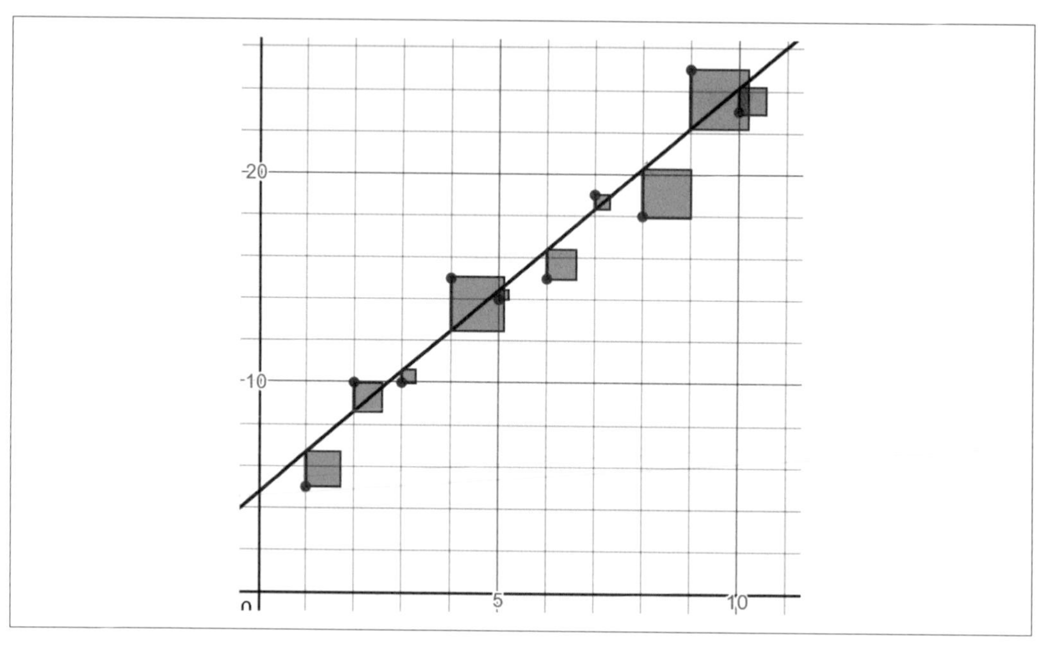

圖 5-7 視覺化平方和，把每個正方形的面積加總，而正方形的邊長等於殘差

讓我們修改範例 5-4 中的程式碼來求出平方和。

範例 *5-4* 計算給定線和資料的平方和

```
import pandas as pd

# 匯入資料點
points = pd.read_csv("https://bit.ly/2KF29Bd").itertuples()

# 以給定線進行測試
m = 1.93939
b = 4.73333

sum_of_squares = 0.0

# 計算平方和
for p in points:
    y_actual = p.y
    y_predict = m*p.x + b
    residual_squared = (y_predict - y_actual)**2
    sum_of_squares += residual_squared
```

```
print("sum of squares = {}".format(sum_of_squares))
# sum of squares = 28.096969704500005
```

下一個問題：如何在不使用 scikit-learn 之類程式庫的情況下，找到會產生最小平方和的 *m* 和 *b* 值？接下來讓我們看看。

尋找最佳擬合線

有一種方法可以根據資料點來測量給定線的品質：平方和，如果可以讓這個數字越低，擬合就會越好，但要如何找到可以建立最小平方和的正確 *m* 和 *b* 值？

可以使用幾種搜尋演算法，讓它們試圖找到正確的值集合，來解決給定的問題。您可以嘗試*暴力*（*brute force*）法，產生數百萬次隨機的 *m* 和 *b* 值，並選擇其中會產生最小平方和的值。這不是多好的方法，因為即使是要得到一個像樣的近似值，也需要無窮無盡的時間。我們會需要可以提供更多導引的東西，以下是 5 種您可以使用的技術：閉合（closed form）、反矩陣運算（matrix inversion）、矩陣分解（matrix decomposition）、梯度下降（gradient descent）和隨機梯度下降（stochastic gradient descent）。還有其他搜尋演算法，如爬坡（hill climbing）演算法（附錄 A 中介紹），但建議還是使用常見的演算法。

機器學習訓練正在擬合迴歸

這是「訓練」機器學習演算法的核心。提供一些資料和一個目標函數（平方和），它會找到正確的係數 *m* 和 *b* 來達成該目標。因此，「訓練」機器學習模型時，實際上是在最小化損失函數。

閉合方程式

有些讀者可能會問，是否有一個公式（稱為*閉合方程式*（*closed form equation*））可以透過精確的計算來擬合線性迴歸。答案是肯定的，但僅適用於具有一個輸入變數的簡單線性迴歸。對於具有多個輸入變數和大量資料的許多機器學習問題，並不存在這樣的公式。不過，我們可以使用線性代數技術來擴大規模，之後會討論這個問題，也會藉此機會學習隨機梯度下降等搜尋演算法。

對於只有一個輸入和一個輸出變數的簡單線性迴歸，以下是計算 m 和 b 的閉合方程式；範例 5-5 展示如何在 Python 中計算。

$$m = \frac{n\Sigma xy - \Sigma x \Sigma y}{n\Sigma x^2 - (\Sigma x)^2}$$

$$b = \frac{\Sigma y}{n} - m\frac{\Sigma x}{n}$$

範例 5-5 計算簡單線性迴歸的 m 和 b

```
import pandas as pd

# 載入資料
points = list(pd.read_csv('https://bit.ly/2KF29Bd', delimiter=",").itertuples())

n = len(points)

m = (n*sum(p.x*p.y for p in points) - sum(p.x for p in points) *
    sum(p.y for p in points)) / (n*sum(p.x**2 for p in points) -
    sum(p.x for p in points)**2)

b = (sum(p.y for p in points) / n) - m * sum(p.x for p in points) / n

print(m, b)
# 1.9393939393939394 4.7333333333333325
```

這些計算 m 和 b 的方程式是從微積分推導出來的，如果您想知道公式的來源，我們將在本章後面使用 SymPy 來做一些微積分的計算。現在，您可以插入資料點的數量 n，以及迭代 x 和 y 值，來執行剛剛描述的運算。

展望未來，我們將會學習更能處理大量資料的當代技術方法，閉合方程式往往有其局限性。

計算複雜度

閉合方程式無法承載較大資料集的原因是計算複雜度（*computational complexity*）的電腦科學概念，它會衡量演算法隨著問題規模的增長需要多長時間。您可能需要了解一下這件事，以下是 YouTube 上兩個關於該主題的精采影片：

- P vs. NP and the Computational Complexity Zoo（*https://oreil.ly/TzQBl*）
- What Is Big O Notation?（*https://oreil.ly/EjcSR*）

反矩陣技術

我有時會使用不同名稱的係數來和 m 和 b 交替使用，分別為 β_1 和 β_0。這是您在專業領域經常會看到的慣例用法，因此可能是時候畢業了。

雖然我們在第 4 章中整整用了一章來討論線性代數，但當您是數學和資料科學的新手時，應用它還是可能會讓您有點不知所措。這就是為什麼本書中的大多數範例會使用純 Python 或 scikit-learn 的原因。但是，我會在必要的時候加入線性代數，以展示線性代數的用處。如果您覺得本節內容過多，請隨時繼續閱讀本章的其餘部分，之後再回來。

我們可以使用第 4 章中介紹的轉置矩陣和反矩陣來擬合線性迴歸。接下來，在給定了輸入變數值矩陣 X 和輸出變數值向量 y 的情況下，我們要計算係數向量 b。無須深入微積分和線性代數證明的兔子洞，公式在這：

$$b = \left(X^T \cdot X\right)^{-1} \cdot X^T \cdot y$$

您會注意到在矩陣 X 上執行了轉置和反矩陣運算，並和矩陣乘法相結合。以下是如何在範例 5-6 中使用 NumPy 來執行此運算，以獲得係數 m 和 b。

範例 5-6 使用反矩陣和轉置矩陣擬合線性迴歸

```
import pandas as pd
from numpy.linalg import inv
import numpy as np

# 匯入資料點
df = pd.read_csv('https://bit.ly/3goOAnt', delimiter=",")

# 提取輸入變數（所有列、除了最後一行之外的所有行）
X = df.values[:, :-1].flatten()

# 添加占位符 "1" 行來產生截距
X_1 = np.vstack([X, np.ones(len(X))]).T

# 提取輸出行（所有列、最後一行）
Y = df.values[:, -1]

# 計算斜率和截距係數
b = inv(X_1.transpose() @ X_1) @ (X_1.transpose() @ Y)
print(b) # [1.93939394, 4.73333333]

# 預測 y 值
y_predict = X_1.dot(b)
```

這並沒有那麼直覺，但請注意，我們必須在 X 行旁邊堆疊一個全為 1 的「行」。原因是這會產生截距 β_0 係數。由於該行全為 1，因此它能有效地產生截距，而不僅僅是斜率 β_1。

當您擁有大量具有高維度的資料時，電腦可能會開始窒息並產生不穩定的結果。這會是矩陣分解的一個使用案例，我們在第 4 章的線性代數中學習過。在這種特定案例下，我們使用矩陣 X，並像前面一樣在它後面添加一個額外的 1 行以產生截距 β_0，然後再把它分解為兩個分量矩陣 Q 和 R：

$$X = Q \cdot R$$

為了避免更多的微積分兔子洞，可以使用 Q 和 R 來找到矩陣形式 b 中的 beta 係數值：

$$b = R^{-1} \cdot Q^T \cdot y$$

範例 5-7 展示如何在 Python 中使用前面的 QR 分解公式，來使用 NumPy 執行線性迴歸。

範例 5-7　使用 QR 分解執行線性迴歸

```
import pandas as pd
from numpy.linalg import qr, inv
import numpy as np

# 匯入資料點
df = pd.read_csv('https://bit.ly/3goOAnt', delimiter=",")

# 提取輸入變數（所有列、除了最後一行之外的所有行）
X = df.values[:, :-1].flatten()

# 添加占位符 "1" 行來產生截距
X_1 = np.vstack([X, np.ones(len(X))]).transpose()

# 提取輸出行（所有列、最後一行）
Y = df.values[:, -1]

# 使用 QR 分解
# 計算斜率和截距係數
Q, R = qr(X_1)
b = inv(R).dot(Q.transpose()).dot(Y)

print(b) # [1.93939394, 4.73333333]
```

通常，*QR* 分解是許多科學程式庫用於線性迴歸的方法，因為它更容易處理大量資料並且更穩定。我說的穩定是什麼意思呢？**數值穩定性**（*numerical stability*）（*https://oreil.ly/A4BWJ*）是演算法保持誤差最小化的程度，而不是在趨近時放大誤差。請記住，電腦只能工作到這麼多小數位，因此必須趨近，重要的是，演算法不會因為這些趨近所產生的複合誤差而惡化。

不知所措？

如果您發現這些線性迴歸的線性代數範例令人不知所措，請不要擔心！我只是想介紹一個線性代數的實際使用案例。往後，我們將專注於您可以使用的其他技術。

梯度下降

梯度下降是一種優化技術，它使用微分和迭代來最小化 / 最大化針對目標的一組參數。要了解梯度下降，讓我們先做一個快速的假設性實驗，然後把它應用在一個簡單的範例。

梯度下降的假設性實驗

想像一下，夜晚在一座山脈中，您拿著手電筒，正試圖到達山脈最低點。您甚至可以在邁出一步之前看到周圍的斜坡。您走入坡度明顯往下的方向，在較大的斜坡處踏出較大的步伐，在較小的斜坡處踏出較小的步伐。最終，您會發現自己處於坡度為 0 的平坦低點。聽起來很不錯，對吧？這種使用手電筒的方法即是**梯度下降**（*gradient descent*），我們會沿著坡度往下的方向前進。

在機器學習中，我們經常將不同參數下所有可能遇到的平方和（sum of squares）損失，想像成山地景觀。如果希望將損失降到最低，就必須在損失景觀中導航定位。為了解決這個問題，梯度下降有一個吸引人的特性：偏微分就是那個手電筒，讓我們可以看到每個參數的斜率（在這個例子中是 m 和 b，或 β_0 和 β_1）。朝著會讓斜率向下的 m 和 b 的方向前進，為較大的斜率邁出較大的步伐，為較小的斜率邁出較小的步伐。我們可以透過取斜率的一小部分來簡單地計算這一步的長度，這部分稱為**學習率**（*learning rate*）。學習率越高，它會以準確度為代價而執行得越快；但學習率越低，訓練時間會越長，需要的迭代次數也越多。

決定學習率就像是要選螞蟻、人類或巨人身分來走下斜坡。一隻螞蟻（小學習率）會踏出微小的步伐並花上久到令人無法接受的時間才能到達底部；但會精確地做到這一點。一個巨人（大學習率）可能會不斷地跨過最小值，以至於無論他走多少步，都可能永遠無法達到。人類（中等學習率）可能具有最平衡的步長，在設法達到最小值時，在速度和準確性之間給出正確取捨。

跑步之前，要先會走路

對於函數 $f(x) = (x-3)^2 + 4$，讓我們找到會產生此函數最低點的 x 值，雖然代數方式也可以解答這個問題，但這裡請使用梯度下降的解法。

以下是以視覺方式呈現，如圖 5-8 所示，我們要朝向斜率為 0 的最小值來「邁進」x。

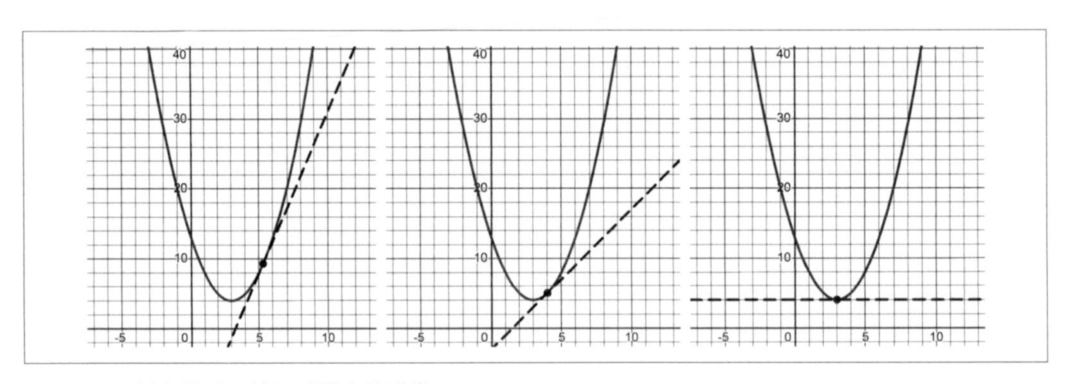

圖 5-8　向斜率接近 0 的區域最小值邁進

在範例 5-8 中，函數 f(x) 以及它對 x 的微分是 dx_f(x)。回想一下，第 1 章曾介紹過如何使用 SymPy 來計算微分；找到微分後，接著進行梯度下降。

範例 5-8　使用梯度下降來找到拋物線的最小值

```
import random

def f(x):
    return (x - 3) ** 2 + 4

def dx_f(x):
    return 2*(x - 3)

# 學習率
L = 0.001
```

```
# 執行梯度下降之迭代次數
iterations = 100_000

# 從隨機的 x 開始
x = random.randint(-15,15)

for i in range(iterations):

    # 取得斜率
    d_x = dx_f(x)

    # 透過減去（學習率）*（斜率）來更新 x
    x -= L * d_x

print(x, f(x)) # 印出 2.999999999999889 4.0
```

如果繪製函數的圖（如圖 5-8 所示），應該可以清楚地看到函數的最低點落在 $x = 3$ 處，而且前面的程式碼會非常接近這個點。學習率是用來獲取斜率的一部分，並在每次迭代時從 x 值中減去它；較大的斜率會導致較大的步伐，而較小的斜率會導致較小的步伐。經過足夠多次的迭代後，x 最終會到達（或夠接近）函數的最低點，而此處的斜率是 0。

梯度下降和線性迴歸

您現在可能想知道，要如何把它用在線性迴歸上；好吧，除了「變數」是 m 和 b（或 β_0 和 β_1）而不是 x 之外，想法都是一樣的。原因如下：在簡單的線性迴歸中，我們已經知道 x 和 y 值，因為它們由訓練資料所提供。我們需要解的「變數」實際上是參數 m 和 b，因此可以找到最佳擬合線，然後接受 x 變數來預測新的 y 值。

但要如何計算 m 和 b 的斜率呢？需要它們的偏微分。要對什麼函數進行微分呢？請記住，我們正在努力最小化損失，也就是平方和，所以需要找到平方和函數對 m 和 b 的微分。

我實作了 m 和 b 的這兩個偏微分，如範例 5-9 所示。我們很快就會在 SymPy 中學習到如何做到這一點。然後我執行了梯度下降來找到 m 和 b：100,000 次迭代，學習率為 0.001 就足夠了。請注意，您讓學習率越小，它就越慢，您需要的迭代次數就越多；但如果您把它設定得太高，它會跑得很快，只是趨近值會很差。當有人說機器學習演算法是「學習」或「訓練」時，它實際上只是在擬合這樣的迴歸。

範例 5-9　為線性迴歸執行梯度下降

```
import pandas as pd

# 從 CSV 匯入資料點
points = list(pd.read_csv("https://bit.ly/2KF29Bd").itertuples())

# 建構模型
m = 0.0
b = 0.0

# 學習率
L = .001

# 迭代次數
iterations = 100_000

n = float(len(points))  # X 的元素數量

# 執行梯度下降
for i in range(iterations):

    # 對 m 的斜率
    D_m = sum(2 * p.x * ((m * p.x + b) - p.y) for p in points)

    # 對 b 的斜率
    D_b = sum(2 * ((m * p.x + b) - p.y) for p in points)

    # 更新 m 和 b
    m -= L * D_m
    b -= L * D_b

print("y = {0}x + {1}".format(m, b))
# y = 1.9393939393939548x + 4.733333333333227
```

嗯，還不錯！該趨近值很接近我們的閉合方程式解。但問題是什麼？只因為透過最小化平方和找到了「最佳擬合線」，並不意味著我們的線性迴歸有多好。最小化平方和是否保證可以得到一個很好的模型來進行預測？不完全是。現在我已經向您展示了如何擬合線性迴歸，讓我們退後一步，重新審視大局，並首先確定給定的線性迴歸是否會是進行預測的正確方法。但這樣做之前，我們先繞個路去展示一下 SymPy 的解決方案。

使用 SymPy 進行線性迴歸的梯度下降

如果您想要能求出平方和函數分別對 *m* 和 *b* 的微分的 SymPy 程式碼，可見範例 5-10。

範例 5-10　計算 m 和 b 的偏微分

```
from sympy import *

m, b, i, n = symbols('m b i n')
x, y = symbols('x y', cls=Function)

sum_of_squares = Sum((m*x(i) + b - y(i)) ** 2, (i, 0, n))

d_m = diff(sum_of_squares, m)
d_b = diff(sum_of_squares, b)
print(d_m)
print(d_b)

# 輸出
# Sum(2*(b + m*x(i) - y(i))*x(i), (i, 0, n))
# Sum(2*b + 2*m*x(i) - 2*y(i), (i, 0, n))
```

您會看到分別印出了 *m* 和 *b* 的兩個微分。請注意 `Sum()` 函數會對項目進行迭代，並把它們相加在一起（在本範例中是所有資料點），我們把 *x* 和 *y* 視為在索引 *i* 處查找給定點的值的函數。

用數學符號來表達時，$e(x)$ 表示平方和損失函數，以下是 *m* 和 *b* 的偏微分：

$$e(x) = \sum_{i=0}^{n} \left((mx_i + b) - y_i\right)^2$$

$$\frac{d}{dm}e(x) = \sum_{i=0}^{n} 2(b + mx_i - y_i)x_i$$

$$\frac{d}{db}e(x) = \sum_{i=0}^{n} (2b + 2mx_i - 2y_i)$$

如果要應用我們的資料集並使用梯度下降來執行線性迴歸，則必須執行一些額外的步驟，如範例 5-11 所示。我們需要替換 `n`、`x(i)` 和 `y(i)` 值、並為 `d_m` 和 `d_b` 微分函數迭代所有資料點。那應該會只剩下 `m` 和 `b` 變數，我們會使用梯度下降來搜尋最佳值。

範例 5-11　使用 *SymP* 來求解線性迴歸

```
import pandas as pd
from sympy import *

# 從 CSV 中匯入資料點
points = list(pd.read_csv("https://bit.ly/2KF29Bd").itertuples())

m, b, i, n = symbols('m b i n')
x, y = symbols('x y', cls=Function)

sum_of_squares = Sum((m*x(i) + b - y(i)) ** 2, (i, 0, n))

d_m = diff(sum_of_squares, m) \
    .subs(n, len(points) - 1).doit() \
    .replace(x, lambda i: points[i].x) \
    .replace(y, lambda i: points[i].y)

d_b = diff(sum_of_squares, b) \
    .subs(n, len(points) - 1).doit() \
    .replace(x, lambda i: points[i].x) \
    .replace(y, lambda i: points[i].y)

# 使用 lambdify 來編譯以加快計算
d_m = lambdify([m, b], d_m)
d_b = lambdify([m, b], d_b)

# 建構模型
m = 0.0
b = 0.0

# 學習率
L = .001

# 迭代次數
iterations = 100_000

# 執行梯度下降
for i in range(iterations):

    # 更新 m 和 b
    m -= d_m(m,b) * L
    b -= d_b(m,b) * L

print("y = {0}x + {1}".format(m, b))
# y = 1.939393939393954x + 4.733333333333231
```

如範例 5-11 所示，最好在兩個偏微分函數上呼叫 `lambdify()`，以把它們從 SymPy 轉換為優化後的 Python 函數。進行梯度下降時，這會導致計算執行得更快。產生的 Python 函數會由 NumPy、SciPy，或任何被 SymPy 偵測到的數值程式庫來提供支援；在那之後，就可以執行梯度下降。

最後，如果您對這個簡單的線性迴歸的損失函數感到好奇，範例 5-12 顯示了 SymPy 程式碼，它會把 `x`、`y` 和 `n` 值插入我們的損失函數中，然後再把 `m` 和 `b` 當作是輸入變數進行繪製。梯度下降演算法可以讓我們到達如圖 5-9 所示的損失地景的最低點。

範例 5-12　繪製線性迴歸的損失函數

```
from sympy import *
from sympy.plotting import plot3d
import pandas as pd

points = list(pd.read_csv("https://bit.ly/2KF29Bd").itertuples())
m, b, i, n = symbols('m b i n')
x, y = symbols('x y', cls=Function)

sum_of_squares = Sum((m*x(i) + b - y(i)) ** 2, (i, 0, n)) \
    .subs(n, len(points) - 1).doit() \
    .replace(x, lambda i: points[i].x) \
    .replace(y, lambda i: points[i].y)

plot3d(sum_of_squares)
```

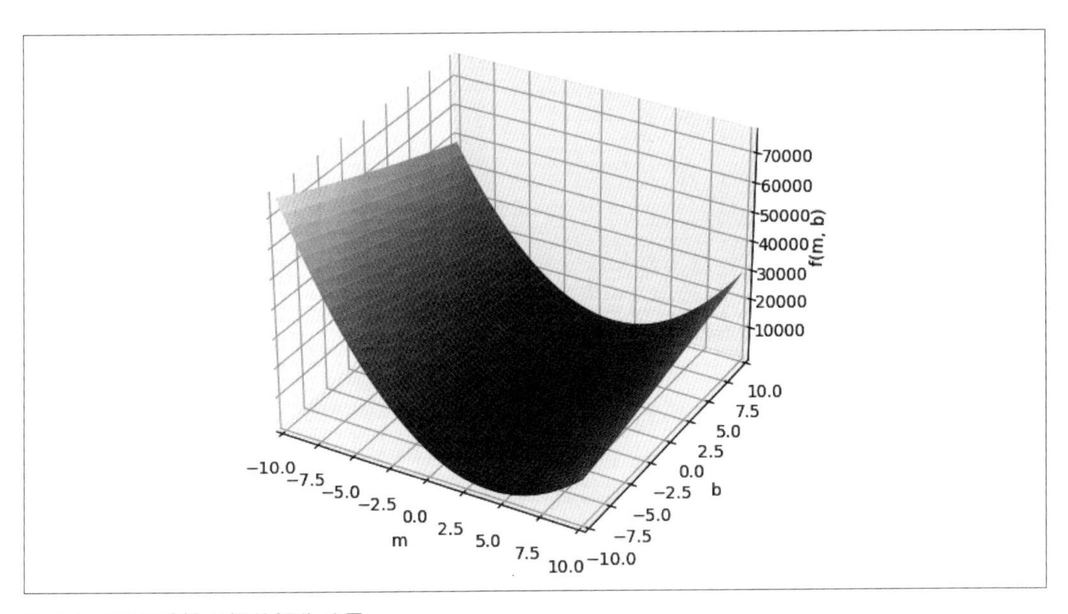

圖 5-9　簡單線性迴歸的損失地景

過度擬合和變異數

謎語：如果真的想最小化損失，例如把平方和減少到 0，要怎麼做？除了線性迴歸之外還有其他選擇嗎？您可能得到的一個結論是就去擬合一條可以觸及所有點的曲線。哎呀，為什麼不直接連接點和點之間的線段並用它來進行預測呢，如圖 5-10 所示？因為，這會讓損失為 0！

真是的，那為什麼還要經歷線性迴歸中的所有麻煩，而不直接這麼做呢？好吧，請記住，我們的總體目標並不是要最小化平方和，而是要對新資料做出準確的預測。這種連接點的模型嚴重地**過度擬合**（*overfit*），意味著它對訓練資料的迴歸過於精確，以至於它在新資料上預測不佳。這個簡單的連接點模型對離其他點較遠的異常值很敏感，這意味著它的預測會有很大的**變異數**（*variance*）。雖然此範例中的點相對地靠近一條線，但對於具有更多延展和異常值的其他資料集而言，這個問題會更嚴重。因為過度擬合會增加變異數，所以預測結果將遍布四處！

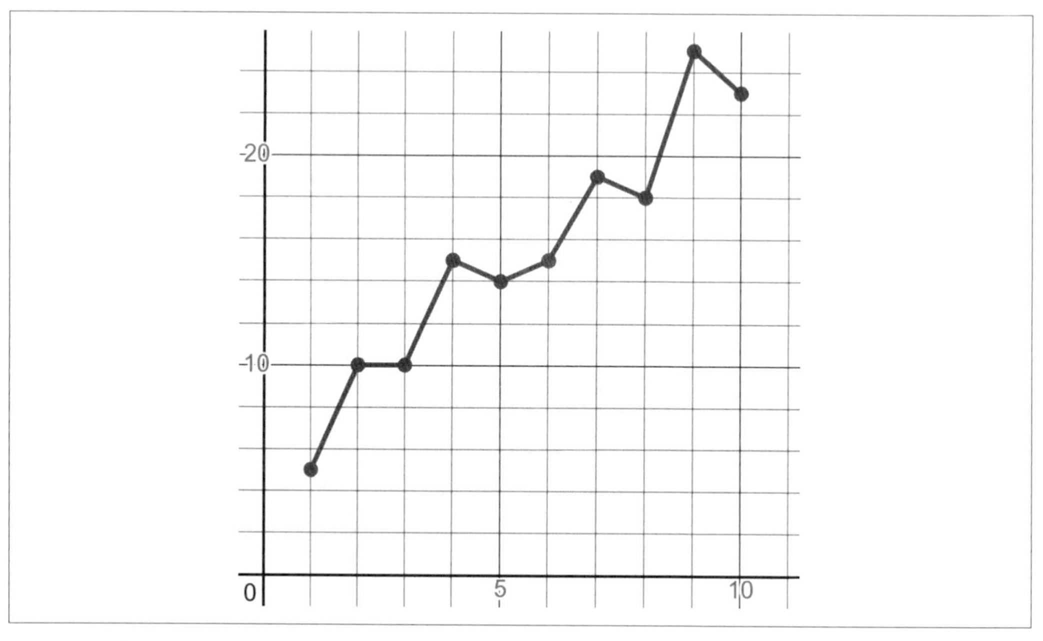

圖 5-10　透過簡單地連接點來執行迴歸，而導致零損失

過度擬合就是記憶

當您聽到有人說迴歸正在「記憶」資料而不是泛化資料時，他們是就在談論過度擬合。

如您所料，我們希望在模型中找到有效的泛化，而不是去記憶資料。否則，迴歸就只是用來查找值的資料庫罷了。

這就是為什麼，在機器學習中您會發現模型中有偏差出現，而線性迴歸可視作是一個高度偏差的模型。這和第 3 章中廣泛討論的資料偏差不同，**模型中的偏差**意味著我們優先考慮某一種方法（例如，保持直線），而不是根據資料的內容來進行擬合。有偏差的模型留下了一些迴旋餘地，希望能最大限度地減少新資料的損失以獲得更準的預測，而不是最大限度地減少訓練資料的損失。我想您可以說給模型添加偏差可以抵消過度擬合和**擬合不足**（*underfitting*），或者可以說是對訓練資料的擬合較少。

您可以想像，這是一種平衡行為，因為那是兩個相互矛盾的目標。在機器學習中，我們基本上是在說，「我想對我的資料進行迴歸擬合，但我不想擬合*太多*；我需要一些迴旋餘地來預測不同的新資料。」

套索和脊迴歸

線性迴歸的兩個比較流行的變體是套索（lasso）迴歸和脊（ridge）迴歸。脊迴歸以懲罰的形式為線性迴歸增加了進一步的偏差，因此導致它將資料擬合的較少。套索迴歸會嘗試邊緣化具有雜訊的變數，這在您想要自動刪除可能是不相關的變數時非常有用。

儘管如此，我們不能只對資料應用線性迴歸、再用它做一些預測、然後假設一切都會正常。即使具有直線的偏差，線性迴歸還是會過度擬合。因此，我們需要檢查和緩解過度擬合和擬合不足，以找到兩者之間的最佳點。也就是說，如果根本找不到，您就應該完全放棄該模型。

隨機梯度下降

在機器學習環境中，您不太可能像之前的方式，在實務中進行梯度下降，只能使用所有訓練資料來進行訓練（這稱為**批次梯度下降**（*batch gradient descent*））。在實務上，您更有可能執行**隨機梯度下降**（*stochastic gradient descent*），也就是在每次迭代中只會對資料集的一個樣本進行訓練。在**小批次梯度下降**（*mini-batch gradient descent*）中，每次迭代都只使用資料集的幾個樣本（例如，10 或 100 個資料點）。

為什麼要在每次迭代只使用部分資料呢？機器學習從業者列舉了一些好處。首先，它能明顯減少計算量，因為不用每次迭代都遍歷整個訓練資料集，而只需要遍歷其中一部分。第二個好處是它減少了過度擬合。在每次迭代中只把訓練演算法暴露給部分資料會不斷改變損失地景，因此它不會穩居在損失的最小值中。畢竟，最小化損失是導致過度擬合的原因，所以我們引入了一些隨機性來產生一點擬合不足（但希望不會太多）。

當然，趨近會變得較為鬆散，所以必須小心。這就是為什麼我們很快就會討論訓練 / 測試拆分以及其他度量，來評估線性迴歸可靠性。

範例 5-13 展示了如何在 Python 中執行隨機梯度下降。如果把樣本大小更改為大於 1，它會執行小批量梯度下降。

範例 *5-13*　為線性迴歸執行隨機梯度下降

```
import pandas as pd
import numpy as np

# 輸入資料
data = pd.read_csv('https://bit.ly/2KF29Bd', header=0)
X = data.iloc[:, 0].values
Y = data.iloc[:, 1].values

n = data.shape[0]  # 列

# 建構模型
m = 0.0
b = 0.0

sample_size = 1  # 樣本大小
L = .0001  # 學習率
epochs = 1_000_000  # 執行梯度下降之迭代次數

# 執行隨機梯度下降
for i in range(epochs):
    idx = np.random.choice(n, sample_size, replace=False)
```

```
        x_sample = X[idx]
        y_sample = Y[idx]

        # Y 目前的預測值
        Y_pred = m * x_sample + b

        # 損失函數的 d/dm 微分
        D_m = (-2 / sample_size) * sum(x_sample * (y_sample - Y_pred))

        # 損失函數的 d/db 微分
        D_b = (-2 / sample_size) * sum(y_sample - Y_pred)
        m = m - L * D_m  # 更新 m
        b = b - L * D_b  # 更新 b

        # 印出進度
        if i % 10000 == 0:
            print(i, m, b)

    print("y = {0}x + {1}".format(m, b))
```

執行這個程式時，得到了 $y = 1.9382830354181135x + 4.753408787648379$ 的線性迴歸結果。顯然，您的結果會有所不同，並且由於隨機梯度下降，實際上不會收斂到特定的最小值，而是最終出現在更廣泛的鄰近區域中。

隨機性不好嗎？

如果每次執行一段程式碼都會得到不同的答案，而這種隨機性會讓您感到不舒服，歡迎來到機器學習、優化和隨機演算法的世界！許多進行趨近的演算法都是基於隨機的，雖然有些演算法非常有用，但其他有些演算法可能會很草率並且效能很差，正如您所預料的那樣。

許多人將機器學習和人工智慧視為提供客觀和準確答案的工具，但事實並非如此。機器學習會產生具有一定程度不確定性的趨近值，通常在生產過程中就沒有真實值（ground truth）。如果不知道它是如何運作的，只濫用機器學習，而且不去承認它的不確定性和趨近性，是不負責任的。

雖然隨機性可以創造一些強大的工具，但它也可能被濫用。請注意不要使用種子值和隨機性來 p-hack 一個「好」的結果，而是要努力分析您的資料和模型。

相關係數

看看圖 5-11 中的散布圖以及它的線性迴歸。為什麼這裡的線性迴歸無法運作良好呢？

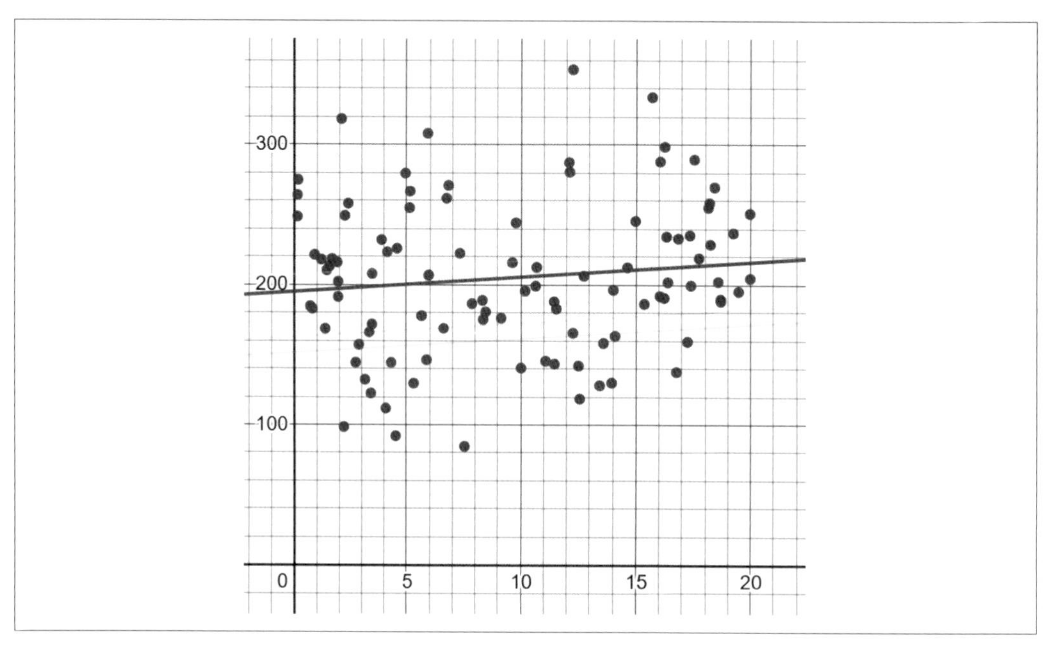

圖 5-11　具有高變異數的資料散布圖

這裡的問題是資料具有高變異數。如果資料非常分散，則會把變異數推高到讓預測變得不那麼準確和有用的點，從而導致較大的殘差。當然也可以導入更為偏差的模型，例如線性迴歸，以不輕易地彎曲和回應變異數。然而，擬合不足也會破壞我們的預測，因為資料是如此的分散。我們需要用數字來衡量預測有多「偏離」。

但要如何總體性的衡量這些殘差呢？您要如何了解資料的變異數有多嚴重？讓我向您介紹一下**相關係數**（*correlation coefficient*），也稱為 *Pearson* **相關性**（*Pearson correlation*），它會把兩個變數之間的關係強度衡量成介於 –1 和 1 之間的值。接近 0 的相關係數指出沒有相關性，接近 1 的相關係數代表強烈的**正相關**（*positive correlation*），意味著當一個變數增加時，另一個變數也會按比例增加。如果它更接近 –1，則表示強烈的**負相關**（*negative correlation*），意味著隨著一個變數的增加，另一個變數會按比例減少。

請注意，相關係數通常表示為 *r*。圖 5-11 中那些高度分散資料的相關係數為 0.1201，由於它更接近 0 而不是 1，由此可以推斷資料間幾乎沒有相關性。

圖 5-12 中有其他 4 個散布圖，顯示它們的相關係數。請注意，沿著線的點越多，相關性就越強；更多分散的點會導致更弱的相關性。

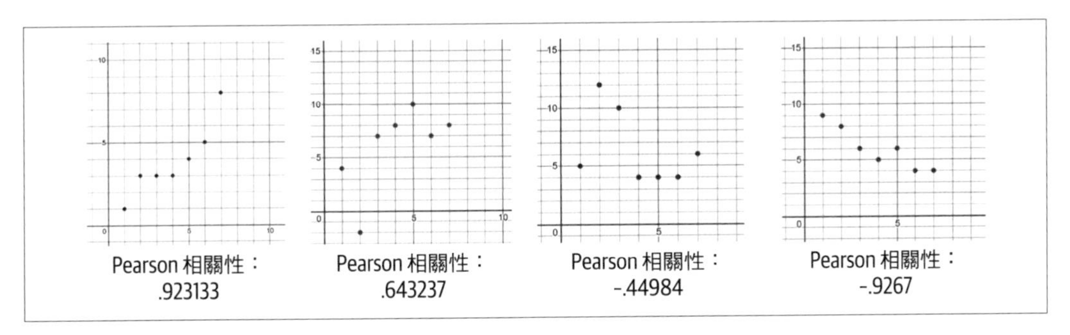

圖 5-12　4 個散布圖的相關係數

由此可知，相關係數對於查看兩個變數之間是否存在可能的關係很有用。如果存在很強的正負關係，它在線性迴歸中很有用；如果沒有關係，它們可能只會增加雜訊並損害模型的準確性。

如何使用 Python 來計算相關係數呢？可以利用之前用過的簡單 10 點資料集（*https://bit.ly/2KF29Bd*）。分析所有變數配對的相關性的一種快速簡便的方法，是使用 Pandas 的 `corr()` 函數。這樣可以很容易地看到資料集中每對變數之間的相關係數，而在目前這個案例下只有 x 和 y，這稱為**相關矩陣**（*correlation matrix*），請看範例 5-14。

範例 5-14　使用 *Pandas* 來查看每對變數之間的相關係數

```
import pandas as pd

# 讀入資料到 Pandas dataframe
df = pd.read_csv('https://bit.ly/2KF29Bd', delimiter=",")

# 印出變數間的相關性
correlations = df.corr(method='pearson')
print(correlations)

# 輸出：
#           x         y
# x  1.000000  0.957586
# y  0.957586  1.000000
```

如您所見，x 和 y 之間的相關係數 0.957586 指出兩個變數之間存在強烈正相關。您可以忽略矩陣中 x 或 y 被設定成自己而且值為 1.0 的部分。顯然的，當 x 或 y 被設定為自己時，相關性將會是完美的 1.0，因為這些值和自己是完全匹配的。當您有兩個以上的變數時，相關矩陣將顯示出更大的網格，因為要配對和比較的變數更多了。

如果您更改程式碼以使用具有大變異數的不同資料集，也就是其中的資料很分散時，您將會看到相關係數降低。這再次指出了較弱的相關性。

計算相關係數

對於那些在數學上要如何計算相關係數感到好奇的人，以下是它的公式：

$$r = \frac{n\Sigma xy - (\Sigma x)(\Sigma y)}{\sqrt{n\Sigma x^2 - (\Sigma x^2)}\sqrt{n\Sigma y^2 - (\Sigma y^2)}}$$

如果您想看到這個公式在 Python 中的完全實作，我喜歡使用單行 for 迴圈來進行這些加總。範例 5-15 顯示了在 Python 中從頭開始實作相關係數。

範例 5-15　在 Python 中從頭開始計算相關係數

```
import pandas as pd
from math import sqrt

# 從 CSV 中匯入資料點
points = list(pd.read_csv("https://bit.ly/2KF29Bd").itertuples())
n = len(points)

numerator = n * sum(p.x * p.y for p in points) - \
            sum(p.x for p in points) * sum(p.y for p in points)

denominator = sqrt(n*sum(p.x**2 for p in points) - sum(p.x for p in points)**2)
\
              * sqrt(n*sum(p.y**2 for p in points) - sum(p.y for p in
points)**2)

corr = numerator / denominator

print(corr)

# 輸出：
# 0.9575860952087218
```

統計顯著性

以下是必須考慮的線性迴歸另一個面向：我的資料相關性會是巧合嗎？在第 3 章中，我們研究了假說檢驗和 p 值，這裡會用線性迴歸來擴展這些想法。

> **statsmodel 程式庫**
>
> 雖然本書不會介紹另一個程式庫，但值得一提的是，如果您想做統計分析的話，statsmodel（*https://oreil.ly/8oEHo*）會對您有所幫助。
>
> Scikit-learn 和其他機器學習程式庫並不提供統計顯著性和信賴區間的工具，原因我們將在另一個邊欄中討論。我們會自己編寫這些技術的程式碼。但還是要知道有這個程式庫存在，而且值得一試！

讓我們從一個基本問題開始：我是否可能隨機而在資料中看到線性關係？要如何 95% 確定這兩個變數之間的相關性是顯著的而不是巧合？如果這聽起來很像是第 3 章中的假說檢定，那是因為它就是！我們不僅需要表達相關係數，還需要量化相關係數並不是偶然出現的信心。

我們不用像第 3 章中對藥物測試範例所做的那樣來估計平均值，而是基於樣本來估計母體相關係數。希臘符號 ρ（Rho）可用來表達母體相關係數，樣本相關係數是則用 r 來表達。就像第 3 章一樣，會有一個虛無假說 H_0 和對立假說 H_1：

$H_0: \rho = 0$ (暗示著沒有關係)
$H_1: \rho \neq 0$ (存在著關係)

虛無假說 H_0 是說兩個變數之間沒有關係，或者更技術性的講法是，相關係數為 0。對立假說 H_1 是說兩者間有關係，可以是正相關，也可以是負相關。這就是為什麼要把對立假說定義為 $\rho \neq 0$ 以支援正相關和負相關。

回到 10 個點的資料集，如圖 5-13 所示，偶然地看到這些資料點的可能性有多大？而它們又碰巧產生了看起來像是線性關係的東西？

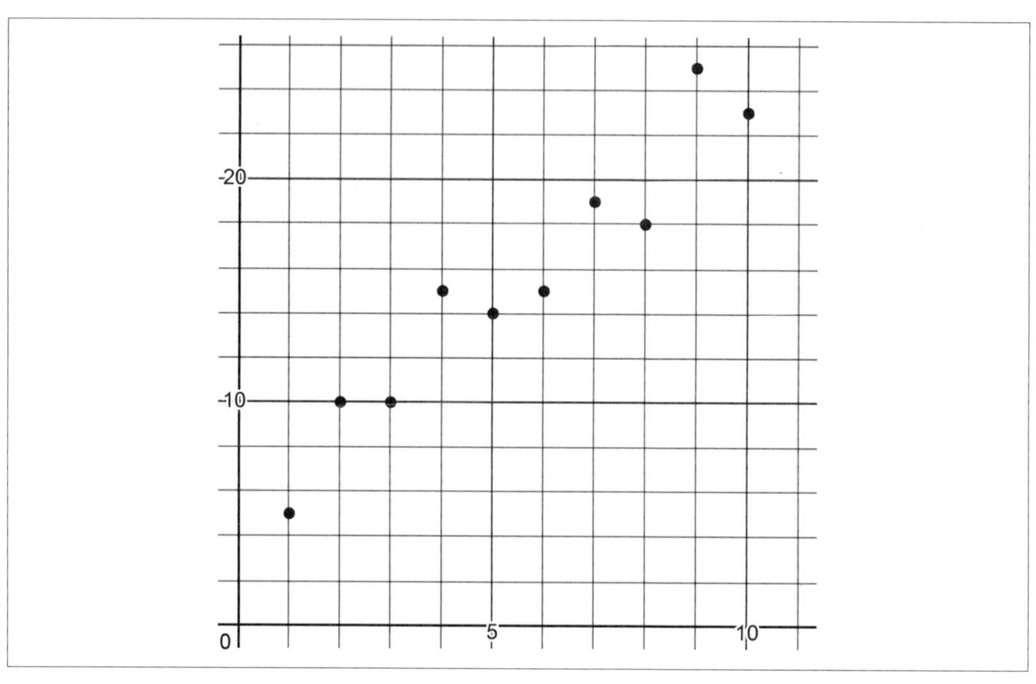

圖 5-13　隨機看到這些似乎具有線性相關性的資料可能性有多大？

範例 5-14 中已經計算該資料集的相關係數，也就是 0.957586，這是一個無庸置疑且而引人注目的正相關，但同樣需要評估這是否只是偶然間的運氣。讓我們使用雙尾檢定以 95% 的信賴度（confidence）來進行假說檢定，探索這兩個變數之間是否存在著關係。

第 3 章曾討論 T 分布，它有更粗的尾巴來捕捉更多的變異數和不確定性，所以這裡使用 T 分布而不是常態分布來進行線性迴歸的假說檢定。首先，繪製一個具有 95% 臨界值範圍的 T 分布，如圖 5-14 所示，考慮樣本中有 10 筆紀錄的事實，因此得到 9 個自由度（10 − 1 = 9）。

臨界值約為 ±2.262，如範例 5-16 所示，可以在 Python 中對此進行計算，得出 T 分布中心面積的 95%。

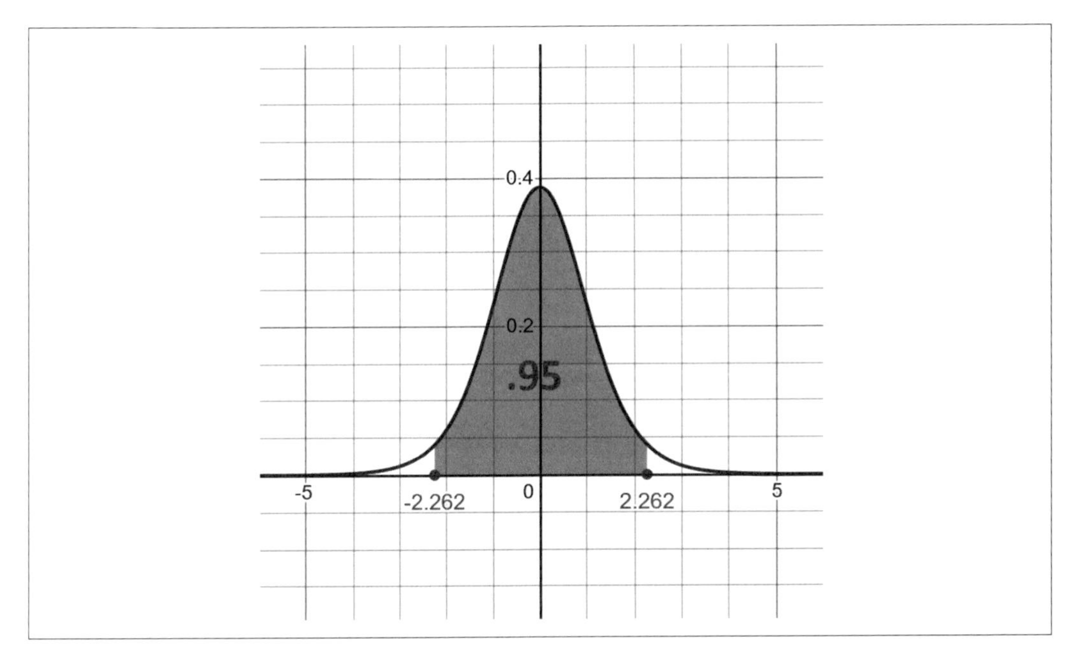

圖 5-14 具有 9 個自由度的 T 分布，因為有 10 筆紀錄，而我們減掉 1

範例 5-16 從 T 分布計算臨界值

```
from scipy.stats import t

n = 10
lower_cv = t(n-1).ppf(.025)
upper_cv = t(n-1).ppf(.975)

print(lower_cv, upper_cv)
# -2.262157162740992 2.2621571627409915
```

如果檢定值恰好落在（−2.262, 2.262）的範圍之外，就可以駁回虛無假說。要計算檢定值 t，我們需要使用以下公式；同樣的，r 是相關係數，n 是樣本量：

$$t = \frac{r}{\sqrt{\frac{1-r^2}{n-2}}}$$

$$t = \frac{.957586}{\sqrt{\frac{1-.957586^2}{10-2}}} = 9.339956$$

如範例 5-17 所示，用 Python 完成整個檢定。如果檢定值落在 95% 信賴度的臨界範圍之外，就表示這裡的相關性並不是偶然的。

範例 *5-17* 檢定看似線性資料的顯著性

```
from scipy.stats import t
from math import sqrt

# 樣本大小
n = 10

lower_cv = t(n-1).ppf(.025)
upper_cv = t(n-1).ppf(.975)

# 相關係數
# 推導自資料 https://bit.ly/2KF29Bd
r = 0.957586

# 執行檢定
test_value = r / sqrt((1-r**2) / (n-2))

print("TEST VALUE: {}".format(test_value))
print("CRITICAL RANGE: {}, {}".format(lower_cv, upper_cv))

if test_value < lower_cv or test_value > upper_cv:
    print("CORRELATION PROVEN, REJECT H0")
else:
    print("CORRELATION NOT PROVEN, FAILED TO REJECT H0 ")

# 計算 p 值
if test_value > 0:
    p_value = 1.0 - t(n-1).cdf(test_value)
else:
    p_value = t(n-1).cdf(test_value)

# 雙尾，因此乘以 2
p_value = p_value * 2
print("P-VALUE: {}".format(p_value))
```

這裡的檢定值約為 9.39956，絕對超出（−2.262, 2.262）的範圍，因此可以駁回虛無假說，並說相關性是真實存在的，因為 p 值非常顯著：0.000005976，遠低於我們的 0.05 閾值，因此這實際上並非巧合：有相關性存在。p 值會如此之小是有道理的，因為這些點非常類似於一條線，它們不太可能會隨機的排列在如此接近一條線的附近。

圖 5-15 顯示了其他一些資料集以及它們的相關係數和 p 值。若對它們一一分析，哪一個可能對預測最有用？其他的有什麼問題？

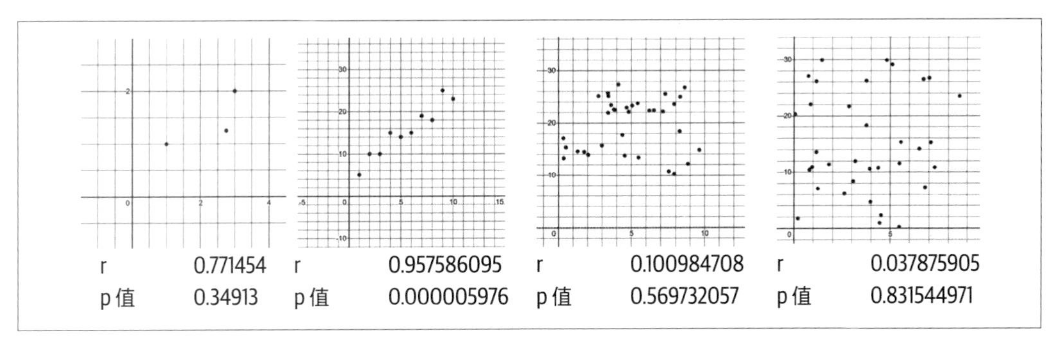

圖 5-15　不同的資料集及其相關係數和 p 值

在完成對圖 5-15 中的資料集分析後，讓我們來看看結果。最左圖具有很高的正相關性，但它只有三個點。缺乏資料把 p 值顯著地推高至 0.34913，並增加了資料偶然發生的可能性。這是有道理的，因為只有三個資料點可能會看到線性樣式，但這並不會比那條就只是把兩個點連接起來的線好多少。這帶來了一個重要規則：擁有更多資料會降低您的 p 值，尤其是當資料傾向於一條線時。

左二圖就是剛剛介紹的。它只有 10 個資料點，但形成一個很好的線性樣式，不但有很強的正相關性，而且 p 值極低。當 p 值如此低時，表示您正在測量一個經過精心設計和嚴格控制的過程，而不是社會學或自然的東西。

圖 5-15 中右側的兩個影像無法識別出線性關係。它們的相關係數接近 0，指出沒有相關性，並且 p 值不出所料地指出隨機性發揮了作用。

規則如下：您擁有的那些類似於一條線的資料越多，相關性的 p 值就會越顯著；資料越分散或稀疏時，p 值就會增加得越多，因而指出相關性是隨機發生的。

決定係數

讓我們來學習一個您會在統計和機器學習迴歸中看到很多次的重要度量。**決定係數**（*Coefficient of Determination*），也稱為 r^2，這可以衡量一個變數的變化能如何解釋另一個變數。它也是相關係數 r 的平方。當 r 接近完美相關（−1 或 1）時，r^2 會接近 1。從本質上講，r^2 顯示了兩個變數交互作用的程度。

同樣是圖 5-13 的資料。範例 5-18 中使用之前計算相關係數的 dataframe 程式碼，再簡單地把它平方，讓每個相關係數乘上本身。

範例 *5-18*　在 *Pandas* 中建立相關矩陣

```
import pandas as pd

# 讀入資料到 Pandas dataframe
df = pd.read_csv('https://bit.ly/2KF29Bd', delimiter=",")

# 印出變數間之相關性
coeff_determination = df.corr(method='pearson') ** 2
print(coeff_determination)

# 輸出：
#           x         y
# x  1.000000  0.916971
# y  0.916971  1.000000
```

0.916971 的決定係數可解釋為有 91.6971% 的 x 變化是由 y 來解釋（反之亦然），其餘的 8.3029% 是由其他抓不到的變數所引起的雜訊；0.916971 是一個很好的決定係數，指出 x 和 y 可以解釋彼此的變異數。但剩下的 0.083029 代表可能還有其他的變數在發揮作用。請記住，相關性不等於因果關係，因此可能還有其他變數促成目前所看到的關係。

相關性不是因果關係！

重點來了，雖然我們非常強調測量相關性並圍繞它建立了度量，但請記住，相關性並不是因果關係！您可能以前聽過這個口頭禪，但我想詳細說明為什麼統計學家會這麼說。

只因為我們看到 x 和 y 之間的相關性，並不意味著 x 會導致 y；實際上也可能是 y 導致了 x！或者也許有第三個沒抓到的變數 z 導致 x 和 y。有可能 x 和 y 根本不會互相影響，相關性只是巧合而已，這就是為什麼測量統計顯著性十分重要。

現在我有一個更緊迫的問題。電腦能辨別相關性和因果性嗎？答案是響亮的「不！」電腦有相關性的概念，但沒有因果關係的概念。假設我把一個資料集載入到 scikit-learn 中，其中顯示了消耗的水加侖數和我的水費帳單。我的電腦或任何包括 scikit-learn 在內的程式都不會知道是用水量多導致帳單暴增；還是暴增的帳單導致更多的用水量。人工智慧系統可能會很輕易地得出後者這個結論，儘管那很荒謬。這就是為什麼許多機器學習專案需要人力介入以注入常識的原因。

在電腦視覺中，這件事也會發生。電腦視覺通常使用數值像素的迴歸來預測類別。如果我訓練電腦視覺系統以乳牛圖片來辨識乳牛，它可能會輕易地和田野而不是乳牛建立關聯。因此，如果我展示一張空的田野的圖片，它會將草地標記為乳牛！這又是因為電腦沒有因果關係的概念（乳牛的形狀應該才導致「牛」這個標籤），而是迷失在我們不感興趣的相關性中。

估計標準誤差

衡量線性迴歸總體誤差的一種方法是 *SSE*，也就是**平方誤差和**（*sum of squared error*）。之前已經學過，也就是把每個殘差進行平方並把它們相加。如果 $\hat{y}$（發音為 y-hat）是來自該直線的每個預測值，而且 y 表示來自資料的每個實際 y 值，則計算如下：

$$SSE = \sum (y - \hat{y})^2$$

但是，這些平方值都很難解讀，因此我們使用一些平方根邏輯來把事物縮放回其原始單位。我們還會對它們進行平均，這就是**估計標準誤差**（*standard error of the estimate*）(S_e) 所做的事。如果 *n* 是資料點的數量，範例 5-19 顯示如何在 Python 中計算標準誤差 S_e。

$$S_e = \sqrt{\frac{\Sigma(y - \hat{y})^2}{n - 2}}$$

以下是在 Python 中計算它的方式：

範例 *5-19* 計算估計標準誤差

```
import pandas as pd
from math import sqrt

# 載入資料
points = list(pd.read_csv('https://bit.ly/2KF29Bd', delimiter=",").itertuples())

n = len(points)

# 迴歸線
m = 1.939
b = 4.733

# 計算估計標準誤差
S_e = sqrt((sum((p.y - (m*p.x +b))**2 for p in points))/(n-2))

print(S_e)
# 1.87406793500129
```

為什麼是 $n - 2$，而不是像第 3 章中的許多變異數計算所用的 $n - 1$ 呢？不需要深入研究數學證明，這是因為線性迴歸有兩個變數，而不僅僅是一個，所以必須在自由度上再增加一個不確定性。

您會注意到估計標準誤差和第 3 章中研究的標準差非常相似，這並非偶然，因為它就是線性迴歸的標準差。

預測區間

如前所述，線性迴歸中的資料是來自母體樣本。因此，迴歸只會和樣本一樣好。線性迴歸線也有一個沿著它的常態分布。實際上；這使得每個預測的 y 值就像平均值一樣成為樣本統計量。事實上，「平均值」正在沿著線移動。

還記得第 2 章中談到變異數和標準差的統計嗎？這些概念也適用於此。透過線性迴歸，我們希望資料以線性方式遵循常態分布。迴歸線作為鐘形曲線的移動「平均值」，而資料在迴歸線周圍的分布反映了變異數／標準差，如圖 5-16 所示。

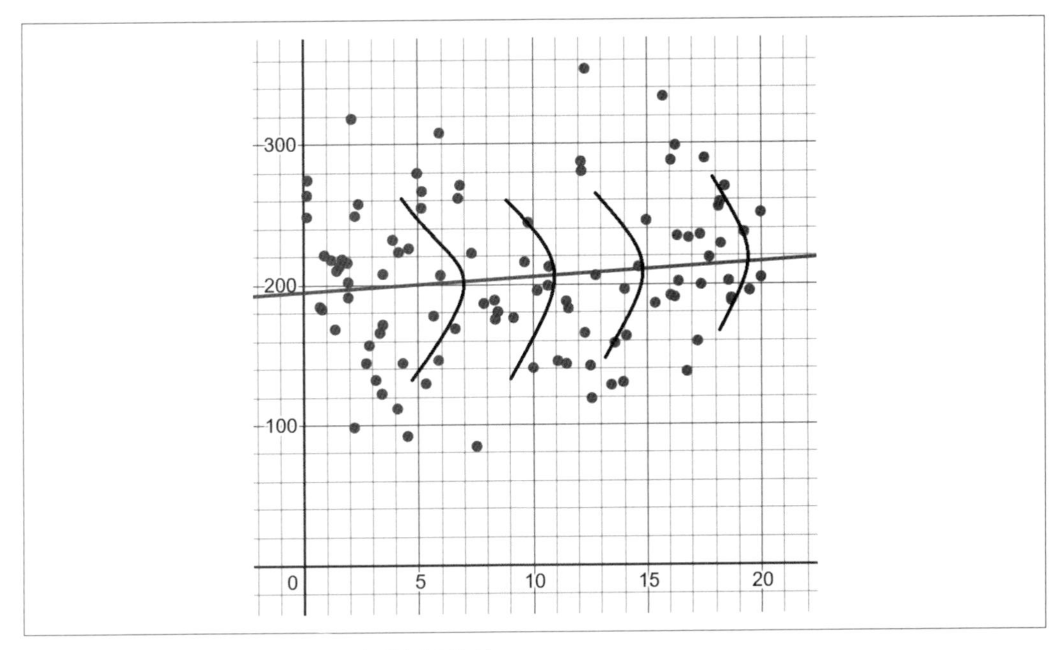

圖 5-16　線性迴歸假設常態分布會遵循這條線

有一個遵循線性迴歸線的常態分布時，不會只有一個變數，而是有第二個變數來控制分布。每個 y 預測結果都有一個信賴區間，這稱為**預測區間**（*prediction interval*）。

回顧一下之前的獸醫範例，我們用此估計狗的年齡和看獸醫的次數。我想知道 8.5 歲狗在 95% 信賴度下的獸醫訪問次數的預測區間，這個預測區間的樣子如圖 5-17 所示。有 95% 的信心認為，一隻 8.5 歲的狗會接受 16.462 到 25.966 次的獸醫檢查。

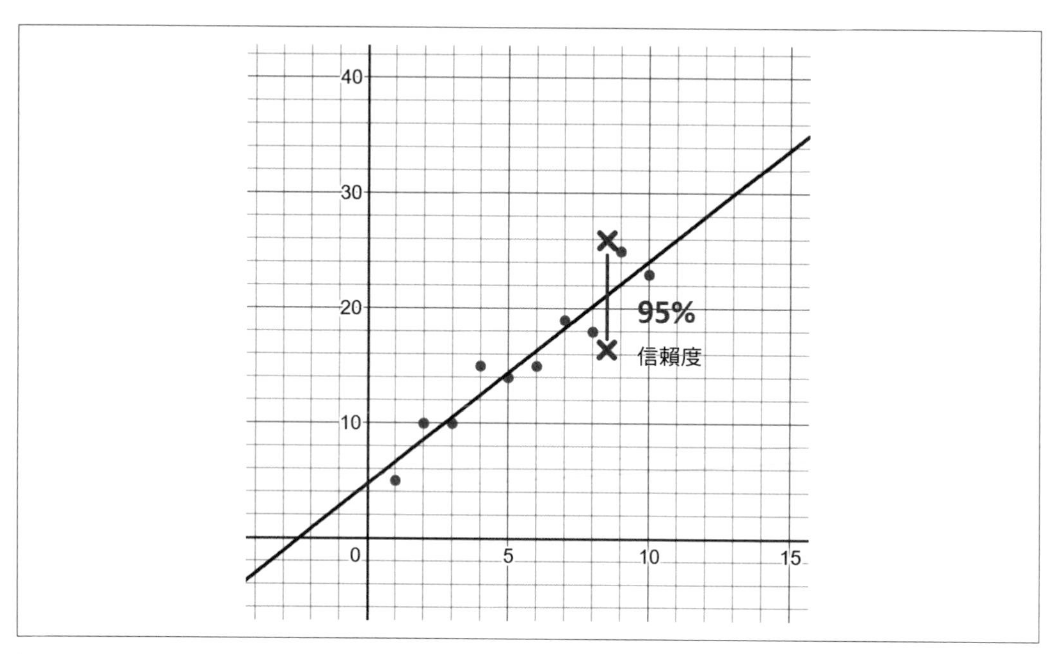

圖 5-17　8.5 歲狗的預測區間，信賴度為 95%

但要如何計算呢？我們需要得到誤差邊際（margin of error），並在預測的 y 值周圍加 / 減它。這是一個可怕的方程式，它涉及了 T 分布的臨界值以及估計標準誤差，如下：

$$E = t_{.025} * S_e * \sqrt{1 + \frac{1}{n} + \frac{n(x_0 + \bar{x})^2}{n(\Sigma x^2) - (\Sigma x)^2}}$$

令人感興趣的 x 值由 x_0 表示，在本案例中為 8.5。下面是在 Python 中解決這個問題的方法，如範例 5-20 所示。

範例 5-20　計算 8.5 歲狗的獸醫訪問次數預測區間

```
import pandas as pd
from scipy.stats import t
from math import sqrt

# 載入資料
points = list(pd.read_csv('https://bit.ly/2KF29Bd', delimiter=",").itertuples())

n = len(points)

# 線性迴歸線
```

```
m = 1.939
b = 4.733

# 計算 x = 8.5 的預測區間
x_0 = 8.5
x_mean = sum(p.x for p in points) / len(points)

t_value = t(n - 2).ppf(.975)

standard_error = sqrt(sum((p.y - (m * p.x + b)) ** 2 for p in points) / (n - 2))

margin_of_error = t_value * standard_error * \
                  sqrt(1 + (1 / n) + (n * (x_0 - x_mean) ** 2) / \
                       (n * sum(p.x ** 2 for p in points) - \
                            sum(p.x for p in points) ** 2))

predicted_y = m*x_0 + b

# 計算預測區間
print(predicted_y - margin_of_error, predicted_y + margin_of_error)
# 16.462516875955465 25.966483124044537
```

喔，不！這要很大的計算量，不幸的是，SciPy 和其他主流資料科學程式庫並不會這樣做，但如果您傾向於統計分析，這是非常有用的資訊。我們不但基於線性迴歸來建立預測（例如，一隻 8.5 歲的狗將有 21.2145 次的獸醫訪問），而且實際上還能夠說一些沒那麼絕對的東西：一隻 8.5 歲的狗拜訪獸醫的次數有 95% 的機率會落在 16.46 至 25.96 次之間。太棒了，對吧？而且這是一個更安全的聲明，因為它得出的是一個範圍而不是單一值，因此可以解釋不確定性。

參數的信賴區間

當您考慮它時，線性迴歸線本身就是一個樣本統計量，並且我們試圖推斷的整個母體都有一條線性迴歸線。這意味著像 m 和 b 這樣的參數都有自己的分布，可以分別對 m 和 b 周圍的信賴區間進行建模，以反映母體的斜率和 y 截距。這超出本書範圍，但值得注意的是，這種類型的分析是可以進行的。

您可以找到從頭開始進行這些計算的資源，但使用 Excel 的迴歸工具或 Python 程式庫可能會更容易。

訓練 / 測試拆分

不幸的是，我剛才對相關係數、統計顯著性和決定係數所做的分析並不總是由從業者來完成。有時，他們處理的資料太多，導致他們沒有時間或技術能力來做這件事。例如，一張 128×128 像素的影像至少有 16,384 個變數。您有時間對每個像素變數進行統計分析嗎？可能沒有！不幸的是，有許多資料科學家因此根本不學習這些統計度量。

在一個不算大的線上論壇（*http://disq.us/p/1jas3zg*）上，我曾經讀過一篇文章說統計迴歸是一把手術刀，而機器學習則是一把電鋸。在處理大量資料和變數時，您無法用手術刀來篩選所有東西。您必須求助於電鋸，雖然失去了可解釋性和精確性，但至少可以進行擴展以對更多資料做出更廣泛的預測。話雖如此，採樣偏差和過度擬合等統計問題並沒有消失，但是有一些方法可以用來進行快速驗證。

為什麼 *scikit-learn* 中沒有信賴區間和 p 值？

Scikit-learn 不支援信賴區間和 p 值，是因為這兩種技術對於高維度資料來說是開放的問題，只強調了統計學家和機器學習從業者之間的差距。作為 scikit-learn 的維護者之一，Gael Varoquaux 說：「一般來說，計算正確的 p 值需要對資料進行假設，而這些假設無法被機器學習中所使用的資料所滿足（沒有多重共線性，與維度相比有足夠的資料）…… p 值是需要仔細檢查的東西（它們是醫學研究的守衛）。實作只是自找麻煩……我們只能在非常狹窄的設定 [變數很少] 中給出 p 值。」

如果您想深入這個兔子洞，GitHub 上有一些有趣的討論：

- *https://github.com/scikit-learn/scikit-learn/issues/6773*
- *https://github.com/scikit-learn/scikit-learn/issues/16802*

如前所述，statsmodel（*https://oreil.ly/8oEHo*）是一個為統計分析提供有用工具的程式庫。要知道因為上述的原因，它可能無法擴展到更大維度的模型。

機器學習從業者用來減輕過度擬合的基本技術稱為**訓練 / 測試拆分**（*train/test split*），其中通常會把 1/3 的資料留給測試用，另外 2/3 用於訓練（也可以用其他的比例）。**訓練資料集**（*training dataset*）可用來擬合線性迴歸，而**測試資料集**（*testing dataset*）則用來衡量線性迴歸在以前從未見過的資料上的效能。該技術通常用於所有的監督式機器學習，包括邏輯迴歸和神經網路。

圖 5-18 視覺化了把資料分成 2/3 用於訓練和 1/3 用於測試的方法。

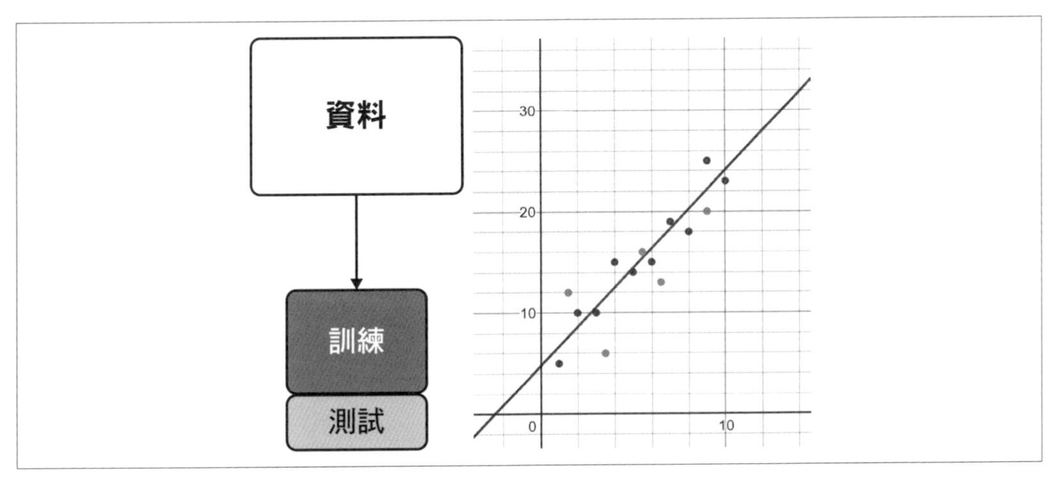

圖 5-18　拆分為訓練 / 測試資料——使用最小平方法來把線擬合到訓練資料（深藍色 / 印刷為深灰色），然後分析測試資料（淺紅色 / 印刷為淺灰色）以查看在之前未見過的資料上的預測偏差程度

這是一個小資料集

正如我們之後將學習，除了 2/3 和 1/3 之外，還有其他方法可以分割訓練 / 測試資料集。如果您的資料集這麼小，最好從 9/10 和 1/10 開始並進行交叉驗證（cross-validation），甚至用留一法（leave-one-out）交叉驗證。請參閱第 190 頁的「訓練 / 測試拆分必須以 1/3 為單位嗎？」。

範例 5-21 展示了如何使用 scikit-learn 來執行訓練 / 測試拆分，其中 1/3 的資料用於測試，另外 2/3 用於訓練。

訓練就是擬合迴歸

請記住，「擬合」迴歸是「訓練」的同義詞。只是後者使用於機器學習從業者使用。

範例 5-21　對線性迴歸進行訓練 / 測試拆分

```
import pandas as pd
from sklearn.linear_model import LinearRegression
from sklearn.model_selection import train_test_split
```

```
# 載入資料
df = pd.read_csv('https://bit.ly/3cIH97A', delimiter=",")

# 提取輸入行（所有列、除了最後一行之外的所有行）
X = df.values[:, :-1]

# 提取輸出行（所有列、最後一行）
Y = df.values[:, -1]

# 分離訓練和測試資料
# 這會留下三分之一的資料用於測試
X_train, X_test, Y_train, Y_test = train_test_split(X, Y, test_size=1/3)

model = LinearRegression()
model.fit(X_train, Y_train)
result = model.score(X_test, Y_test)
print("r^2: %.3f" % result)
```

請注意，`train_test_split()` 會接受資料集（X 和 Y 行）、先打亂、然後再根據測試資料集的大小，傳回訓練和測試資料集。使用 `LinearRegression` 的 `fit()` 函數來擬合訓練資料集 `X_train` 和 `Y_train`，在測試資料集 `X_test` 和 `Y_test` 上使用 `score()` 函數來評估 r^2，可以了解如何在它之前沒有看過的資料上執行迴歸。對於測試資料集來說，r^2 越高越好。具有更高的數字指出迴歸在之前從未見過的資料上表現良好。

使用 r 平方進行測試

請注意，這裡的 r^2 計算方式略有不同，因為我們從訓練中獲得了預定義的線性迴歸。比較測試資料和從訓練資料建構的迴歸線。目標仍然相同：想要接近 1.0，以指出即使是使用訓練資料時，迴歸的相關性還是很強，而接近 0.0 則指出測試資料集的表現不佳。以下是它的計算方法，其中 y_i 是每個實際的 y 值，$\widehat{y_i}$ 是每個預測的 y 值，$\bar{y}$ 是所有資料點的平均 y 值：

$$r^2 = 1 - \frac{\Sigma(y_i - \widehat{y_i})^2}{\Sigma(y_i - \bar{y})^2}$$

圖 5-19 顯示了來自不同線性迴歸的不同 r^2 值。

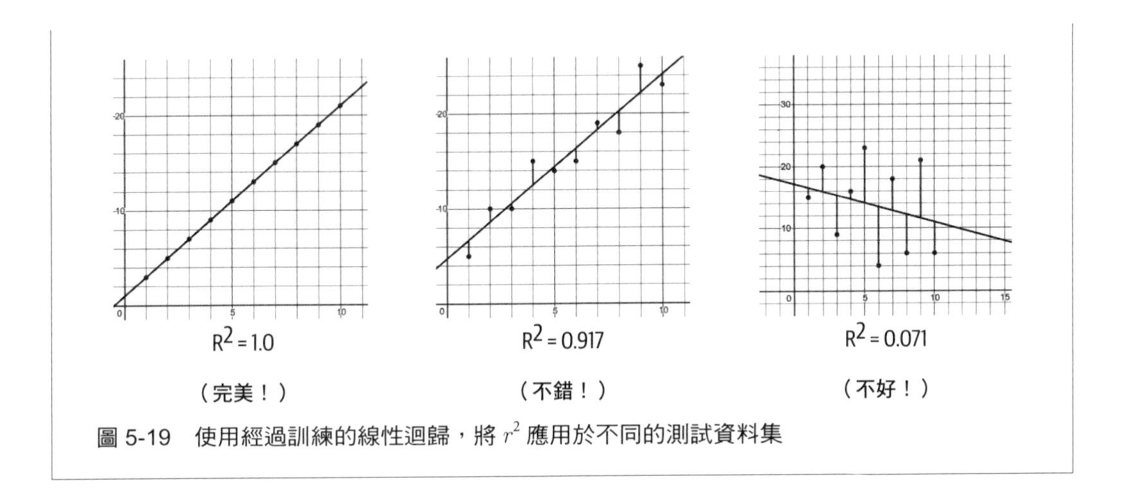

圖 5-19　使用經過訓練的線性迴歸，將 r^2 應用於不同的測試資料集

我們還可以交替使用每份 1/3 的資料作為測試資料集，即是交叉驗證（*cross-validation*），通常是公認的驗證技術黃金標準。圖 5-20 顯示了每 1/3 的資料如何輪流成為測試資料集。

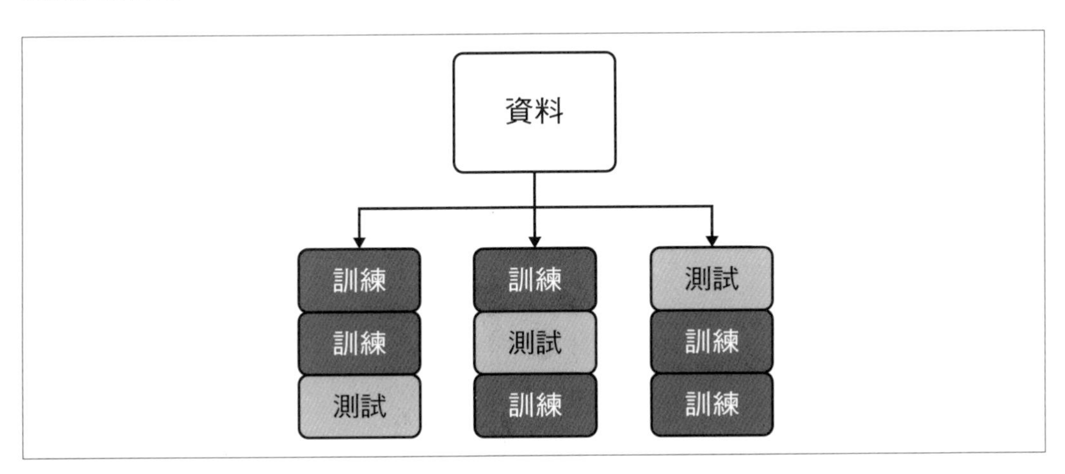

圖 5-20　三折交叉驗證的視覺化

範例 5-22 中的程式碼顯示了三折（three fold）交叉驗證，把評分度量（在本例中為均方和（mean sum of squares）[MSE]）和它的標準差一起平均，以顯示每個測試執行的一致性。

範例 *5-22*　使用三折交叉驗證進行線性迴歸

```
import pandas as pd
from sklearn.linear_model import LinearRegression
from sklearn.model_selection import KFold, cross_val_score

df = pd.read_csv('https://bit.ly/3cIH97A', delimiter=",")

# 提取輸入行（所有列、除了最後一行之外的所有行）
X = df.values[:, :-1]

# 提取輸出行（所有列、最後一行）
Y = df.values[:, -1]

# 執行簡單線性迴歸
kfold = KFold(n_splits=3, random_state=7, shuffle=True)
model = LinearRegression()
results = cross_val_score(model, X, Y, cv=kfold)
print(results)
print("MSE: mean=%.3f (stdev-%.3f)" % (results.mean(), results.std()))
```

訓練／測試拆分必須以 1/3 為單位嗎？

我們不必把資料折疊 1/3。您可以使用 *k* 折驗證（*k-fold validation*）來按任何比例進行拆分。通常，1/3、1/5 或 1/10 是用在測試資料的比例，但 1/3 是最常見的。

一般而言，您選擇的 k 必須導致測試資料集具有足夠大的樣本以解決問題。您還需要對測試資料集進行足夠的交替／混洗，以公平估計之前未見過的資料效能。中等大小的資料集可以使用 3、5 或 10 的 k 值。**留一法交叉驗證**（*leave-one-out cross-validation, LOOCV*）是把每個單獨的資料紀錄，交替作為測試資料集中的唯一樣本，這在整個資料集很小時會很有幫助。

當您擔心模型中的變異數時，您可以做一件事：使用**隨機折疊驗證**（*random-fold validation*）來無限次地反覆打亂以及訓練／測試拆分您的資料並彙總測試結果，而不是簡單的訓練／測試拆分或交叉驗證。在範例 5-23 中，有 10 次迭代，每次都會隨機採樣 1/3 的資料用於測試，另外 2/3 用於訓練。然後將這 10 個測試結果和它們的標準差一起平均，以查看測試資料集的執行一致性。

這有什麼問題呢？由於我們會多次地訓練迴歸，因此計算成本非常高。

範例 *5-23* 使用隨機折疊驗證進行線性迴歸

```
import pandas as pd
from sklearn.linear_model import LinearRegression
from sklearn.model_selection import cross_val_score, ShuffleSplit

df = pd.read_csv('https://bit.ly/38XwbeB', delimiter=",")

# 提取輸入行（所有列、除了最後一行之外的所有行）
X = df.values[:, :-1]

# 提取輸出行（所有列、最後一行）
Y = df.values[:, -1]

# 執行簡單線性迴歸
kfold = ShuffleSplit(n_splits=10, test_size=.33, random_state=7)
model = LinearRegression()
results = cross_val_score(model, X, Y, cv=kfold)

print(results)
print("mean=%.3f (stdev-%.3f)" % (results.mean(), results.std()))
```

因此，當時間緊迫或資料量太大而無法進行統計分析時，訓練 / 測試拆分將提供一種方法，來衡量線性迴歸對以前未見過的資料的執行情況。

訓練 / 測試拆分並不是保證

需要注意的是，應用分割訓練和測試資料這種機器學習的最佳實務，並不意味著模型就一定會表現良好。您可以輕易地過度調整您的模型並經由 p-hack 來獲得良好的測試結果，但結果卻發現它在現實世界中效果不佳。這就是為什麼有時需要保留另一個稱為驗證集（*validation set*）的資料集，尤其是在對不同的模型或配置進行比較時。這樣，您為了在測試資料上獲得更好的效能，而對訓練資料所做的調整資訊，就不會被洩漏到訓練中。您可以使用驗證資料集來作為最後的權宜之計，以查看 p-hacking 是否會導致過度擬合測試資料集。

即便如此，您的整個資料集（包括訓練、測試和驗證）可能一開始就存在著偏差，並且沒有任何拆分可以緩解這種情況。Andrew Ng 在與 DeepLearning.AI 和 Stanford HAI（*https://oreil.ly/x23SJ*）的問答中討論說這是機器學習的一個大問題，他舉一個例子來說明，為什麼機器學習無法取代放射科醫生。

複線性迴歸

本章的重點在對一個輸入變數和一個輸出變數進行線性迴歸。然而，在這裡所學到的概念應該在很大程度上適用於多變數線性迴歸，像是 r^2、標準差和信賴區間等指標都可以使用，但變數越多就越難。範例 5-24 使用了 scikit-learn 來進行線性迴歸，其中包含了兩個輸入變數和一個輸出變數。

範例 5-24　具有兩個輸入變數的線性迴歸

```
import pandas as pd
from sklearn.linear_model import LinearRegression

# 載入資料
df = pd.read_csv('https://bit.ly/2X1HWH7', delimiter=",")

# 提取輸入行（所有列、除了最後一行之外的所有行）
X = df.values[:, :-1]

# 提取輸出行（所有列、最後一行）
Y = df.values[:, -1]

# 訓練
fit = LinearRegression().fit(X, Y)

# 印出係數
print("Coefficients = {0}".format(fit.coef_))
print("Intercept = {0}".format(fit.intercept_))
print("z = {0} + {1}x + {2}y".format(fit.intercept_, fit.coef_[0], fit.coef_[1]))
```

當模型充斥如此多的變數，以至於開始失去可解釋性時，就會出現一定程度的不穩定，這就是機器學習實務開始出現並把模型視為黑箱的時候。我希望您確信統計上的重要想法並不會消失，並且您添加的變數越多，資料就會變得越來越稀疏。但是，如果能退後一步，並使用相關矩陣來分析每對變數之間的關係，再去了解每對變數是如何交互作用的，這將有助於建立一個高生產力的機器學習模型。

結論

我們在本章中介紹了很多內容，試圖更進一步了解線性迴歸，並把訓練／測試拆分作為唯一的驗證。我想向您同時展示手術刀（統計）和電鋸（機器學習），以便您判斷哪個比較適合您遇到的給定問題。僅僅是線性迴歸就有很多可用的度量和分析方法，我們介紹了其中的一些來了解線性迴歸對於預測是否可靠。您可能會發現自己可以把迴歸當作是廣義的趨近，或者是使用統計工具來仔細分析和梳理資料。要使用哪種方法要看情況而定，如果想了解更多有關 Python 可用的統計工具的資訊，請查看 statsmodel 程式庫（*https://oreil.ly/8oEHo*）。

在涉及邏輯迴歸的第 6 章中，我們將重新討論 r^2 和統計顯著性。我希望本章能讓您相信有一些方法可以有意義地分析資料，而這種投資可以使專案成功。

習題

這裡（*https://bit.ly/3C8JzrM*）提供了包含兩個變數 x 和 y 的資料集。

1. 執行簡單的線性迴歸以找到最小化損失（平方和）的 m 和 b 值。
2. 計算該資料的相關係數和統計顯著性（95% 信賴度）。相關性有用嗎？
3. 如果我想對 $x = 50$ 預測，y 預測值的 95% 預測區間是多少？
4. 重新開始迴歸並進行訓練／測試拆分。請隨意嘗試交叉驗證和隨機折疊驗證。線性迴歸在測試資料上是否表現良好且一致？是與否的理由分別為何？

答案在附錄 B 中。

第六章

邏輯迴歸和分類

在本章中，我們將介紹**邏輯迴歸**（*logistic regression*），這是一種在給定一個或多個自變數的情況下，預測結果機率的迴歸類型。這又可以用於**分類**（*classification*），也就是要預測類別，而不是像線性迴歸那樣去預測實數。

變數並不總是**連續的**（*continuous*），即使它可以表達無限數量的實數小數值。但在某些情況下，變數是**離散的**（*discrete*），也就是代表非負整數（whole number）、整數（integer）或布林值（boolean）（1/0，真／假）。邏輯迴歸是在離散的（二元的 1 或 0）或為類別數字（整數）的輸出變數上進行訓練，它確實會以機率形式輸出一個連續變數，但可以用閾值把它轉換為離散值。

邏輯迴歸很容易實作，並且對異常值和其他資料挑戰比較具有彈性。許多機器學習問題最好用邏輯迴歸來解決，會比其他類型的監督式機器學習提供更多的實用性和效能。

就像第 5 章中討論線性迴歸時，我們會嘗試行走在統計和機器學習之間的那條線，並使用來自這兩個學科的工具和分析。邏輯迴歸將會整合本書中學到的許多概念，從機率一直到線性迴歸。

了解邏輯迴歸

想像一下發生一起小型工業事故，而您正試圖了解化學品暴露的影響。您有 11 名接觸了該化學品不同時數的患者（請注意，這是捏造的資料），有一些人已出現症狀（其值為 1），而另一些則未出現症狀（其值為 0），讓我們把它們繪製在圖 6-1 中，其中 x 軸是暴露時數，y 軸是它們是否（1 或 0）出現症狀。

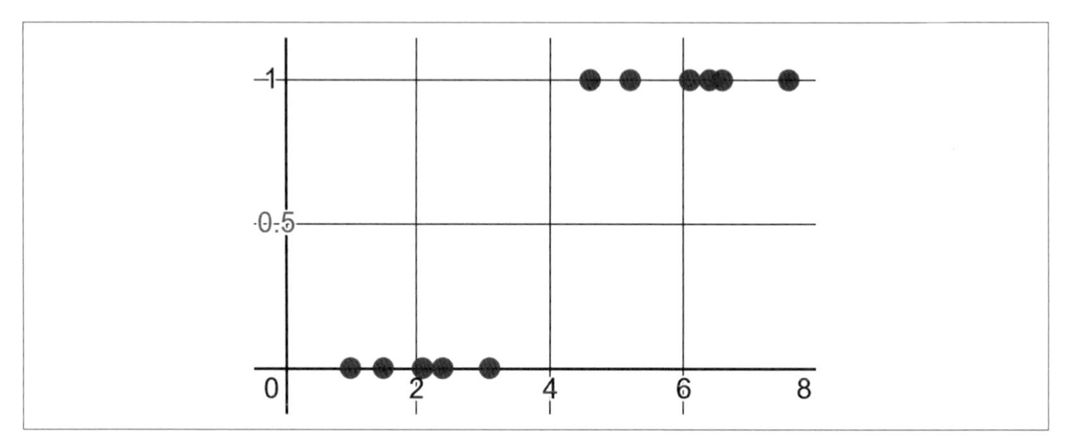

圖 6-1 繪製患者在暴露 x 小時後是否會出現症狀（1）或不出現症狀（0）

患者在多久之後會開始出現症狀？如上，很明顯是在接近 4 個小時左右，立即從沒有症狀（0）的患者過渡到出現症狀（1）；圖 6-2 是帶有預測曲線的相同資料。

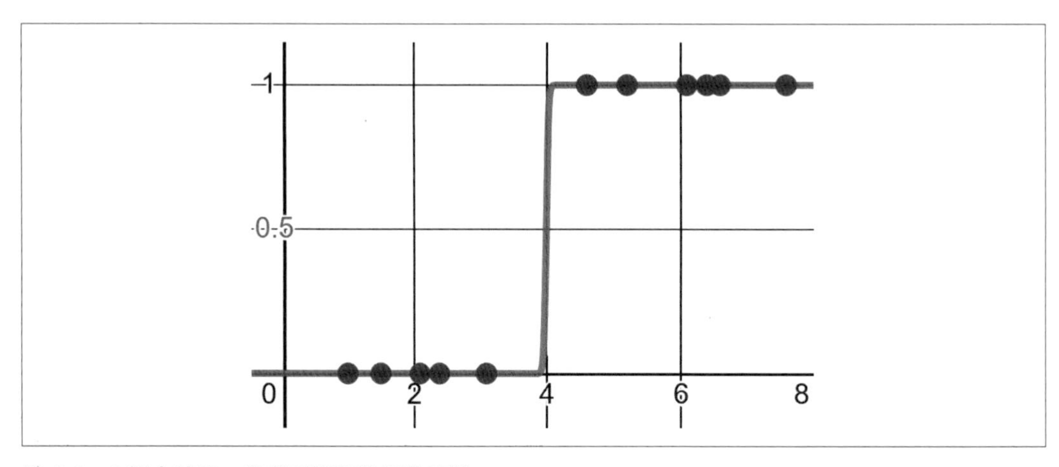

圖 6-2 4 個小時後，患者明顯開始出現症狀

粗略分析這個樣本，可以知道，暴露不到 4 小時的患者出現症狀的機率幾乎為 0%，但超過 4 小時後的機率為 100%。在這兩者之間，在大約 4 小時時會立即跳到出現症狀。

當然，在真實世界中，不可能如此明確。假設您蒐集更多資料，在資料涵蓋範圍的中間有症狀和沒有症狀的患者會混合出現，如圖 6-3 所示。

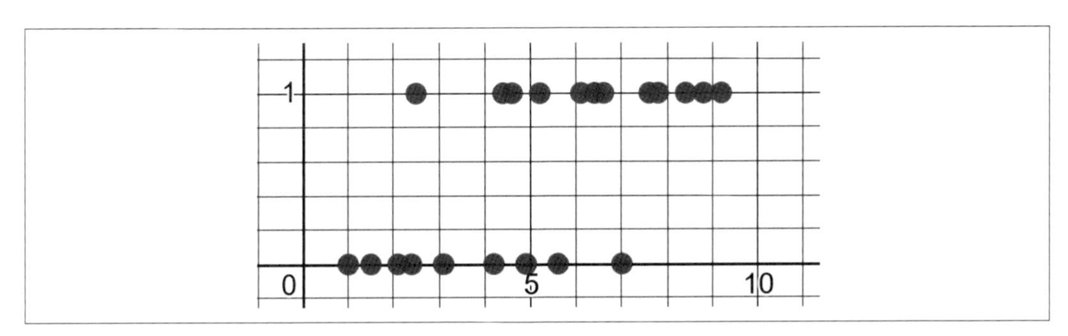

圖 6-3　出現症狀（1）和不出現症狀（0）的患者混合存在於中間區域

解釋這一點的方法是，患者出現症狀的機率會隨著暴露時間的增加而逐漸增加。若以**邏輯函數**（*logistic function*）或 S 形曲線將之它視覺化，其中輸出變數被壓縮在 0 和 1 之間，如圖 6-4 所示。

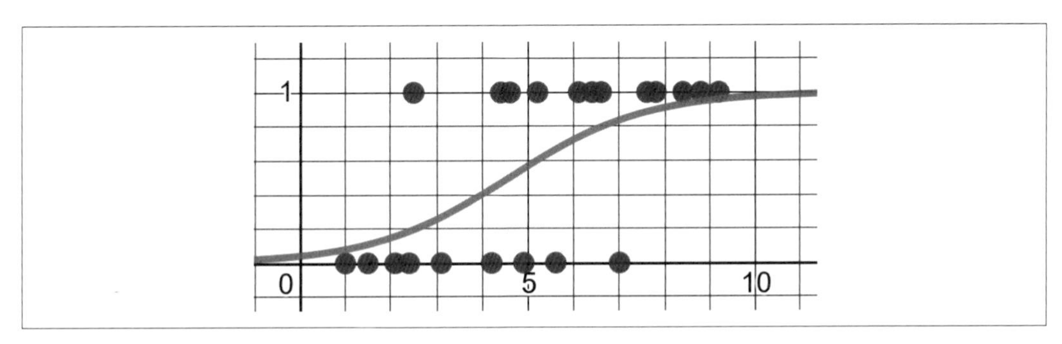

圖 6-4　將邏輯函數擬合到資料

由於中間區域的點的這種重疊情形，當患者出現症狀時並沒有明顯的截切（cutoff）值，而是會從 0% 的機率逐漸過渡到 100% 的機率（0 和 1）。此範例示範了**邏輯迴歸**（*logistic regression*）是如何生成一條曲線，該曲線指出根據自變數（暴露時數）而屬於真實類別（患者表現出症狀）的機率。

我們可以重新調整邏輯迴歸的用途，讓它不僅可以預測給定輸入變數的機率，還可以添加一個閾值來預測它是否屬於該類別。例如，新病人已經暴露了 6 個小時，我預測他們有 71.1% 的機會出現如圖 6-5 所示的症狀。如果閾值是至少 50% 的機率會出現症狀，我將簡單地把患者分類為會出現症狀。

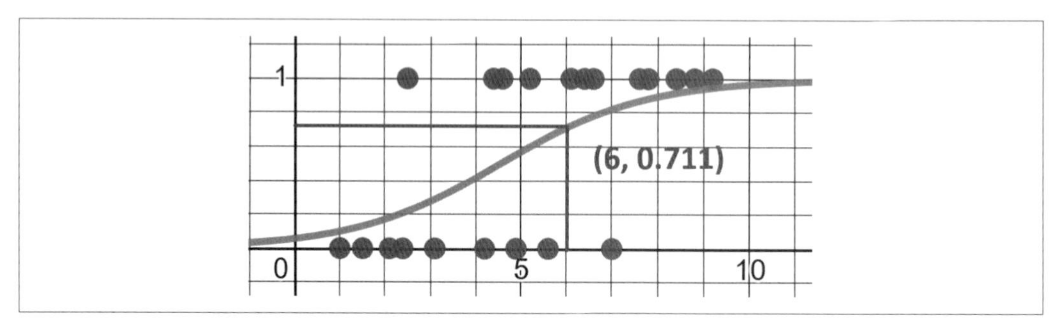

圖 6-5　暴露 6 小時的患者可以預測出現症狀的可能性為 71.1%，因為大於 50% 的閾值，所以我們預測他們有症狀

執行邏輯迴歸

但要如何進行邏輯迴歸呢？首先看一下邏輯函數並探索其背後的數學原理。

邏輯函數

邏輯函數（*logistic function*）是一條 S 形曲線（也稱為 *sigmoid* **曲線**（*sigmoid curve*）），對於給定的一組輸入變數，它會產生一個介於 0 和 1 之間的輸出變數，因為介於 0 和 1 之間，所以可以用來表達一個機率。

以下是對一個輸入變數 *x* 輸出一個機率 *y* 的邏輯函數：

$$y = \frac{1.0}{1.0 + e^{-(\beta_0 + \beta_1 x)}}$$

請注意，這個公式使用第 1 章介紹過的歐拉數 e。*x* 變數是自變數 / 輸入變數，β_0 和 β_1 是我們需要求解的係數。

β_0 和 β_1 被封裝在一個類似於線性函數的指數中，您可能還記得它們和 $y = mx + y$ 或 $y = \beta_0 + \beta_1 x$ 相同。這不是巧合；邏輯迴歸實際上和線性迴歸有著密切關係，本章後面會討論。β_0 確實是截距（簡單線性迴歸中稱為 b），β_1 是 *x* 的斜率（簡單線性迴歸中稱為 m）。指數中的這個線性函數稱為對數賠率函數（log-odds function），但現在您只要知道這整個邏輯函數會產生一個 S 形曲線，而我們需要它來對 x 值輸出一個會移動的機率。

要在 Python 中宣告邏輯函數，請使用 math 套件中的 exp() 函數來宣告 e 指數，如範例 6-1 所示。

範例 6-1　Python 中一個自變數的邏輯函數

```
import math

def predict_probability(x, b0, b1):
    p = 1.0 / (1.0 + math.exp(-(b0 + b1 * x)))
    return p
```

假設 $\beta_0 = -2.823$ 和 $\beta_1 = 0.62$，並以圖形表示，如範例 6-2 使用 SymPy，輸出的圖會如圖 6-6 所示。

範例 6-2　使用 SymPy 來繪製邏輯函數

```
from sympy import *
b0, b1, x = symbols('b0 b1 x')

p = 1.0 / (1.0 + exp(-(b0 + b1 * x)))

p = p.subs(b0,-2.823)
p = p.subs(b1, 0.620)
print(p)

plot(p)
```

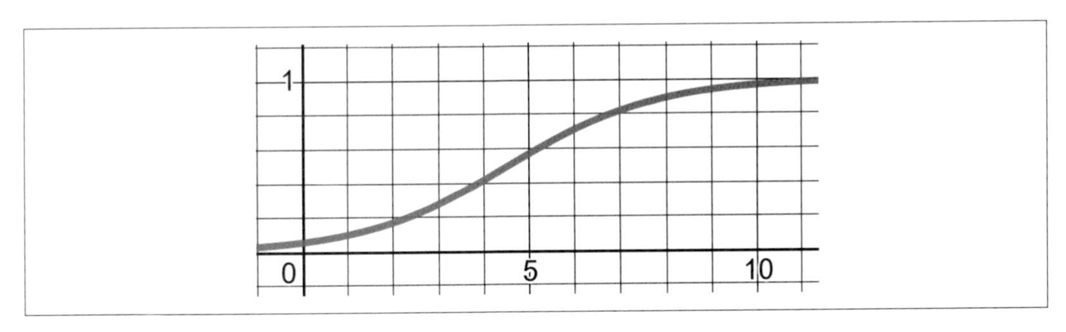

圖 6-6　一個邏輯函數

在某些教科書中，您可能會看到像這樣宣告的邏輯函數：

$$p = \frac{e^{\beta_0 + \beta_1 x}}{1 + e^{\beta_0 + \beta_1 x}}$$

不要擔心它，因為它是相同的函數，只是代數表達方式不同。請注意，如同線性迴歸，也可以把邏輯迴歸擴充到多個輸入變數（$x_1, x_2, ... x_n$），如以下公式，只是添加更多的 β_x 係數：

$$p = \frac{1}{1 + e^{-(\beta_0 + \beta_1 x_1 + \beta_2 x_2 + ... \beta_n x_n)}}$$

擬合邏輯曲線

如何把邏輯曲線擬合到給定的訓練資料集呢？首先，資料可能包含小數、整數和二元（binary）變數的任意組合，但輸出變數必須是二元的（0 或 1）。實際進行預測時，輸出變數將介於 0 和 1 之間，類似於機率。

資料提供了輸入和輸出變數值，但我們需要求解 β_0 和 β_1 係數以擬合邏輯函數。回想一下第 5 章中是如何使用最小平方法的，但注意，那並不適用於此處；相反的，我們將使用**最大概似度估計**（*maximum likelihood estimation*），顧名思義，它會最大化給定邏輯曲線輸出觀察資料的概似度。

計算最大概似度估計，實際上並沒有像線性迴歸那樣的閉合方程式，但仍然可以使用梯度下降，或者讓一個程式庫來做這件事。以下介紹這兩種方法，先從 SciPy 程式庫開始。

使用 Scikit-learn

SciPy 的好處是模型通常具有一組標準化的函數和 API，這意味著在許多情況下，您可以複製 / 貼上程式碼，然後可以在模型之間重用它。在範例 6-3 中，您會看到對患者資料所執行的邏輯迴歸。如果您把它和第 5 章中的線性迴歸程式碼進行比較，您會發現它在匯入、分離和擬合資料方面具有幾乎相同的程式碼，主要的區別是我對模型使用 `LogisticRegression()` 而不是 `LinearRegression()`。

範例 6-3　在 Scikit-learn 中使用簡單的邏輯迴歸

```
import pandas as pd
from sklearn.linear_model import LogisticRegression

# 載入資料
df = pd.read_csv('https://bit.ly/33ebs2R', delimiter=",")

# 提取輸入變數（所有列、除了最後一行的所有行）
X = df.values[:, :-1]
```

```
# 提取輸出變數（所有列、最後一行）
Y = df.values[:, -1]

# 執行邏輯迴歸
# 關閉懲罰
model = LogisticRegression(penalty='none')
model.fit(X, Y)

# 印出 beta1
print(model.coef_.flatten()) # 0.69267212

# 印出 beta0
print(model.intercept_.flatten()) # -3.17576395
```

> ### 進行預測
>
> 要進行特定的預測，請在 scikit-learn 中的 model 物件上使用 predict() 和 predict_prob() 函數，無論它是 LogisticRegression 還是任何其他類型的分類模型。predict() 函數會預測一個特定的類別（例如，True 1.0 或 False 1.0），而 predict_prob() 會輸出每個類別的機率。

在 scikit-learn 中執行模型後，可得到一個 $\beta_0 = -3.17576395$ 和 $\beta_1 = 0.69267212$ 的邏輯迴歸；繪製時，看起來應該不錯，如圖 6-7 所示。

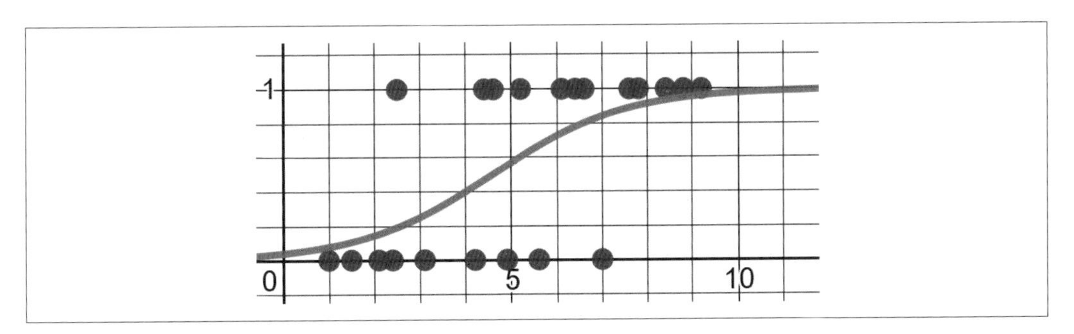

圖 6-7　繪製邏輯迴歸

這裡有幾點需要注意。建立 LogisticRegression() 模型時，我沒有指明 penalty 參數，它會選擇像 l1 或 l2 這樣的正則化（regularization）技術。雖然這超出本書範圍，但我在下面的註釋「了解 scikit-learn 參數」中包含簡短的見解，以讓您手頭上就有一份有用的參考資料。

最後，我將會 `flatten()` 係數和截距，它們會以多維矩陣的形式出現，但只有一個元素。**展平**（*flattening*）意味著把數字矩陣壓縮成更小的維度，特別是當元素少於維度時。例如，我在這裡使用 `flatten()` 來接受巢套到二維矩陣中的單一數字，並把它拉出成為單一值，這樣就有了我的 β_0 和 β_1 係數了。

了解 *scikit-learn* 參數

scikit-learn 在它的迴歸和分類模型中提供了很多可用的選項。可惜的是，我們並沒有足夠篇幅來描述，因為這不是一本專門聚焦於機器學習的書。

但是，scikit-learn 的說明文件寫得很好，可以在這裡找到邏輯迴歸頁面（*https://oreil.ly/eL8hZ*）。

如果您對很多術語不熟悉，例如正則化和 `l1` 和 `l2` 懲罰，O'Reilly 有出其他優秀書籍探索這些主題，其中一本絕對能幫上忙的是 Aurélien Géron 的 *Hands-On Machine Learning with Scikit-Learn, Keras, and TensorFlow*。

使用最大概似度和梯度下降

正如我在本書中所做的那樣，我的目標是提供從頭開始建構技術的見解，即使程式庫就可以為我們做到這一點。有幾種方法可以自己擬合邏輯迴歸，但所有方法通常都會轉向最大概似度估計（MLE）。MLE 會最大化給定邏輯曲線輸出觀察資料的概似度。它和平方和並不一樣，但仍然可以應用梯度下降或隨機梯度下降來解決。

我將嘗試簡化數學術語並在這裡使用最少的線性代數。基本上，這裡的用意是找到可以讓邏輯曲線盡可能接近這些點的 β_0 和 β_1 係數，以指出此曲線最有可能會產生這些點。如果您還記得在第 2 章研究機率時，我們透過把多個事件的機率（或概似度）相乘來組合它們。在這個應用中，我們也正在計算會看到給定邏輯迴歸曲線上的所有點的概似度。

應用聯合機率的概念，**根據擬合的邏輯函數**，每個患者都有可能出現症狀，如圖 6-8 所示。

我們從邏輯迴歸曲線中每個點的上方或下方獲取每個點的概似度。如果該點低於邏輯迴歸曲線，則需要從 1.0 中減去結果機率，因為我們也想最大化錯誤案例。

給定係數 $\beta_0 = -3.17576395$ 和 $\beta_1 = 0.69267212$，範例 6-4 顯示如何在 Python 中計算此資料的聯合概似度。

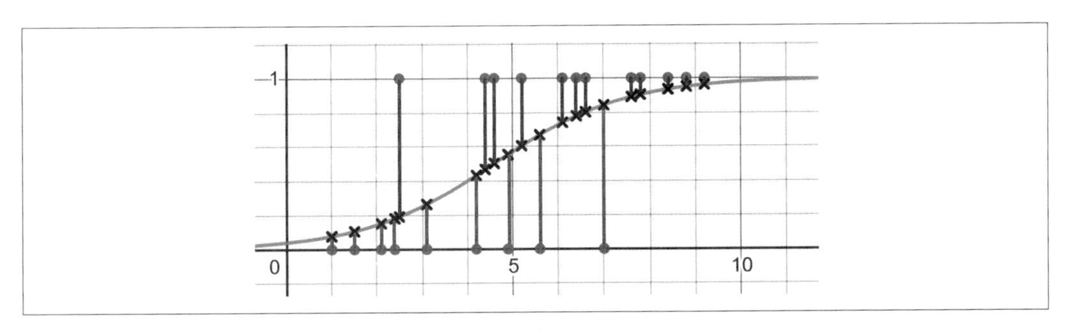

圖 6-8　每個輸入值在邏輯曲線上都有對應的概似度

範例 *6-4*　計算觀察給定邏輯迴歸的所有點的聯合概似度

```
import math
import pandas as pd

patient_data = pd.read_csv('https://bit.ly/33ebs2R', delimiter=",").itertuples()

b0 = -3.17576395
b1 = 0.69267212

def logistic_function(x):
    p = 1.0 / (1.0 + math.exp(-(b0 + b1 * x)))
    return p

# 計算聯合概似度
joint_likelihood = 1.0

for p in patient_data:
    if p.y == 1.0:
        joint_likelihood *= logistic_function(p.x)
    elif p.y == 0.0:
        joint_likelihood *= (1.0 - logistic_function(p.x))

print(joint_likelihood) # 4.7911180221699105e-05
```

以下是可以用來壓縮 `if` 表達式的數學技巧。正如第 1 章中介紹的那樣，當您把任何數字設成 0 次方時，總是會得到 1。看看下面這個公式，並注意指數中真（1）和假（0）情況的處理：

$$\text{聯合概似度} = \prod_{i=1}^{n} \left(\frac{1.0}{1.0 + e^{-(\beta_0 + \beta_1 x_i)}}\right)^{y_i} \times \left(1.0 - \frac{1.0}{1.0 + e^{-(\beta_0 + \beta_1 x_i)}}\right)^{1.0 - y_i}$$

要在 Python 中進行此事，請把 for 迴圈中的所有內容壓縮到範例 6-5 中。

範例 6-5　在不使用 *if* 運算式的情況下壓縮聯合概似度計算

```
for p in patient_data:
    joint_likelihood *= logistic_function(p.x) ** p.y * \
                        (1.0 - logistic_function(p.x)) ** (1.0 - p.y)
```

我到底做了什麼？請注意，此運算式有兩半，一半是當 $y = 1$ 時，另一半是當 $y = 0$ 時。當任何數字的指數為 0 時，結果為 1。因此，無論 y 是 1 還是 0，它都會導致另一側的相反條件計算為 1，而且對乘法沒有影響。我們可以表達 if 運算式，但要完全用數學運算式來表達。我們不能對使用 if 的運算式進行微分，所以這會很有幫助。

請注意，電腦可能會因為把幾個很小的小數相乘而超出負荷，這稱為**浮點下溢**（*floating point underflow*），意味著隨著小數越來越小——這可能發生在乘法中——電腦要記錄那麼多小數位時會受到限制。有一個聰明的數學技巧可以解決這個問題。您可以把要相乘的每個小數取 log() 後再把它們相加，這可歸功於第 1 章介紹的對數加法特性。這在數值上會更加穩定，然後您可以呼叫 exp() 函數，來把加總後的結果轉換回去而得到乘積。

讓我們修改程式碼來使用對數加法而不是乘法（參見範例 6-6）。請注意，log() 函數的底數（base）會預設為 e，儘管任何底數在技術上都是可行的，但這樣更為方便，因為 e^x 會是它自己的微分，並且計算效率更高。

範例 6-6　使用對數加法

```
# 計算聯合概似度
joint_likelihood = 0.0

for p in patient_data:
    joint_likelihood += math.log(logistic_function(p.x) ** p.y * \
                                 (1.0 - logistic_function(p.x)) ** (1.0 - p.y))

joint_likelihood = math.exp(joint_likelihood)
```

用數學符號來表達前面的 Python 程式碼：

$$\text{聯合概似度} = \sum_{i=1}^{n} log\left(\left(\frac{1.0}{1.0 + e^{-(\beta_0 + \beta_1 x_i)}}\right)^{y_i} \times \left(1.0 - \frac{1.0}{1.0 + e^{-(\beta_0 + \beta_1 x_i)}}\right)^{1.0 - y_i}\right)$$

您會想計算前面運算式中 β_0 和 β_1 的偏微分嗎？我不這麼認為。那會很恐怖。天哪，光在 SymPy 中表達該函數就很拗口！請看範例 6-7。

範例 6-7　在 *SymPy* 中表達邏輯迴歸的聯合概似度

```
joint_likelihood = Sum(log((1.0 / (1.0 + exp(-(b + m * x(i)))))**y(i) * \
        (1.0 - (1.0 / (1.0 + exp(-(b + m * x(i))))))**(1-y(i))), (i, 0, n))
```

所以讓 SymPy 來為 β_0 和 β_1 分別進行偏微分，然後立即編譯並把它們用於梯度下降，如範例 6-8 所示。

範例 6-8　在邏輯迴歸中使用梯度下降

```
from sympy import *
import pandas as pd

points = list(pd.read_csv("https://tinyurl.com/y2cocoo7").itertuples())

b1, b0, i, n = symbols('b1 b0 i n')
x, y = symbols('x y', cls=Function)
joint_likelihood = Sum(log((1.0 / (1.0 + exp(-(b0 + b1 * x(i))))) ** y(i) \
        * (1.0 - (1.0 / (1.0 + exp(-(b0 + b1 * x(i)))))) ** (1 - y(i))), (i, 0, n))

# 對 m 進行偏微分，其中點被替換了
d_b1 = diff(joint_likelihood, b1) \
                   .subs(n, len(points) - 1).doit() \
                   .replace(x, lambda i: points[i].x) \
                   .replace(y, lambda i: points[i].y)

# 對 m 進行偏微分，其中點被替換了
d_b0 = diff(joint_likelihood, b0) \
                   .subs(n, len(points) - 1).doit() \
                   .replace(x, lambda i: points[i].x) \
                   .replace(y, lambda i: points[i].y)

# 用 lambdify 來編譯以計算地更快
d_b1 = lambdify([b1, b0], d_b1)
d_b0 = lambdify([b1, b0], d_b0)

# 執行梯度下降
b1 = 0.01
b0 = 0.01
L = .01

for j in range(10_000):
    b1 += d_b1(b1, b0) * L
    b0 += d_b0(b1, b0) * L

print(b1, b0)
# 0.6926693075370812 -3.175751550409821
```

在計算 β_0 和 β_1 的偏微分後，我們代入 x 和 y 值以及資料點的數量 n，再使用 `lambdify()` 來編譯微分函數以提高效率（它在幕後使用了 NumPy）。之後，像第 5 章那樣執行梯度下降，但由於我們是試圖進行最大化而不是最小化，所以會把每個調整加到 β_0 和 β_1，而不是像最小平方那樣把它減掉。

正如您在範例 6-8 中看到的，最後得到 $\beta_0 = -3.17575$ 和 $\beta_1 = 0.692667$，這和之前在 SciPy 中獲得的係數值高度相似。

正如第 5 章中所學到的那樣，也可以使用隨機梯度下降，並且在每次迭代中只採樣一個或少數幾個紀錄。這將進一步提升計算速度和效能，以及防止過度擬合等好處，但在這裡再次介紹它顯得有點多餘，所以我們先往下前進。

多變數邏輯迴歸

讓我們來嘗試一個對多個輸入變數使用邏輯迴歸的範例。表 6-1 顯示了一個虛構資料集中的一些紀錄樣本，其中包含一些員工留任的資料（完整資料集在此（*https://bit.ly/3aqsOMO*））。

表 6-1　員工留任資料樣本

性別	年齡	升遷	受雇年數	離職
1	32	3	7	0
1	34	2	5	0
1	29	2	5	1
0	42	4	10	0
1	43	4	10	0

該資料集中有 54 筆紀錄。假設我們想用它來預測其他員工是否會離職，並在這裡使用邏輯迴歸（儘管這兩件事都不是一個好主意，我會在之後詳細說明原因）。回想一下，我們可以支援多個輸入變數，如下公式所示：

$$y = \frac{1}{1 + e^{-(\beta_0 + \beta_1 x_1 + \beta_2 x_2 + \ldots \beta_n x_n)}}$$

我會為 `sex`、`age`、`promotions` 和 `years_employed` 等變數建立 β 係數。輸出變數 `did_quit` 是二元的，而它會推動我們所預測的邏輯迴歸結果。因為我們正在處理多個維度，所以很難把邏輯曲線的彎曲超平面進行視覺化，因此先會避開視覺化。

這件事可以再有趣些，我們將會使用 scikit-learn，但會製作一個可以用來測試員工資料的交談式殼層（shell）。範例 6-9 中顯示了程式碼，執行它時，會進行邏輯迴歸，然後輸入新員工的資料來預測他們是否會離職。這樣會出什麼問題嗎？不會，我敢肯定。我們只是對個人屬性進行預測並做出相對應的決定，我相信這樣一定沒什麼問題。

（如果你沒看懂，我其實是在反諷）。

範例 6-9 對員工資料進行多變數邏輯迴歸

```
import pandas as pd
from sklearn.linear_model import LogisticRegression

employee_data = pd.read_csv("https://tinyurl.com/y6r7qjrp")

# 抓取自變數行
inputs = employee_data.iloc[:, :-1]

# 抓取因變數 "did_quit" 行
output = employee_data.iloc[:, -1]

# 建構邏輯迴歸
fit = LogisticRegression(penalty='none').fit(inputs, output)

# 印出係數：
print("COEFFICIENTS: {0}".format(fit.coef_.flatten()))
print("INTERCEPT: {0}".format(fit.intercept_.flatten()))

# 互動並測試新員工資料
def predict_employee_will_stay(sex, age, promotions, years_employed):
    prediction = fit.predict([[sex, age, promotions, years_employed]])
    probabilities = fit.predict_proba([[sex, age, promotions, years_employed]])
    if prediction == [[1]]:
        return "WILL LEAVE: {0}".format(probabilities)
    else:
        return "WILL STAY: {0}".format(probabilities)

# 測試預測
while True:
    n = input("Predict employee will stay or leave {sex},
        {age},{promotions},{years employed}: ")
    (sex, age, promotions, years_employed) = n.split(",")
    print(predict_employee_will_stay(int(sex), int(age), int(promotions),
          int(years_employed)))
```

圖 6-9 顯示預測員工是否會離職的結果。這位員工性別為「1」、年齡 34 歲、升遷 1 次、在公司工作 5 年。果然，預測結果是「會離職」。

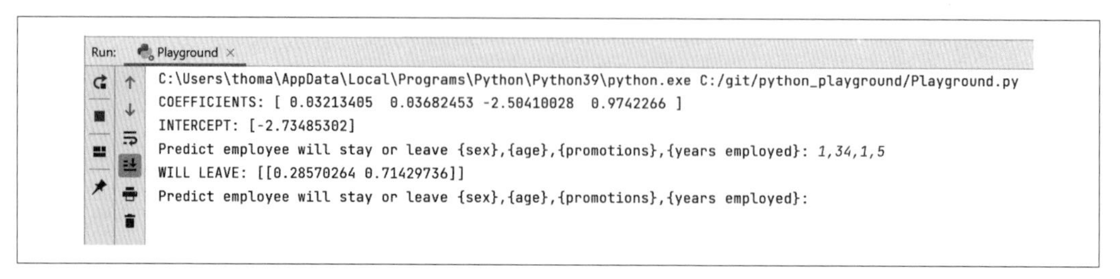

圖 6-9　預測升遷 1 次、在職 5 年的 34 歲員工是否會離職

請注意，`predict_proba()` 函數會輸出兩個值，第一個是 0（假）的機率，第二個是 1（真）的機率。

您會注意到 `sex`、`age`、`promotions`、和 `years_employed` 的係數會依照這樣的順序顯示。透過係數的權重，您可以看到 `sex` 和 `age` 在預測中的作用很小（它們的權重都接近 0）。但是，`promotions` 和 `years_employed` 的權重分別為 `-2.504` 和 `0.97`。這是這個虛構資料集的一個祕密：我捏造了它，顯示如果員工大約兩年沒有晉升的話，就會辭職。果然，我的邏輯迴歸採用了這種樣式，您也可以用其他員工資料來嘗試。然而，如果您大膽超出它所訓練的資料範圍，預測可能會開始分崩離析（例如，讓一個 70 歲的員工在 3 年內沒有升遷，這個模型可能就無法運作，因為並沒有那個年齡的資料）。

當然，現實生活並不總是如此容易。一個在公司工作了 8 年但從未升遷的員工很可能對自己的角色感到滿意，並且不會離職，如果是這種情況，像年齡這樣的變數可能會發揮作用並被加權。我們當然可以關注其他沒抓出來的相關變數，請參閱以下警告以了解更多資訊。

小心對人們進行分類！

想搬石頭砸自己腳最快且有用的方法，是蒐集人們的資料，並用它來任意做出預測。如果發現該模型具有歧視性，不僅會出現資料隱私問題，而且還會出現法律和公關問題，種族和性別等輸入變數可能會被機器學習訓練加權。而在那之後，可能會對那些人口統計資料造成不良後果，例如沒有雇用事實或被拒絕貸款。更極端的應用包括被監控系統錯誤地標記或被拒絕刑事假釋。還要注意，通勤時間等看似良性的變數已證實與歧視性變數相關。

在撰寫本文時，許多文章都認為機器學習歧視是一個問題：

- Katyanna Quach，"Teen turned away from roller rink after AI wrongly identifies her as banned troublemaker"（*https://oreil.ly/boUcW*），*The Register*，2021 年 7 月 16 日。
- Kashmir Hill，"Wrongfully Accused by an Algorithm"（*https://oreil.ly/dOJyI*），*紐約時報*，2020 年 6 月 24 日。

隨著資料隱私法的不斷發展，建議要謹慎行事，包括設計個人資料。請考慮要傳遞哪些自動化決策以及這會造成怎樣的傷害，有時最好的作法是只留下一個「問題」，並繼續以手動方式來處理。

最後，在這個員工留任的例子中，想想這些資料是從哪裡來的。是的，我製造了這個資料集，但在現實世界中，別忘了質疑資料是在怎樣的過程下建立的，這個樣本來自什麼時期？我們花了多久的時候去尋找會辭職的員工？是什麼讓員工留下來？他們是目前的員工嗎？我們怎麼知道他們想要離職，使他們成為偽陰性？資料科學家很容易陷入陷阱，只分析資料所說的內容，而忘了質疑資料來源以及其中包含哪些假設。

獲得這些答案的最佳方法是了解預測的用途。是要決定何時給人們升遷以留住他們嗎？這會產生一種循環偏差讓只有特定屬性的人升遷嗎？當這些升遷開始成為新的訓練資料時，這種偏差會再次得到證實嗎？

這些都是重要的問題，甚至可能會導致不必要的範疇蔓延到專案中。如果您的團隊或專案的領導者不歡迎這種審查的話，請考慮賦予自己一個不同的角色，讓好奇心成為這個角色的力量。

了解對數賠率

是時候來討論邏輯迴歸以及它在數學是如何構成了，這可能有點令人眼花繚亂，所以請在此多花點時間。如果您感到不知所措，可以之後再閱讀這部分。

從 1900 年代開始，數學家一直對採用線性函數，並把它的輸出縮放到 0 和 1 之間感興趣，因此對於預測機率很有用。對數賠率（log-odds）也稱為 logit 函數，為此目的而適用於邏輯迴歸。

還記得我之前所指出的，指數值 $\beta_0 + \beta_1 x$ 是一個線性函數嗎？再看一下我們的邏輯函數：

$$p = \frac{1.0}{1.0 + e^{-(\beta_0 + \beta_1 x)}}$$

這個作為 *e* 的指數的線性函數稱為**對數賠率**（*log-odds*）函數，它會對感興趣事件的賠率進行對數運算。您的回答可能是，「等等，我沒有看到任何 `log()` 或賠率。我只看到一個線性函數！」再忍一下，我將展示隱藏在其中的數學。

例如，讓我們使用之前的邏輯迴歸，其中 $\beta_0 = -3.17576395$，$\beta_1 = 0.69267212$。6 小時後，也就是當 $x = 6$ 時，出現症狀的機率是多少？我們已經知道如何做到這一點：把這些值插入到邏輯函數中：

$$p = \frac{1.0}{1.0 + e^{-(-3.17576395 + 0.69267212(6))}} = 0.727161542928554$$

插入這些值並輸出 0.72716 的機率，現在，從賠率的角度來看待這個問題。回想一下在第 2 章中，如何根據機率來計算賠率：

$$\text{賠率} = \frac{p}{1 - p}$$

$$\text{賠率} = \frac{.72716}{1 - .72716} = 2.66517246407876$$

因此，在 6 小時內，患者會出現症狀的可能性是不出現症狀的 2.66517 倍。

將賠率函數包裝為自然對數（以 *e* 為底的對數）時，可稱它為 ***logit* 函數**（*logit function*）。這個公式的輸出就是所謂的**對數賠率**（*log-odds*），會這樣命名是……真令人震驚……因為我們對賠率取其對數：

$$\text{logit} = \log\left(\frac{p}{1-p}\right)$$

$$\text{logit} = \log\left(\frac{.72716}{1-.72716}\right) = 0.98026877$$

6 小時的對數賠率是 0.9802687，這是什麼意思？為什麼值得注意？當我們處於「對數賠率領域」時，比較一組賠率與另一組賠率會更容易。任何大於 0 的值視為有利於事件發生的賠率，而任何小於 0 的值都是反對事件的發生，–1.05 的對數賠率與 0 和 1.05 間的距離是線性相同的。然而，在普通賠率中，它們的等價品分別為 0.3499 和 2.857，這不像前一種作法可以如此解釋，這就是對數賠率的便利性。

賠率和對數

對數和賠率有一個有趣的關係。賠率在 0.0 和 1.0 之間時對事件不利，但任何大於 1.0 的事件都有利於該事件，而且會延伸到正無窮大。這種不對稱性很令人尷尬。但是，對數會重新調整賠率，讓它成為完全線性，其中 0.0 的對數賠率表示公平的賠率。–1.05 的對數賠率和從 0 到 1.05 的距離線性相同，因此比較賠率會更容易。

Josh Starmer 有一個很棒的影片（*https://oreil.ly/V0H8w*）在談論賠率和對數之間的這種關係。

回想一下，我說過邏輯迴歸公式 $\beta_0 + \beta_1 x$ 中的線性函數是對數賠率函數。看一下這個：

$$\text{對數賠率} = \beta_0 + \beta_1 x$$
$$\text{對數賠率} = -3.17576395 + 0.69267212\,(6)$$
$$\text{對數賠率} = 0.98026877$$

它和我們之前所計算的值 0.98026877 相同，也就是 $x = 6$ 時的邏輯迴歸的賠率，然後再取它的 `log()`！這其中的連結是什麼？是什麼把這一切聯繫在一起？給定邏輯迴歸 p 的機率和輸入變數 x，它會是：

$$\log\left(\frac{p}{1-p}\right) = \beta_0 + \beta_1 x$$

讓我們在邏輯迴歸旁邊繪製對數賠率線，如圖 6-10 所示。

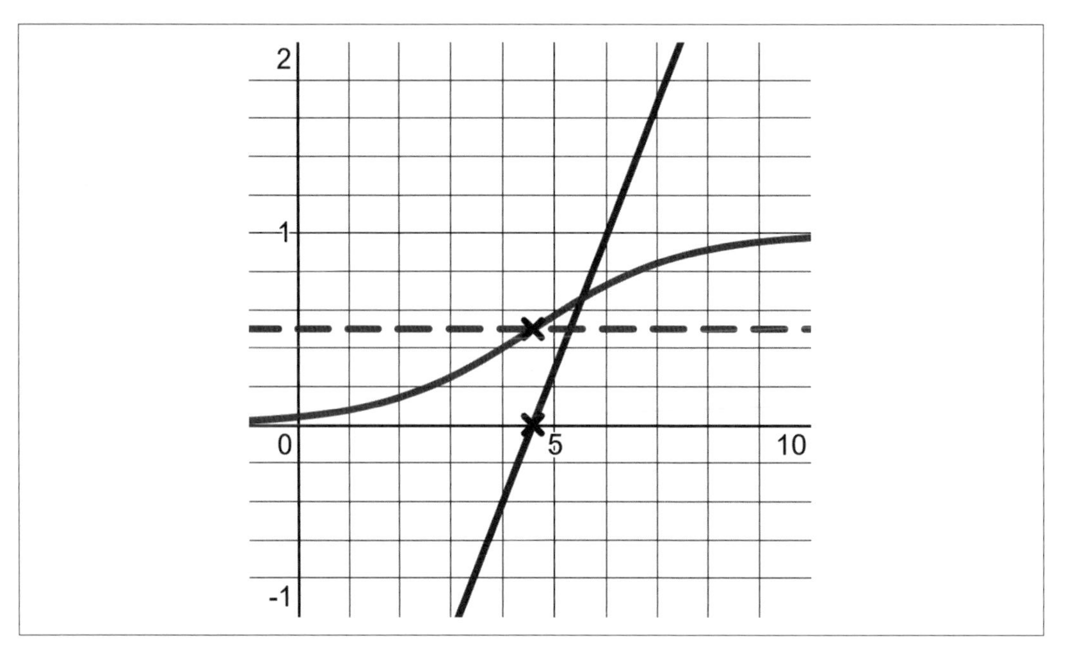

圖 6-10　對數賠率線轉換為會輸出機率的邏輯函數

每個邏輯迴歸實際上都由一個線性函數來支持，並且這個線性函數會是一個對數賠率函數。請注意，在圖 6-10 中，當直線上的對數賠率為 0.0 時，邏輯曲線的機率為 0.5。這是有道理的，因為當我們的賠率為 1.0 時，機率將為 0.50，如邏輯迴歸所示，而對數賠率將會是 0，如直線所示。

從賠率的角度來看邏輯迴歸的另一個好處是，我們可以比較一個 x 值和另一個 x 值之間的效果。假設我想了解在接觸化學物質 6 小時到 8 小時之間的賠率有多大變化，我可以在 6 小時和 8 小時分別計算賠率，然後把這兩個賠率用**賠率比**（*odds ratio*）來互相比較。但不要和簡單的賠率混淆，沒錯，賠率也是一個比率，但它不是一個賠率比。

我們先分別求 6 小時和 8 小時出現症狀的機率：

$$p = \frac{1.0}{1.0 + e^{-(\beta_0 + \beta_1 x)}}$$

$$p_6 = \frac{1.0}{1.0 + e^{-(-3.17576395 + 0.69267212(6))}} = 0.727161542928554$$

$$p_8 = \frac{1.0}{1.0 + e^{-(-3.17576395 + 0.69267212(8))}} = 0.914167258137741$$

現在把它們轉換為賠率，宣告它為 o_x：

$$o = \frac{p}{1 - p}$$

$$o_6 = \frac{0.727161542928554}{1 - 0.727161542928554} = 2.66517246407876$$

$$o_8 = \frac{0.914167258137741}{1 - 0.914167258137741} = 10.6505657200694$$

最後，把這兩個相互對抗的賠率設定為賠率比，其中 8 小時的機率是分子，6 小時的機率是分母，可得出大約 3.996 的值，意味著在多暴露 2 個小時後出現症狀的機率會增加近 4 倍：

$$\text{odds ratio} = \frac{10.6505657200694}{2.66517246407876} = 3.99620132040906$$

您會發現，3.996 的賠率比在任何 2 小時的範圍內都成立，例如 2 小時至 4 小時、4 小時至 6 小時、8 小時至 10 小時等。只要是 2 個小時的間隔，賠率比就會保持一致。對於其他的範圍長度，它會有所不同。

R 平方

第 5 章介紹了很多線性迴歸的統計度量，我們會嘗試對邏輯迴歸做同樣的事情。我們仍然擔心許多和線性迴歸相同的問題，包括過度擬合和變異數。事實上，可以從線性迴歸中借用和調整幾個度量，並把它們應用於邏輯迴歸上。就從 R^2 開始吧。

就像線性迴歸一樣，給定的邏輯迴歸也會有一個 R^2。回想一下第 5 章，R^2 指出所給定的自變數可以把因變數解釋得有多好。把這應用在化學品暴露問題，想要測量化學品暴露時間在多大程度上可以解釋症狀的出現是有道理的。

關於在邏輯迴歸上計算 R^2 的最佳方法這件事還沒有真正達成共識，但一種稱為 McFadden 的 Pseudo R^2 的流行技術，能夠把線性迴歸中所使用的 R^2 模仿得很好。以下範例將使用此技術，公式如下：

$$R^2 = \frac{(\text{對數概似度}) - (\text{對數概似度擬合})}{(\text{對數概似度})}$$

以下將學習如何計算「對數概似度擬合」和「對數概似度」，以便計算 R^2。

我們不能像在線性迴歸中那樣使用殘差，但可以把結果投射到邏輯曲線上，如圖 6-11 所示，並在 0.0 和 1.0 之間查找它們對應的概似度。

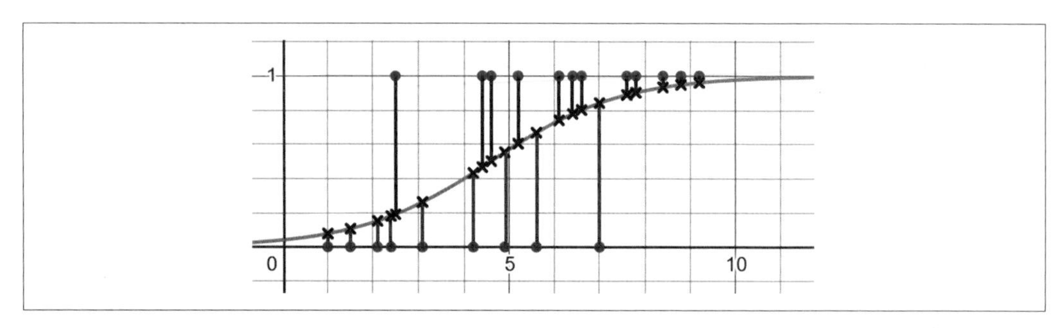

圖 6-11　把輸出值投射回邏輯曲線

然後，就像對每個概似度進行 `log()` 一樣，並把它們加在一起。這將是擬合的對數概似度（範例 6-10）。就像計算最大概似度一樣，會透過從 1.0 中減掉來轉換「假的」概似度。

範例 6-10　計算擬合的對數概似度

```
from math import log, exp
import pandas as pd

patient_data = pd.read_csv('https://bit.ly/33ebs2R', delimiter=",").itertuples()

b0 = -3.17576395
b1 = 0.69267212

def logistic_function(x):
    p = 1.0 / (1.0 + exp(-(b0 + b1 * x)))
    return p

# 加總對數概似度
log_likelihood_fit = 0.0
```

```
for p in patient_data:
    if p.y == 1.0:
        log_likelihood_fit += log(logistic_function(p.x))
    elif p.y == 0.0:
        log_likelihood_fit += log(1.0 - logistic_function(p.x))

print(log_likelihood_fit) # -9.946161673231583
```

使用一些巧妙的二元乘法和 Python 理解（comprehension），可以將 for 迴圈和 if 運算式合併為一行，並傳回 log_likelihood_fit。和之前在最大概似度公式中所做的類似，可以在真假案例之間使用一些二元減法來在數學上消除其中一個或另一個。在本案例中，我們乘以 0，因此相對應地對加總來應用真或假案例，但不能兩者同時應用（範例 6-11）。

範例 *6-11* 把對數概似度邏輯合併為一行

```
log_likelihood_fit = sum(log(logistic_function(p.x)) * p.y +
                         log(1.0 - logistic_function(p.x)) * (1.0 - p.y)
                         for p in patient_data)
```

如果用數學符號來表達擬合的概似度，以下就是它看起來的樣子。請注意，$f(x_i)$ 是給定輸入變數 x_i 的邏輯函數：

$$\text{對數概似度擬合} = \sum_{i=1}^{n} \left(log(f(x_i)) \times y_i\right) + \left(log(1.0 - f(x_i)) \times (1 - y_i)\right)$$

如範例 6-10 和 6-11 中所計算的那樣，擬合的對數概似度是 −9.9461。我們還需要一個資料點來計算 R^2：在不使用任何輸入變數，而只使用真實案例的數量除以所有案例的數量（實際上只會留下截距）情況下，估計的對數概似度。請注意，可以透過把所有 y 值加在一起 Σy_i 來計算有症狀的病例數，因為只有 1 而不是 0 會算到加總中。以下是公式：

$$\text{對數概似度} = log\left(\frac{\Sigma y_i}{n} \times y_i\right) + log\left(\left(1 - \frac{\Sigma y_i}{n}\right) \times (1 - y_i)\right)$$

這裡是在範例 6-12 中應用這個公式擴展後的 Python 等價物。

範例 *6-12* 患者的對數概似度

```
import pandas as pd
from math import log, exp

patient_data = list(pd.read_csv('https://bit.ly/33ebs2R', delimiter=",") \
     .itertuples())
```

```
likelihood = sum(p.y for p in patient_data) / len(patient_data)

log_likelihood = 0.0

for p in patient_data:
    if p.y == 1.0:
        log_likelihood += log(likelihood)
    elif p.y == 0.0:
        log_likelihood += log(1.0 - likelihood)

print(log_likelihood) # -14.341070198709906
```

為了鞏固這個邏輯並反映公式，我們可以把 for 迴圈和 if 運算式壓縮成一行，使用一些二元乘法邏輯來處理真假兩種案例（範例 6-13）。

範例 *6-13* 把對數概似度合併為一行

```
log_likelihood = sum(log(likelihood)*p.y + log(1.0 - likelihood)*(1.0 - p.y) \
        for p in patient_data)
```

最後，只要插入這些值來得到您的 R^2：

$$R^2 = \frac{(\text{對數概似度}) - (\text{對數概似度擬合})}{(\text{對數概似度})}$$

$$R^2 = \frac{-0.5596 - (-9.9461)}{-0.5596} R^2 = 0.306456$$

範例 6-14 顯示以 Python 程式碼計算整個 R^2。

範例 *6-14* 計算邏輯迴歸的 R^2

```
import pandas as pd
from math import log, exp

patient_data = list(pd.read_csv('https://bit.ly/33ebs2R', delimiter=",") \
                                .itertuples())

# 宣告擬合後的邏輯迴歸
b0 = -3.17576395
b1 = 0.69267212

def logistic_function(x):
    p = 1.0 / (1.0 + exp(-(b0 + b1 * x)))
    return p
```

```
# 計算擬合之對數概似度
log_likelihood_fit = sum(log(logistic_function(p.x)) * p.y +
                         log(1.0 - logistic_function(p.x)) * (1.0 - p.y)
                         for p in patient_data)

# 計算沒有擬合下的對數概似度
likelihood = sum(p.y for p in patient_data) / len(patient_data)

log_likelihood = sum(log(likelihood) * p.y + log(1.0 - likelihood) * (1.0 - p.y) \
        for p in patient_data)

# 計算 R- 平方
r2 = (log_likelihood - log_likelihood_fit) / log_likelihood

print(r2)  # 0.306456105756576
```

好的，所以最後得出 $R^2 = 0.306456$，化學品暴露時間是否可以解釋某人會出現症狀？正如第 5 章關於線性迴歸中所了解的那樣，擬合不佳的 R^2 會更接近 0.0，而擬合度較好的會更接近 1.0。因此可以得到結論，暴露時間對於預測症狀來說是中等的，因為 R^2 為 0.30645。除了暴露時間之外，一定還有其他變數可以更精確預測某人是否會出現症狀。這很合理，因為就我們觀察到的大多數資料來說，有大量有出現症狀和未出現症狀的患者，如圖 6-12 所示。

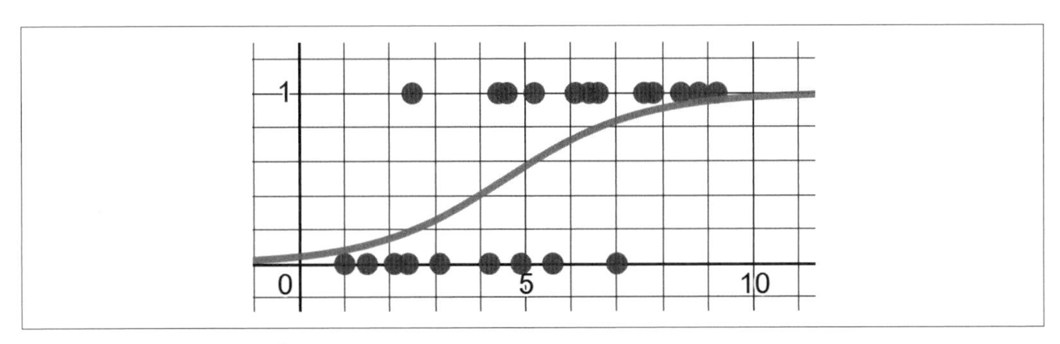

圖 6-12　我們的資料的 R^2 為 0.30645，因為曲線中間有許多變異數

但是，如果資料確實有一個明確的劃分，如圖 6-13 中顯示的 1 和 0 的結果是完全分開的，我們的 R^2 將是完美的 1.0。

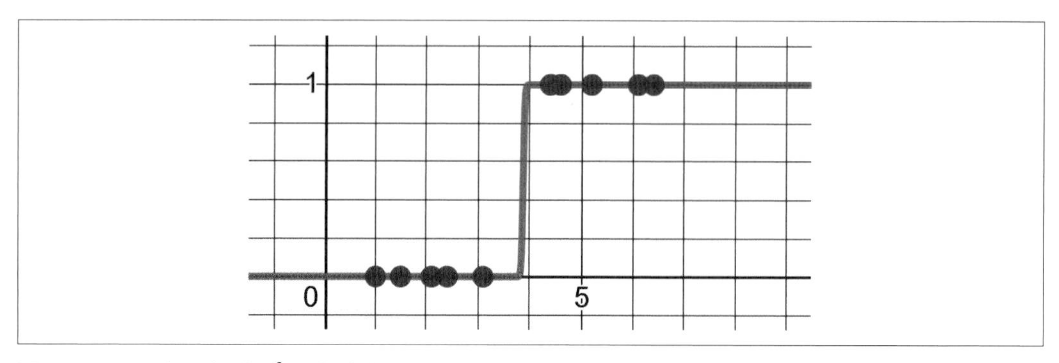

圖 6-13　此邏輯迴歸的 R^2 是完美的 1.0，因為暴露時數預測的結果存在明顯差異

P 值

就像線性迴歸一樣，我們並沒有因為有了 R^2 就算完成，仍然需要調查因為偶然而不是真實的關係而看到這些資料的可能性有多大。這意味著我們需要一個 p 值。

為此，我們需要學習一種新的機率分布：**卡方分布**（*chi-square distribution*），標註為 χ^2 分布。它是連續的，並被用在多個統計領域，包括現在這個！

如果取標準常態分布中的每個值（平均值為 0，標準差為 1）並對它進行平方，會得出一個具有自由度的 χ^2 分布。對於我們的目的而言，自由度將取決於在邏輯迴歸中有多少參數 n，也就是 $n-1$。您可以在圖 6-14 中看到不同自由度的範例。

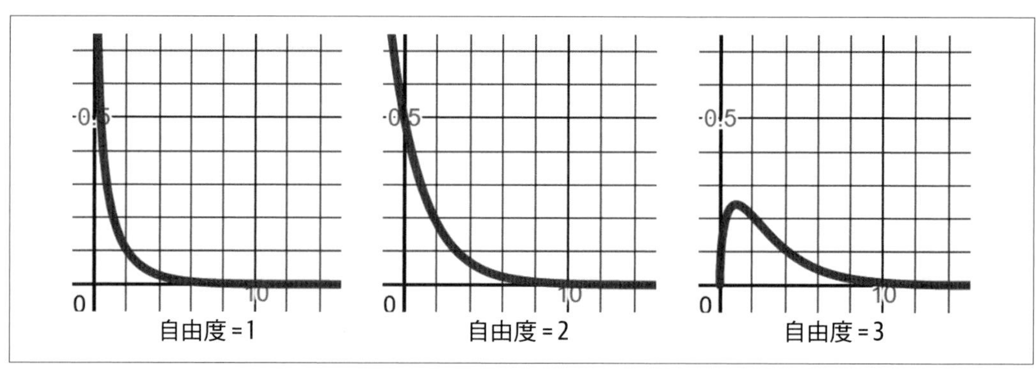

圖 6-14　具有不同自由度的 χ^2 分布

由於我們有兩個參數（曝露時數和是否出現症狀），因此自由度會是 1，因為 2 − 1 = 1。

這裡需要對數概似度擬合和對數概似度，如上一小節計算 R^2 時那樣，以下是產生需要查找的 χ^2 值的公式：

$$\chi^2 = 2(\text{對數概似度擬合}) - (\text{對數概似度})$$

接著取此值並從 χ^2 分布中查找機率。這將會給我們 p 值：

$$p\text{值} = chi(2((\text{對數概似度擬合}) - (\text{對數概似度}))$$

範例 6-15 顯示所給定的已擬合邏輯迴歸的 p 值，可以 SciPy 的 `chi2` 模組來使用卡方分布。

範例 6-15　計算給定邏輯迴歸的 p 值

```
import pandas as pd
from math import log, exp
from scipy.stats import chi2

patient_data = list(pd.read_csv('https://bit.ly/33ebs2R', delimiter=",").itertuples())

# 宣告擬合後的邏輯迴歸
b0 = -3.17576395
b1 = 0.69267212

def logistic_function(x):
    p = 1.0 / (1.0 + exp(-(b0 + b1 * x)))
    return p

# 計算擬合之對數概似度
log_likelihood_fit = sum(log(logistic_function(p.x)) * p.y +
                         log(1.0 - logistic_function(p.x)) * (1.0 - p.y)
                         for p in patient_data)

# 計算沒有擬合下的對數概似度
likelihood = sum(p.y for p in patient_data) / len(patient_data)

log_likelihood = sum(log(likelihood) * p.y + log(1.0 - likelihood) * (1.0 - p.y) \
                     for p in patient_data)

# 計算 p 值
chi2_input = 2 * (log_likelihood_fit - log_likelihood)
p_value = chi2.pdf(chi2_input, 1) # 1 degree of freedom (n - 1)
print(p_value)  # 0.0016604875618753787
```

因此有一個 0.00166 的 p 值，如果顯著性閾值為 0.05，就可以說這個資料在統計上是顯著的，而不是隨機的。

訓練 / 測試拆分

正如第 5 章有關線性迴歸的介紹，我們可以使用訓練 / 測試拆分來驗證機器學習演算法。這是評估邏輯迴歸效能的另一種機器學習方法。雖然依賴 R^2 和 p 值等傳統統計度量是個好主意，但當您處理更多變數時，它們會變得不太實用。這就是訓練 / 測試拆分再次派上用場的地方。回顧一下，圖 6-15 視覺化了會交替使用測試資料集的三折交叉驗證。

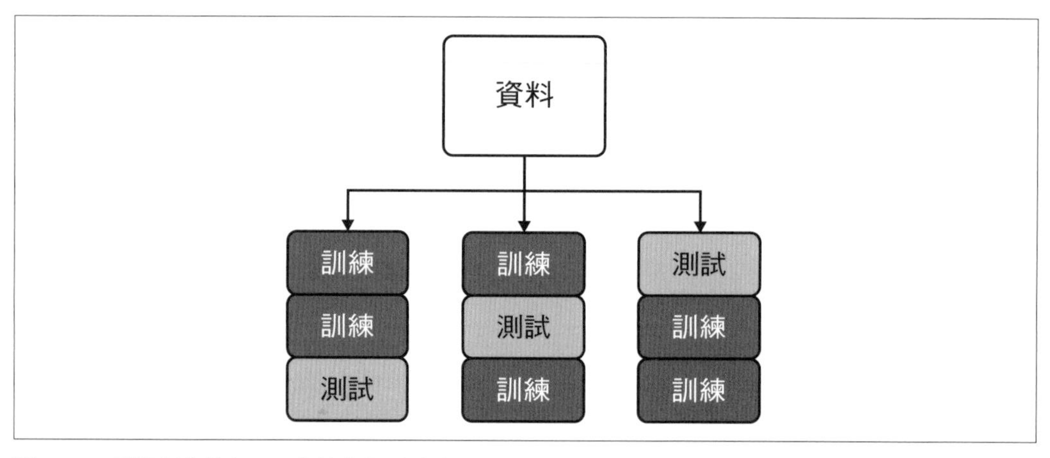

圖 6-15　將資料集的每 1/3 交替作為測試資料集的三折交叉驗證

在範例 6-16 中，我們對員工留任資料集執行邏輯迴歸，但把資料分成 3 份。然後，把每個 1/3 份交替作為測試資料；最後，用平均值和標準差來總結 3 個準確度。

範例 6-16　使用三折交叉驗證來執行邏輯迴歸

```
import pandas as pd
from sklearn.linear_model import LogisticRegression
from sklearn.model_selection import KFold, cross_val_score

# 載入資料
df = pd.read_csv("https://tinyurl.com/y6r7qjrp", delimiter=",")
X = df.values[:, :-1]
Y = df.values[:, -1]
```

```
# "random_state" 是隨機種子，我們讓它固定為 7
kfold = KFold(n_splits=3, random_state=7, shuffle=True)
model = LogisticRegression(penalty='none')
results = cross_val_score(model, X, Y, cv=kfold)

print("Accuracy Mean: %.3f (stdev=%.3f)" % (results.mean(), results.std()))
```

也可以使用隨機折疊驗證、留一法交叉驗證以及第 5 章執行的所有其他折疊變體。除此之外，讓我們來談談為什麼準確度是分類的一個壞的量度。

混淆矩陣

假設有一個模型觀察到「Michael」這個人辭掉了工作，雖然把名字和姓氏作為輸入變數的情況很少見，因為某人的名字是否會影響辭職率實在令人懷疑。但是，為了簡化範例，我們姑且用之。之後，該模型預測任何名為「Michael」的人都會辭職。

這就是造成準確度（accuracy）崩潰的地方。我有 100 名員工，其中一位名叫「Michael」，另一位名叫「Sam」。Michael 被錯誤地預測會辭職，但最終辭職的卻是 Sam。我的模型的準確度如何？它將會是 98%，因為如圖 6-16 所示，在 100 名員工中只有兩個錯誤的預測。

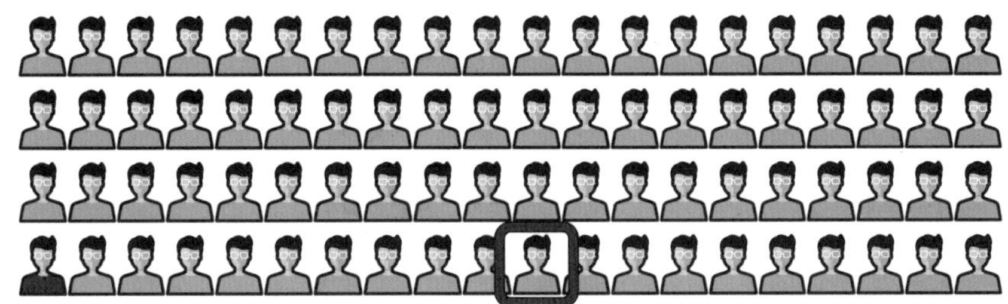

圖 6-16　名為「Michael」的員工預計會辭職，但實際上是另一名員工辭職，卻仍有 98% 的準確率

特別是對於我們感興趣的事件（例如，員工會離職）很少發生的不平衡資料，準確度量對於分類問題具有極大的誤導性。如果供應商、顧問或資料科學家曾經試圖向您推銷聲稱準確度的分類系統，請向他們索取混淆矩陣。

混淆矩陣（*confusion matrix*）是一個網格，它根據實際結果和預測結果來進行分解，顯示了真陽性（ true positive）、真陰性（true negative）、偽陽性（false positive）（I 類錯誤）和偽陰性（false negative）（II 類錯誤）。圖 6-17 即是混淆矩陣。

	真的辭職（真）	真的留任（假）
預測會辭職（真）	0	1
預測會留任（假）	1	98

圖 6-17　一個簡單的混淆矩陣

通常，我們希望對角線上的值（左上角到右下角）會更高，因為它們反映了正確的分類，並藉此評估有多少預測要辭職的員工實際上確實辭職了（真陽性）；相反的，也想評估有多少預計會留下來的員工，實際上也留下了（真陰性）。

其他細胞格反映了錯誤的預測，也就是預測會辭職的員工最終留下來了（偽陽性），而預測會留下的員工最終辭職了（偽陰性）。

我們需要做的是把準確度量分割成針對混淆矩陣不同部分、更具體的準確度量，如圖 6-18，它添加了一些有用的量度。

從混淆矩陣中，可以得出各種有用的度量，而不僅僅是準確度；也可以很容易地看到精確度（precision）（陽性預測的準確度）和靈敏度（sensitivity）（識別出的陽性率）為 0，這意味著該機器學習模型在陽性預測上完全失敗。

	真的辭職（真）	真的留任（假）	
預測會辭職（真）	0 (TP)	1 (FN)	靈敏度 $\frac{TP}{TP+FN} = \frac{0}{0+1} = 0$
預測會留任（假）	1 (FP)	98 (TN)	特異度 $\frac{TN}{TN+FP} = \frac{98}{98+1} = .989$
	精確度 $\frac{TP}{TP+FP} = \frac{0}{0+1} = 0$	陰性預測值 $\frac{TN}{TN+FN} = \frac{98}{98+1} = .989$	準確度 $\frac{TP+TN}{TP+TN+FP+FN} = \frac{98}{0+98+1+1} = .98$

F1分數 $\frac{2*Precision*Recall}{Precision+Recall}$ = 無法計算

圖 6-18　向混淆矩陣添加有用的度量

範例 6-17 展示如何在 SciPy 中把混淆矩陣 API 用來具有訓練／測試拆分的邏輯迴歸。請注意，混淆矩陣只適用於測試資料集。

範例 6-17　在 SciPy 中為測試資料集建立混淆矩陣

```
import pandas as pd
from sklearn.linear_model import LogisticRegression
from sklearn.metrics import confusion_matrix
from sklearn.model_selection import train_test_split

# 載入資料
df = pd.read_csv('https://bit.ly/3cManTi', delimiter=",")

# 提取輸入變數（所有列、除了最後一行之外的所有行）
X = df.values[:, :-1]

# 提取輸出變數（所有列、最後一行）
Y = df.values[:, -1]

model = LogisticRegression(solver='liblinear')

X_train, X_test, Y_train, Y_test = train_test_split(X, Y, test_size=.33,
    random_state=10)
model.fit(X_train, Y_train)
prediction = model.predict(X_test)
```

```
"""
混淆矩陣會評估每一類別的準確度。
[[truepositives falsenegatives]
 [falsepositives truenegatives]]

對角線代表正確的預測，
所以我們想要讓它們更高
"""
matrix = confusion_matrix(y_true=Y_test, y_pred=prediction)
print(matrix)
```

貝氏定理和分類

還記得第 2 章中的貝氏定理嗎？您可以使用貝氏定理來帶入外部資訊，以進一步驗證混淆矩陣的發現。圖 6-19 顯示對 1000 名患者進行疾病測試的混淆矩陣。

	測試為陽性	測試為陰性
有風險	198	2
沒有風險	50	750

圖 6-19　用於識別疾病的醫學測試的混淆矩陣

根據此矩陣可知，有健康風險的患者，99% 將被成功識別（敏感度）。使用混淆矩陣可以從數學上得到這個結果：

$$敏感度 = \frac{198}{198 + 2} = .99$$

但是如果翻轉條件呢？測試呈陽性的人之中，有多少百分比會有健康風險（精確度）？當翻轉條件機率時，不必使用貝氏定理，因為混淆矩陣能提供需要的所有數字：

$$精確度 = \frac{198}{198 + 50} = .798$$

好的，所以 79.8% 並不可怕，這就是測試呈陽性的人實際患有這種疾病的百分比。但是請先自問……，我們對資料做了什麼假設？它能代表母體嗎？

很快研究一下就可以發現，有 1% 的母體實際上患有這種疾病。這裡有機會使用貝氏定理。我們可以考慮實際患有這種疾病的母體比例，並把它納入混淆矩陣的發現中。然後發現一些重要的東西。

$$P(\text{為陽性時有風險}) = \frac{P(\text{有風險時為陽性}) \times P(\text{有風險})}{P(\text{陽性})}$$

$$P(\text{為陽性時有風險}) = \frac{.99 \times .01}{.248}$$

$$P(\text{為陽性時有風險}) = .0339$$

考慮到只有 1% 的母體處於危險之中，而測試患者中有 20% 處於危險之中時，如果測試呈陽性，有風險的機率是 3.39%！它是怎麼從 99% 下降的？這只是表明了我們很容易被特定樣本（例如供應商的 1000 名測試患者）中的高機率所欺騙。因此，如果這個測試只有 3.39% 的機率能夠成功識別出真陽性，可能不應該使用它。

接收器操作特徵 / 曲線下面積

評估不同的機器學習配置時，最終可能會得到數十、數百或數千個混淆矩陣。一一審視它們會很乏味，因此可以用如圖 6-20 所示的**接收者操作特徵**（*receiver operator characteristic, ROC*）**曲線**來總結所有這些矩陣。這使我們能夠看到每個測試實例（每個都由一個黑點表示），並在真陽性和偽陽性之間找到合適的平衡點。

我們還可以透過為每個模型建立個別的 ROC 曲線，來比較不同的機器學習模型。例如，如果在圖 6-21 中，頂部曲線表示邏輯迴歸，底部曲線表示決策樹（本書並未涉及的機器學習技術），我們可以用並排方式查看它們的效能。**曲線下面積**（*area under the curve, AUC*）是選擇應該要使用的模型一個很好的度量。由於頂部曲線（邏輯迴歸）具有更大的面積，這表明它是一個更好的模型。

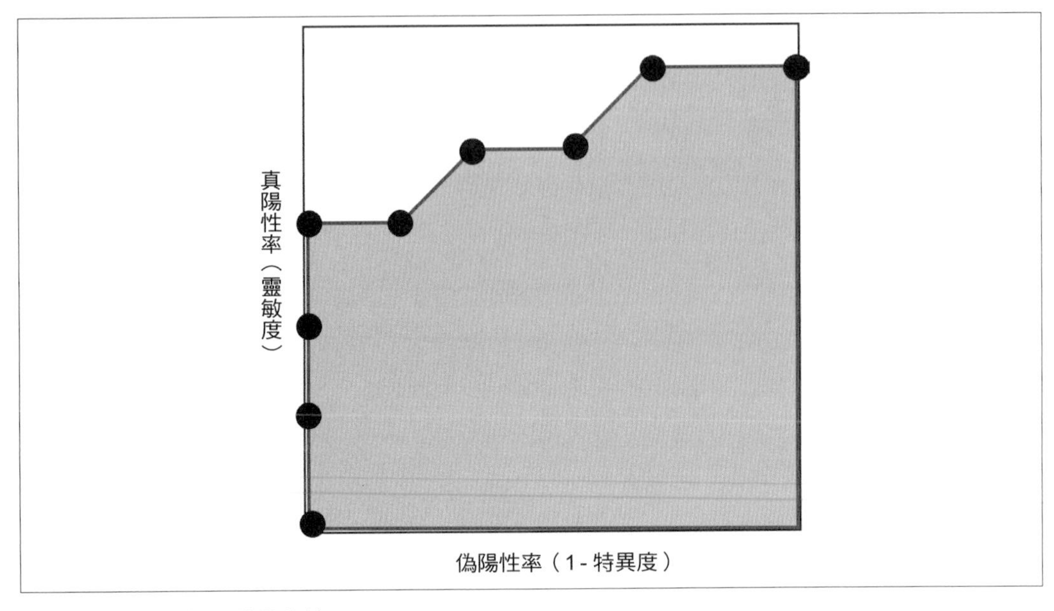

圖 6-20　接收者操作特徵曲線

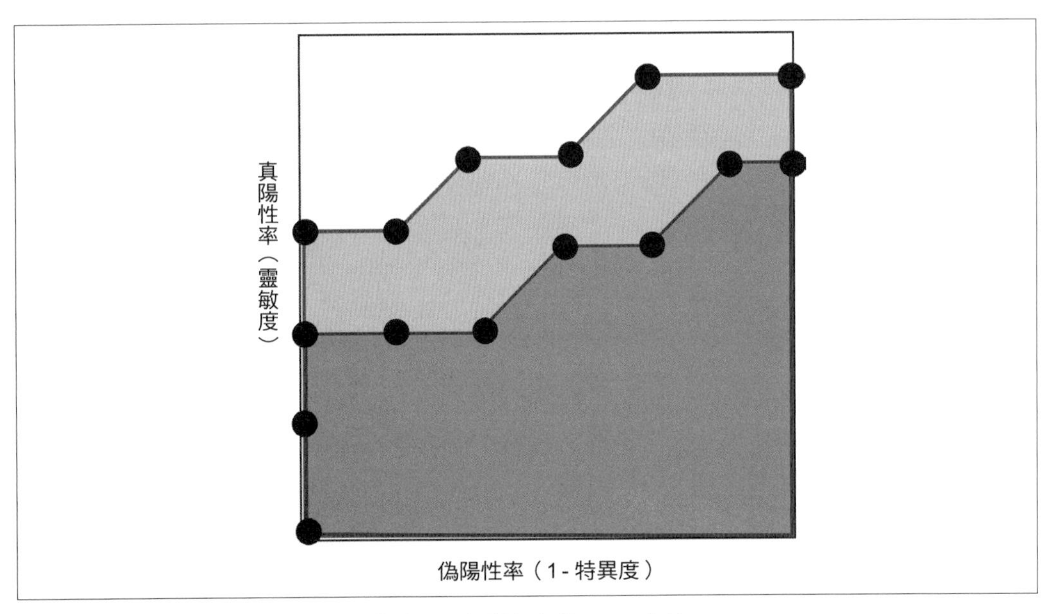

圖 6-21　比較兩個模型的曲線下面積（AUC）與各自的 ROC 曲線

要把 AUC 用來當作評分度量，請把 scikit-learn API 中的 `scoring` 參數更改為使用 `roc_auc`，如範例 6-18 中的交叉驗證所示。

範例 6-18　使用 AUC 作為 scikit-learn 參數

```
# 把 Scikit_learn 模型放在這裡

results = cross_val_score(model, X, Y, cv=kfold, scoring='roc_auc')
print("AUC: %.3f (%.3f)" % (results.mean(), results.std()))
# AUC: 0.791 (0.051)
```

類別不平衡

在結束本章之前，要介紹最後一件事。正如之前在討論混淆矩陣時所看到的那樣，當資料在每個結果類別中的表達不均等時會發生**類別不平衡**（*class imbalance*），這是機器學習中的一個問題。不幸的是，許多我們感興趣的問題都是不平衡的，例如疾病預測、安全漏洞、詐欺偵測等。類別不平衡一直是一個懸而未決的問題，並沒有很好的解決方案。但是，您可以嘗試一些技巧。

首先，有一些顯而易見的作法，比如蒐集更多資料或嘗試不同的模型，以及使用混淆矩陣和 ROC/AUC 曲線。所有這些都將有助於追蹤糟糕的預測並主動發現錯誤。

另一種常見的技術是在較少數類別中複製樣本，直到它在資料集中得出一樣多的表達。在進行訓練測試拆分時，您可以在 scikit-learn 中執行此操作，如範例 6-19 所示。對包含了類別值的那行一起傳遞 `stratify` 選項，它會嘗試均等地表達每個類別的資料。

範例 6-19　使用 scikit-learn 中的 stratify 選項來平衡資料中的類別

```
X, Y = ...
X_train, X_test, Y_train, Y_test =  \
        train_test_split(X, Y, test_size=.33, stratify=Y)
```

還有一個稱為 SMOTE 的演算法家族，它會產生少數類別的合成樣本。不過，最理想的，是以使用異常值測模型的方式來解決這個問題，這些模型是為尋找罕見事件而特意設計的。然而，這些作法是用來尋找異常值，而且不一定是用來分類，因為它們是非監督式演算法。所有這些技術都超出了本書的範圍，但值得一提，因為它們**可能**可以為給定問題提供更好的解決方案。

結論

邏輯迴歸是預測資料機率和分類的主力模型。邏輯迴歸可以預測不只一個類別，而不僅僅是真 / 假而已。您只需建構各自的邏輯迴歸模型，無論它是否屬於該類別，產生最高機率的模型就是獲勝的模型。您可能會發現 scikit-learn 在大多數情況下會為您執行此操作，並在您的資料具有兩個以上的類別時進行偵測。

本章不僅介紹如何使用梯度下降和 scikit-learn 來擬合邏輯迴歸，還介紹用於驗證的統計和機器學習方法。在統計方面，介紹了 R^2 和 p 值，在機器學習中，探索了訓練 / 測試拆分、混淆矩陣、還有 ROC/AUC。

如果您想了解有關邏輯迴歸的更多資訊，最有效的幫助可能是 Josh Starmer 關於邏輯迴歸的 StatQuest 播放清單。我必須感謝 Josh 對本章某些部分的幫助，特別是在如何計算邏輯迴歸的 R^2 和 p 值方面。沒事觀看他的影片，還可以欣賞精采的開場曲（*https://oreil.ly/tueJJ*）！

和以往一樣，您會發現自己在統計學和機器學習兩個世界之間遊走。現在許多書籍和資源都從機器學習的角度來介紹邏輯迴歸，但也嘗試尋找統計上的資源。兩種學派各有優劣，只有適應兩者才能取勝！

習題

此處提供具有三個輸入變數 `RED`、`GREEN` 和 `BLUE` 以及一個輸出變數 `LIGHT_OR_DARK_FONT_IND` 的資料集（*https://bit.ly/3imidqa*）。它會用來預測淺色 / 深色字體（分別為 0/1）是否適用於給定的背景顏色（由 RGB 值來指定）。

1. 對上面的資料執行邏輯迴歸，並使用三折交叉驗證和準確度作為度量。
2. 產生一個混淆矩陣，比較預測和實際資料。
3. 選擇幾個不同的背景顏色（可以使用像這樣的 RGB 工具（*https://bit.ly/3FHywrZ*）），看看邏輯迴歸是否明智地選擇了一個淺色（0）或深色（1）字體。
4. 根據前面的習題，您認為邏輯迴歸對於預測給定背景顏色上的淺色或深色字體是否有效？

答案在附錄 B 中。

第七章

神經網路

神經網路是過去 10 年中重新受到重視的迴歸和分類技術。用最簡單的方式定義，***神經網路***（*neural network*）是一個多層次迴歸，包含了位於輸入變數和輸出變數之間的權重、偏差和非線性函數層。***深度學習***（*deep learning*）是神經網路的一種流行變體，它利用了包含權重和偏差的多個「隱藏」（或中間）層節點。每個節點在傳遞給非線性函數（稱為激發函數）之前都類似於一個線性函數。就像第 5 章所學習的線性迴歸一樣，隨機梯度下降等優化技術可用來找到最佳的權重和偏差值，以最小化殘差。

神經網路為以前電腦難以解決的問題提供解決方案，振奮人心。從識別影像中的物件到處理音訊中的單字，神經網路創造足以影響日常生活的工具。這包括虛擬助手和搜尋引擎，以及 iPhone 中的照片工具。

鑑於媒體的喧囂和大膽的聲明已經占據有關神經網路的新聞頭條，它們其實自 1950 年代以來就一直存在的這個事實可能會令人驚訝。2010 年後，又突然流行的原因是因為資料和計算能力的不斷增長，2011 年至 2015 年之間的 ImageNet 挑戰可能是造成這股復興的最大驅動力，把 1000 個類別的 140 萬張影像分類效能提高到 96.4%。

然而，和任何機器學習技術一樣，它只適用於狹義的問題。即使是建立「自動駕駛」汽車的專案也不使用端到端（end-to-end）深度學習，而是主要使用帶有卷積神經網路的手工編碼的規則系統，充當識別道路上物體的「標籤製造者」；本章後面將討論這一點，以了解實際使用神經網路的地方。但首先，我們先在 NumPy 中建構一個簡單的神經網路，然後使用 scikit-learn 來操作程式庫。

何時該使用神經網路和深度學習？

神經網路和深度學習可以用在分類和迴歸，它們又是如何看待線性迴歸、邏輯迴歸和其他類型的機器學習呢？您可能聽過這樣的說法：「當您只有一把錘子時，任何東西都開始像釘子了。」每種演算法都有各自的優點和缺點。線性迴歸和邏輯迴歸，以及梯度提升樹（gradient boosted tree）（本書沒有提到），在預測結構化資料方面非常出色，請把結構化資料看作是很容易表達成具有列和行的表格資料。但是像影像分類這樣感知問題的結構化程度要低得多，因為我們試圖找到像素群組（而不是表格中的資料列）之間的模糊相關性來識別形狀和樣式。試圖預測正在輸入的句子中接下來的四個或五個單字，或者解譯音訊剪輯中所說的單字，也是感知問題以及神經網路用於自然語言處理的例子。

在本章中，我們將聚焦在只有一個隱藏層的簡單神經網路。

神經網路的變體

神經網路的變體包括卷積神經網路（convolutional neural network），通常用於影像識別，長短期記憶（long short-term memory, LSTM）網路用於預測時間序列，或進行預報，循環神經網路（recurrent neural network）通常用於文本轉語音的應用。

使用神經網路是否矯枉過正？

在接下來的例子中使用神經網路可能有點過頭了，因為邏輯迴歸可能會更實用，甚至可以使用公式化的方法（*https://oreil.ly/M4W8i*）。然而，我一直熱衷於將複雜技術應用於簡單問題上，以理解它們。您將了解該技術的優勢和局限性，而不是被大型資料集分散注意力。考量到這一點，盡量不要在更簡單的模型會更實用的情況下來使用神經網路。不過為了理解這項技術，我們將在本章中打破這個規則。

一個簡單的神經網路

這裡是一個簡單的例子來感受一下神經網路。我想預測用在給定顏色背景上的字體應該是淺色（1）還是深色（0）。圖 7-1 中是不同背景顏色的幾個範例，上面的那列適合淺色字體，下面那列則適合深色字體。

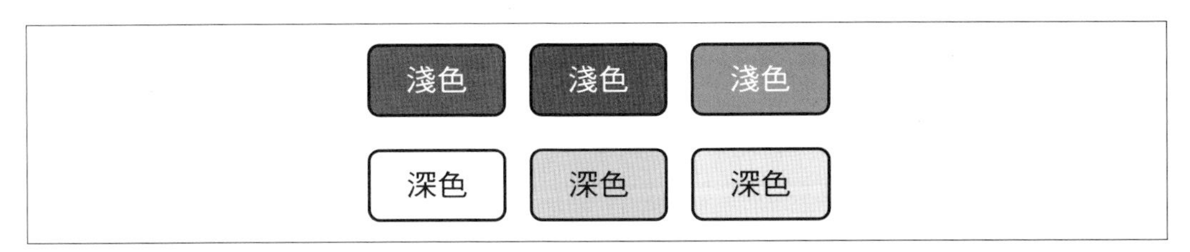

圖 7-1 淺色背景色搭配深色字體效果最佳，深色背景色搭配淺色字體效果最佳

在電腦科學中，用來表達顏色的方法是 RGB 值，也就是紅色、綠色和藍色值。這些值都介於 0 和 255 之間，混合這三種顏色就會建立所需的顏色。例如，深橘色的 RGB 是（255, 140, 0），粉紅色將是（255, 192, 203），黑色是（0, 0, 0），白色是（255, 255, 255）。

從機器學習和迴歸的角度來看，有三個數字輸入變數 `red`、`green`、和 `blue` 來表達給定的背景顏色。需要為這些輸入變數擬合一個函數，並輸出此背景顏色應該使用淺色（1）還是深色（0）字體。

透過 RGB 來表達顏色

網路上有數百個顏色選擇器調色板來試驗 RGB 值。W3 Schools 也有一個：*https://oreil.ly/T57gu*。

請注意，這個範例和神經網路識別影像的工作原理相距不遠，因為像素通常含以 3 個數字為表達的 RGB 值。在這個案例中，我們只關注作為背景顏色的一個「像素」。

讓我們從高層次開始，把所有實作細節放在一邊，像剝洋蔥一樣處理這個話題，從較高的理解開始，然後慢慢抽絲剝繭；這就是為什麼簡單地把一個接受輸入並產生輸出的過程標記為「神祕數學」。將 3 個數字輸入變數 R、G 和 B，由這個神祕數學來處理。它會輸出一個介於 0 和 1 之間的預測結果，如圖 7-2 所示。

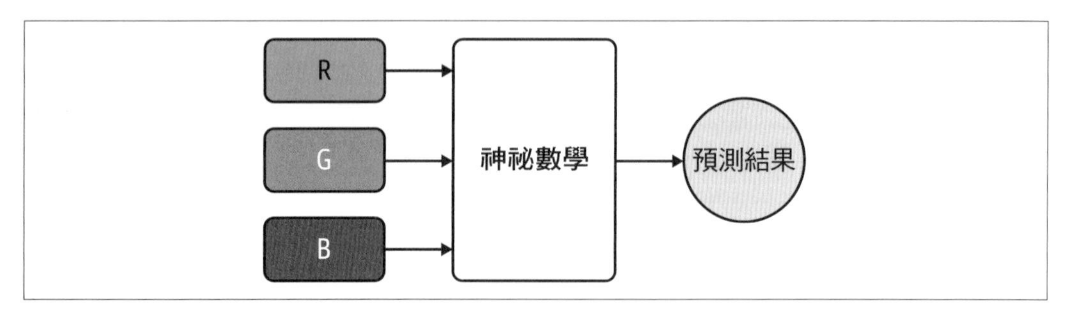

圖 7-2 用 3 個數字 RGB 值預測淺色或深色字體

該預測的輸出表示機率，輸出機率是神經網路分類最常用的模型。一旦 RGB 替換為它們的數值，小於 0.5 的輸出代表應該使用深色字體，而大於 0.5 將代表應該使用淺色字體，如圖 7-3 所示。

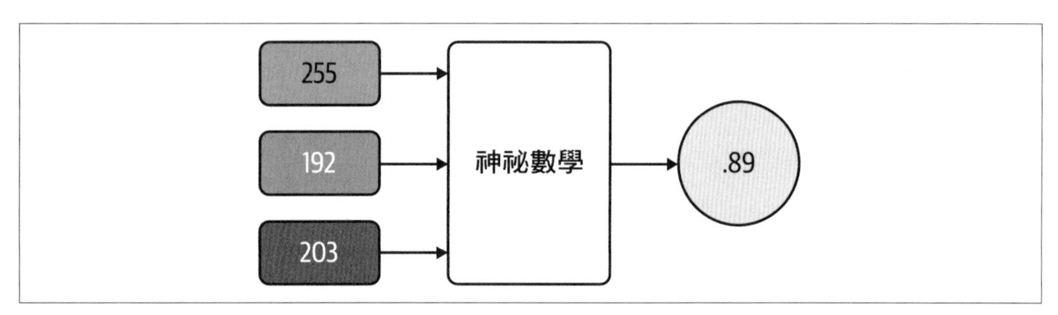

圖 7-3 如果輸入粉紅色的背景顏色（255, 192, 203），神祕數學會推薦淺色字體，因為輸出機率 0.89 大於 0.5

所以，神祕數學的黑箱裡到底發生什麼事？讓我們看一下圖 7-4。

神經網路還有一個部分：激發函數，我們很快就會講到它。但先來了解這裡發生了什麼事。左邊的第一層只是三個變數的輸入，在本例中是紅色、綠色和藍色值。在隱藏（中間）層，請注意我們在輸入和輸出之間建立了三個**節點**（*node*），也就是權重和偏差的函數。每個節點本質上是一個線性函數，其斜率 W_i 和截距 B_i 會和輸入變數 X_i 相乘並相加。每個輸入節點和隱藏節點之間都有一個權重 W_i，每個隱藏節點和輸出節點之間還有另一組權重。每個隱藏節點和輸出節點都會添加一個額外的偏差 B_i。

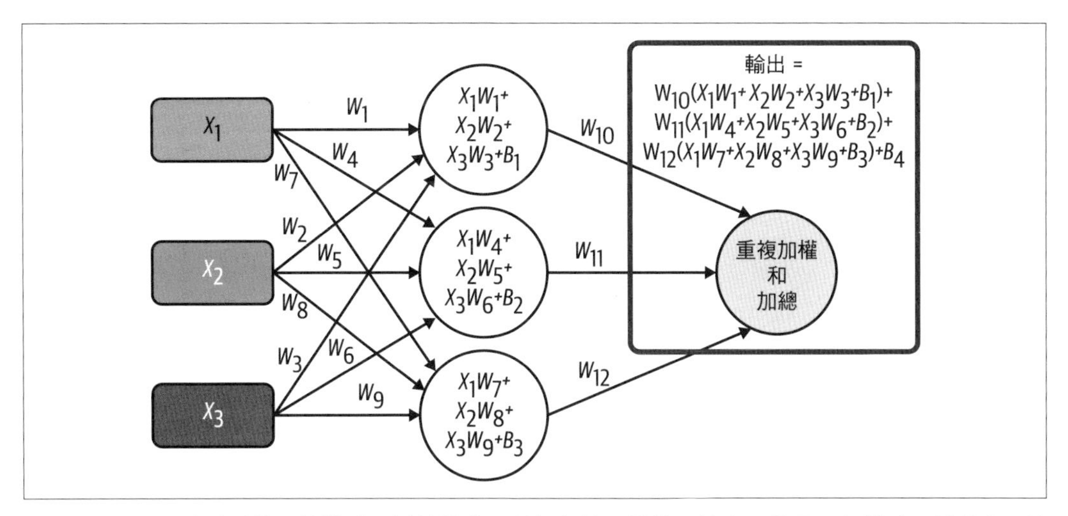

圖 7-4 神經網路的隱藏層將權重和偏差值應用於每個輸入變數，輸出層將另一組權重和偏差應用於該輸出

請注意，輸出節點會重複相同的運算，從隱藏層獲取輸出的加權和加總結果，並把它們輸入到最後一層，而在過程中將應用另一組權重和偏差。

簡而言之，這是一種迴歸，就像線性迴歸或邏輯迴歸一樣，但需要解決更多的參數。權重和偏差值類似於線性迴歸中的 m 和 b 或 β_1 和 β_0 參數。我們確實使用隨機梯度下降並像線性迴歸一樣來最小化損失，仍需要一個稱為倒傳遞（backpropagation）的附加工具來解開權重 W_i 和偏差 B_i 值，並使用鍊鎖法則（chain rule）來計算它們的偏微分。本章後面會討論這個問題，但先假設已經優化權重和偏差值。我們需要先談談激發函數。

激發函數

接下來要帶入激發函數。*激發函數*（*activation function*）是一種非線性函數，它會轉換或壓縮節點中的加權和加總後的值，幫助神經網路有效地分離資料，以便對它進行分類。請看一下圖 7-5。如果您沒有激發函數，您的隱藏層將不會有效，並且效能不會比線性迴歸好。

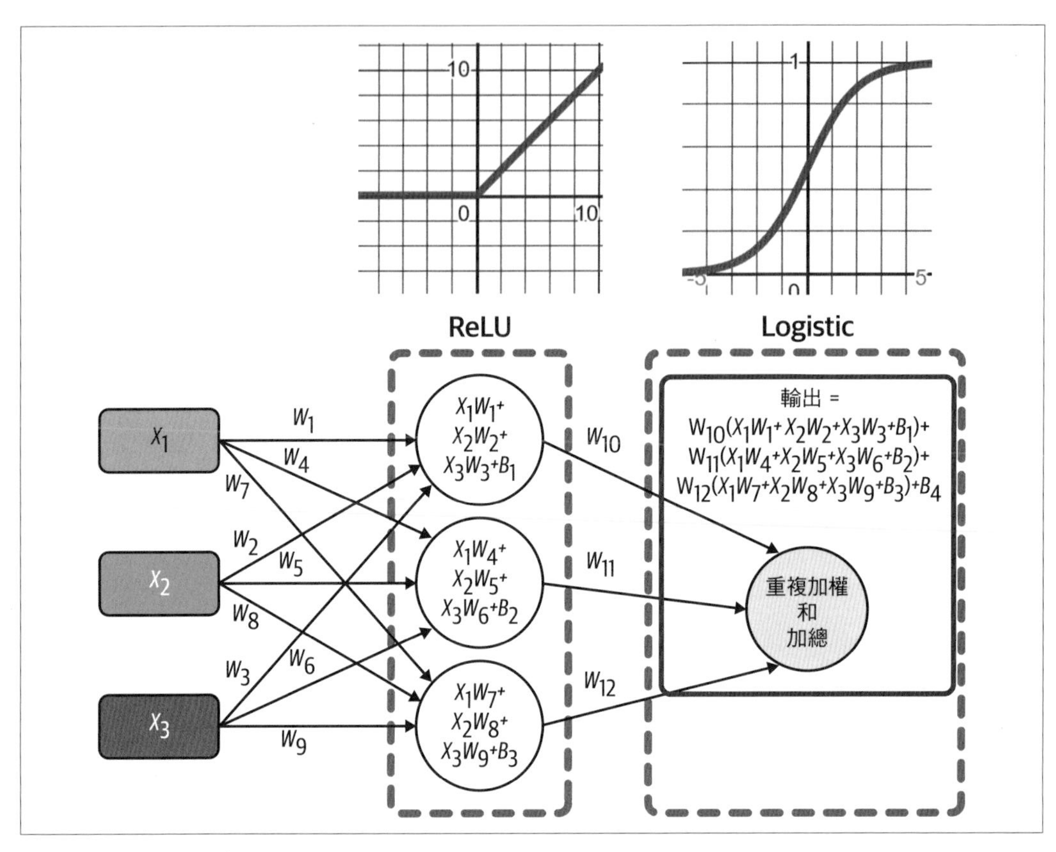

圖 7-5　應用激發函數

ReLU 激發函數（*ReLU activation function*）會把隱藏節點的任何負的輸出歸零。如果權重、偏差和輸入相乘並相加後為負數，則它會被轉換為 0。否則，輸出會保持不變。這裡是使用 SymPy（範例 7-1）畫出的 ReLU 圖（圖 7-6）。

範例 *7-1*　繪製 *ReLU* 函數

```
from sympy import *

# 繪製 relu
x = symbols('x')
relu = Max(0, x)
plot(relu)
```

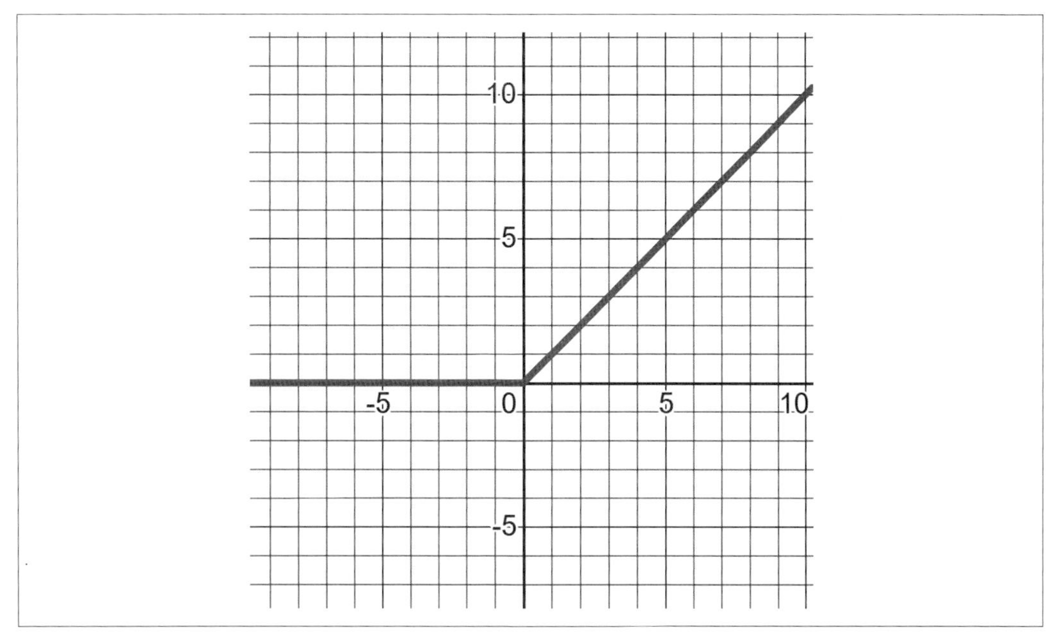

圖 7-6　ReLU 函數圖

ReLU 是「rectified linear unit」（整流線性單元）的縮寫，但它只是「把負值變成 0」的一種奇特說法。ReLU 在神經網路和深度學習中的隱藏層中很受歡迎，這是因為它的速度以及對消失梯度（vanishing gradient）問題的緩解（*https://oreil.ly/QGlM7*）。當偏微分斜率變得過小，以至於過早接近 0 並使訓練戛然而止時，就會出現梯度消失。

輸出層有一項重要的工作：它要從神經網路的隱藏層中提取大量數學，並把它轉化為可解釋的結果，例如呈現分類預測。這個特定神經網路的輸出層使用了**邏輯激發函數**（*logistic activation function*），它是一個簡單的 sigmoid 曲線。如果您閱讀過第 6 章，您應該熟悉邏輯（或 sigmoid）函數，它展示了邏輯迴歸會在神經網路中充當其中的一層。輸出節點會對來自隱藏層的每個輸入值進行加權、偏差和加總。之後，它透過邏輯函數來傳遞結果值，因此它會輸出一個介於 0 和 1 之間的數字。和第 6 章中的邏輯迴歸非常相似，這表示輸入到神經網路的給定顏色會推薦淺色字體的機率。如果大於或等於 0.5 時，那麼神經網路會建議使用淺色字體，但小於該值時會建議使用深色字體。

這裡是使用 SymPy（範例 7-2）的邏輯函數圖（圖 7-7）。

範例 7-2　SymPy 中的邏輯激發函數

```
from sympy import *

# 繪製邏輯函數
x = symbols('x')
logistic = 1 / (1 + exp(-x))
plot(logistic)
```

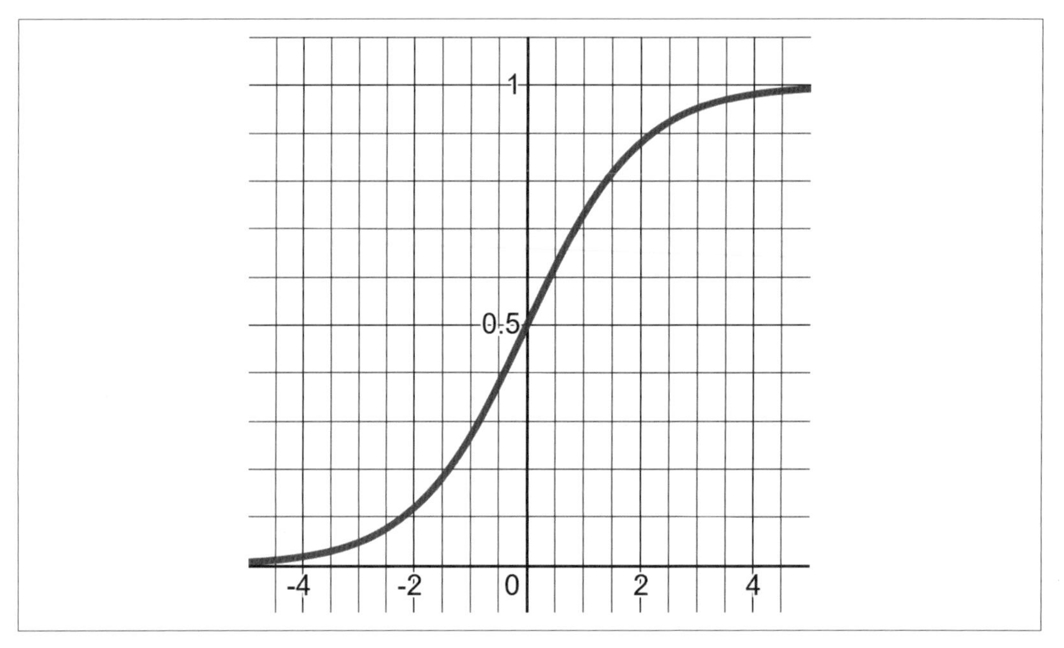

圖 7-7　邏輯激發函數

請注意，透過激發函數來傳遞節點的加權、偏差和加總值時，可稱之為**激發輸出**（*activated output*），這意味著它已透過激發函數進行過濾。當激發輸出離開隱藏層時，信號就準備好饋送到下一層。激發函數可以加強、削弱信號或保持信號不變。這就是神經網路中的大腦和突觸（synapse）這些隱喻的來源。

考慮到潛在的複雜性，您可能想知道是否還有其他的激發函數。一些常見的如表 7-1 所示。

表 7-1　常見的激發函數

名稱	所用的典型層	描述	備註
線性（linear）	輸出	保留原值	不常用
邏輯（logistic）	輸出	S 形 sigmoid 曲線	把值壓縮到 0-1 之間，常用來輔助二元分類
正切（tangent）	隱藏	tanh，介於 -1 到 1 之間的 S 形 sigmoid 曲線	透過將平均值帶往 0 來輔助「置中」資料
ReLU	隱藏	將負值變為 0	比 sigmoid 和 tanh 更快的常用激發，緩解消失的梯度問題，而且計算上很容易
Leaky ReLU	隱藏	將負值乘上 0.01	ReLU 的爭議性變體，會調整而非刪除負值
Softmax	輸出	確保所有輸出節點之加總為 1.0	對多重分類有用，會對輸出進行縮放，以讓它們的加總為 1.0

這不是激發函數的完整列表，理論上，任何函數都可以是神經網路中的激發函數。

雖然目前這個神經網路表面上支援兩個類別（淺色或深色字體），但實際上它被建模為只有一個類別：字體是淺色（1）或不是淺色（0）。如果您想支援多個類別，您可以為每個類別添加更多的輸出節點。例如，如果您嘗試識別手寫數字 0-9，則會有 10 個輸出節點來表達給定影像是這些數字中其中一個的機率。當您也有多個類別時，您可能要考慮使用 softmax 作為輸出激發。圖 7-8 顯示了一個接受像素化的數字影像的範例，其中像素分解為個別的神經網路輸入，然後透過兩個中間層，是一個具有 10 個節點的輸出層，代表 10 個類別（例如數字 0-9）的機率。

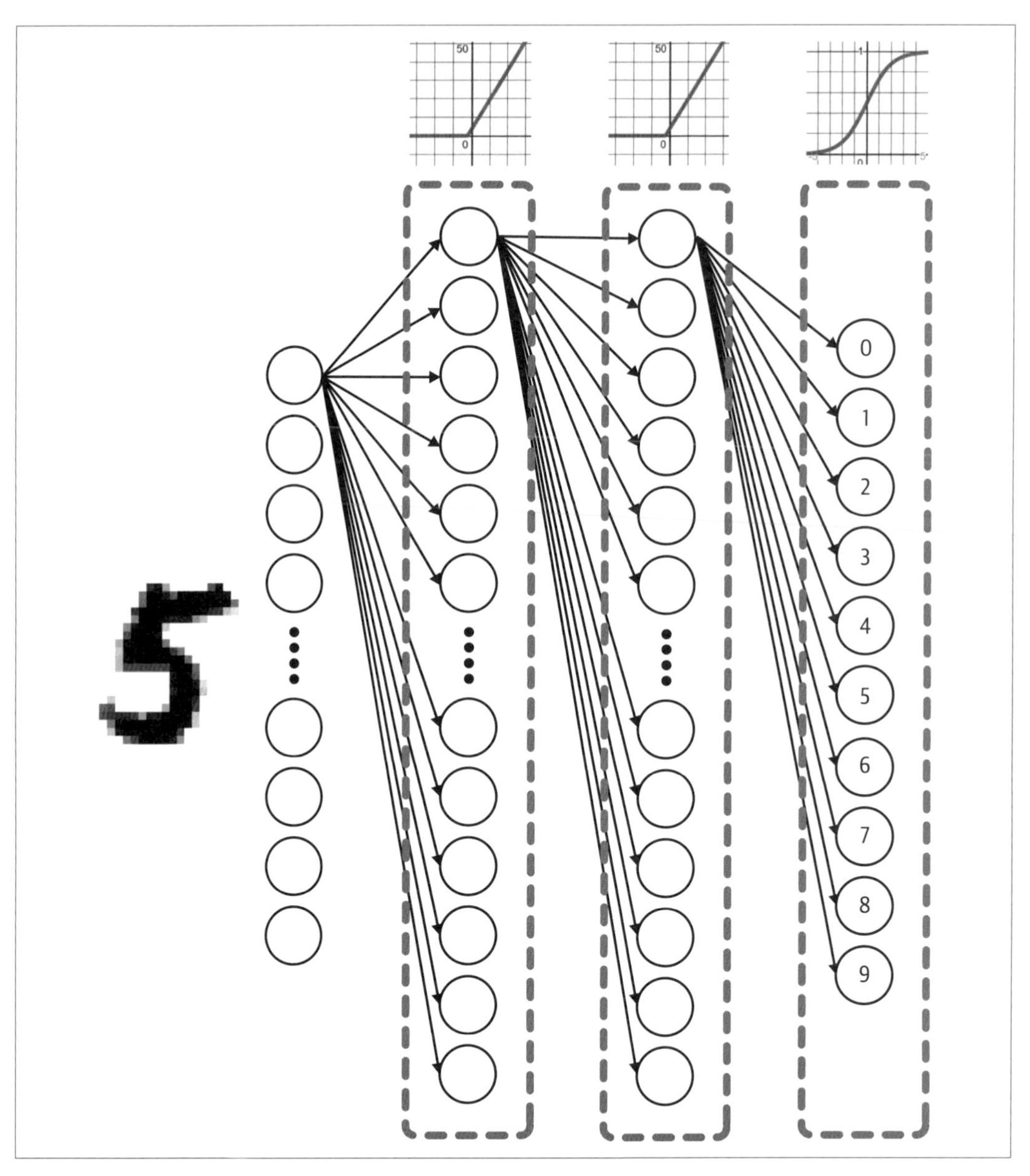

圖 7-8　將每個像素作為輸入，並預測影像所包含數字的神經網路

附錄 A 中提供了在神經網路上使用 MNIST 資料集的範例。

我不知道要用什麼激發函數！

如果您不確定要使用什麼激發，目前的最佳實務傾向於中間層使用 ReLU 以及在輸出層使用邏輯（sigmoid）。如果輸出中有多個類別，請使用 softmax 作為輸出層。

前向傳遞

先記一下到目前為止使用 NumPy 所學到的東西。請注意，我還沒有優化參數（權重和偏差值），我們將使用隨機值來初始化它們。

範例 7-3 是用來建立尚未優化的簡單前饋神經網路的 Python 程式碼；前饋（*feed forward*）意味著只是把一種顏色輸入到神經網路中並查看它的輸出。權重和偏差是隨機初始化的，將在本章後面進行優化，所以不要指望會產生有用的輸出。

範例 *7-3*　具有隨機權重和偏差值的簡單前向傳遞網路

```
import numpy as np
import pandas as pd
from sklearn.model_selection import train_test_split

all_data = pd.read_csv("https://tinyurl.com/y2qmhfsr")

# 提取輸入行，縮小 255 倍
all_inputs = (all_data.iloc[:, 0:3].values / 255.0)
all_outputs = all_data.iloc[:, -1].values

# 切分訓練和測試資料集
X_train, X_test, Y_train, Y_test = train_test_split(all_inputs, all_outputs,
    test_size=1/3)
n = X_train.shape[0] # number of training records

# 建構具有權重和偏差的神經網路
# 使用隨機初始化
w_hidden = np.random.rand(3, 3)
w_output = np.random.rand(1, 3)

b_hidden = np.random.rand(3, 1)
b_output = np.random.rand(1, 1)

# 激發函數
relu = lambda x: np.maximum(x, 0)
logistic = lambda x: 1 / (1 + np.exp(-x))
```

```
# 透過神經網路執行輸入以獲得預測輸出
def forward_prop(X):
    Z1 = w_hidden @ X + b_hidden
    A1 = relu(Z1)
    Z2 = w_output @ A1 + b_output
    A2 = logistic(Z2)
    return Z1, A1, Z2, A2

# 計算準確度
test_predictions = forward_prop(X_test.transpose())[3] # grab only output layer, A2
test_comparisons = np.equal((test_predictions >= .5).flatten().astype(int), Y_test)
accuracy = sum(test_comparisons.astype(int) / X_test.shape[0])
print("ACCURACY: ", accuracy)
```

這裡有幾點需要注意，RGB 輸入值和輸出值（1 表示亮，0 表示暗）的資料集包含在這個 CSV 檔案中（*https://oreil.ly/1TZIK*）。我把輸入行 R、G 和 B 的值縮小了 1/255，因此它們會介於 0 和 1 之間。這會有助於以後的訓練，從而壓縮數字空間。

請注意，我還使用 scikit-learn，讓 2/3 的資料用於訓練，1/3 用於測試，如同第 5 章中所學習的那樣。n 是訓練資料記錄的數量。

現在請注意範例 7-4 中顯示的程式碼。

範例 *7-4 NumPy* 中的權重矩陣和偏差向量

```
# 建構具有權重和偏差的神經網路
# 使用隨機初始化
w_hidden = np.random.rand(3, 3)
w_output = np.random.rand(1, 3)

b_hidden = np.random.rand(3, 1)
b_output = np.random.rand(1, 1)
```

這些宣告神經網路的隱藏層和輸出層的權重和偏差。這裡可能還看不太出來，但使用線性代數和 NumPy 的矩陣乘法，會讓程式碼變得非常簡單。

權重和偏差將被初始化為 0 到 1 之間的隨機值。先來看權重矩陣，當我執行程式碼時，我得到了這些矩陣：

$$W_{hidden} = \begin{bmatrix} 0.034535 & 0.5185636 & 0.81485028 \\ 0.3329199 & 0.53873853 & 0.96359003 \\ 0.19808306 & 0.45422182 & 0.36618893 \end{bmatrix}$$

$$W_{output} = \begin{bmatrix} 0.82652072 & 0.30781539 & 0.93095565 \end{bmatrix}$$

請注意，W_{hidden} 是隱藏層中的權重。第一列表達第一個節點的權重 W_1、W_2 和 W_3，第二列是第二個節點的權重 W_4、W_5 和 W_6，第三列是第三個節點的權重 W_7、W_8 和 W_9。

輸出層只有一個節點，這意味著它的矩陣只有一列，權重為 W_{10}、W_{11} 和 W_{12}。

在這裡有看到一個模式嗎？每個節點都表達為矩陣中的一列；如果有三個節點時，就會有三列；如果只有一個節點，則會有一列。每一行包含了該節點的權重值。

讓我們也看一下偏差。由於每個節點都有一個偏差，因此隱藏層將有三列的偏差，輸出層將有一列的偏差。由於每個節點只有一個偏差，因此只有一行：

$$B_{hidden} = \begin{bmatrix} 0.41379442 \\ 0.81666079 \\ 0.07511252 \end{bmatrix}$$

$$B_{output} = [0.58018555]$$

現在，拿這些矩陣值和視覺化神經網路比較，如圖 7-9 所示。

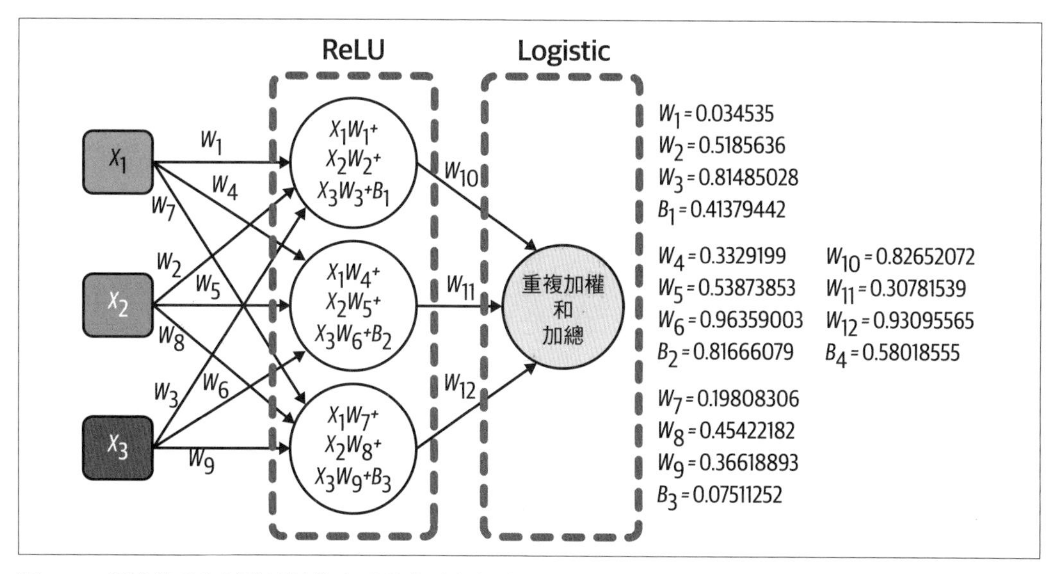

圖 7-9　根據權重和偏差矩陣值來視覺化神經網路

除了非常緊湊之外，這種矩陣形式的權重和偏差有什麼好處呢？讓我們關注範例 7-5 中的這些程式碼。

範例 7-5　我們的神經網路的激發函數和前向傳遞函數

```
# 激發函數
relu = lambda x: np.maximum(x, 0)
logistic = lambda x: 1 / (1 + np.exp(-x))

# 透過神經網路執行輸入以獲得預測輸出
def forward_prop(X):
    Z1 = w_hidden @ X + b_hidden
    A1 = relu(Z1)
    Z2 = w_output @ A1 + b_output
    A2 = logistic(Z2)
    return Z1, A1, Z2, A2
```

這段程式碼很重要，因為它使用了矩陣乘法和矩陣向量乘法，來簡潔地執行我們的整個神經網路。我們在第 4 章中已經了解了這些運算。它在幾行程式碼中讓三個 RGB 輸入的顏色通過權重、偏差和激發函數。

我首先宣告了 `relu()` 和 `logistic()` 激發函數，它們會根據字面上的意義來接受一個給定的輸入值，並根據曲線來傳回輸出值。`forward_prop()` 函數會針對包含了 R、G 和 B 值的給定顏色輸入 `X` 來執行整個神經網路。它會傳回來自四個階段的矩陣輸出：`Z1`、`A1`、`Z2` 和 `A2`。「1」和「2」分別指出運算是屬於第 1 層和第 2 層。「Z」表示該層的未激發輸出，「A」表示該層的激發輸出。

隱藏層由 `Z1` 和 `A1` 來表達。`Z1` 是應用在 `X` 的權重和偏差。然後 `A1` 會接受來自 `Z1` 的輸出並把它推送到 ReLU 激發函數。`Z2` 接受來自 `A1` 的輸出並應用輸出層的權重和偏差。該輸出依次通過激發函數、邏輯曲線後，變成 `A2`。最後一個階段 `A2` 是來自輸出層的預測機率，並傳回一個介於 0 和 1 之間的值。我們稱它為 `A2`，因為它是來自第 2 層的「激發」輸出。

讓我們從 `Z1` 開始更詳細地分解它：

$$Z_1 = W_{hidden}X + B_{hidden}$$

首先，在 W_{hidden} 和輸入顏色 `X` 之間執行矩陣向量乘法。我們將 W_{hidden} 的每一列（每一列是一個節點的一組權重）與向量 `X`（RGB 顏色輸入值）相乘。然後我們將偏差加到該結果中，如圖 7-10 所示。

$$Z_1 = W_{hidden}X + B_{hidden}$$

$$Z_1 = \begin{bmatrix} 0.034535 & 0.5185636 & 0.81485028 \\ 0.3329199 & 0.53873853 & 0.96359003 \\ 0.19808306 & 0.45422182 & 0.36618893 \end{bmatrix} \begin{bmatrix} 0.82652072 \\ 0.30781539 \\ 0.93095565 \end{bmatrix} + \begin{bmatrix} 0.41379442 \\ 0.81666079 \\ 0.07511252 \end{bmatrix}$$

$$Z_1 = \begin{bmatrix} 0.946755221909086 \\ 1.33805678888247 \\ 0.644441873391768 \end{bmatrix} + \begin{bmatrix} 0.41379442 \\ 0.81666079 \\ 0.07511252 \end{bmatrix}$$

$$Z_1 = \begin{bmatrix} 1.36054964190909 \\ 2.15471757888247 \\ 0.719554393391768 \end{bmatrix}$$

圖 7-10　使用矩陣向量乘法和向量加法，來將隱藏層權重和偏差應用於輸入 X

那個 Z_1 向量是隱藏層的原始輸出，但仍然需要把它傳入激發函數來把 Z_1 變成 A_1。夠簡單吧！只需把該向量中的每個值傳給 ReLU 函數，它就會給我們 A_1A_1。因為所有的值都是正的，所以應該不會有什麼影響。

$$A_1 = ReLU(Z_1)$$

$$A_1 = \begin{bmatrix} ReLU(1.36054964190909) \\ ReLU(2.15471757888247) \\ ReLU(0.719554393391768) \end{bmatrix} = \begin{bmatrix} 1.36054964190909 \\ 2.15471757888247 \\ 0.719554393391768 \end{bmatrix}$$

現在，把隱藏層的輸出 A_1 傳遞給最後一層來得出 Z_2，然後是 A_2。A_1 成為輸出層的輸入。

$$Z_2 = W_{output}A_1 + B_{output}$$

$$Z_2 = [0.82652072\ 0.3078159\ 0.93095565] \begin{bmatrix} 1.36054964190909 \\ 2.15471757888247 \\ 0.719554393391768 \end{bmatrix} + [0.58018555]$$

$$Z_2 = [2.45765202842636] + [0.58018555]$$

$$Z_2 = [3.03783757842636]$$

最後，將 Z_2 中的單一值傳遞給激發函數來得出 A_2。這會產生大約是 0.95425 的預測結果：

$$A_2 = logistic(Z_2)$$

$$A_2 = logistic([3.0378364795204])$$

$$A_2 = 0.954254478103241$$

這就是執行整個神經網路的過程，儘管還沒有訓練它。但是請花點時間了解一下，我們已經採用了所有這些輸入值、權重、偏差和非線性函數，並把它們全部轉換為一個可以提供預測結果的值。

同樣的，A2 是預測該背景顏色需要淺色（1）還是深色（0）字體的最終輸出。即使權重和偏差還沒有優化，還是計算一下準確度，如範例 7-6 所示。獲取測試資料集 `X_test`、對其進行轉置、然後把它傳遞給 `forward_prop()` 函數，但只擷取具有每種測試顏色預測結果的 A2 向量。然後將預測結果和實際值進行比較，並計算正確預測的百分比。

範例 7-6　計算準確度

```
# 計算準確度
test_predictions = forward_prop(X_test.transpose())[3]  # 只擷取 A2
test_comparisons = np.equal((test_predictions >= .5).flatten().astype(int), Y_test)
accuracy = sum(test_comparisons.astype(int) / X_test.shape[0])
print("ACCURACY: ", accuracy)
```

當我執行範例 7-3 中的整個程式碼時，我的準確度大致在 55% 到 67% 之間。請記住，權重和偏差是隨機產生的，因此答案會有所不同。雖然考慮到參數是隨機產生的，這個準確度看起來可能還滿高的，但請記住，輸出的預測是二元的：淺色或深色。因此，隨機投擲硬幣也可能為每個預測產生這樣的結果，所以這個數字應該不足為奇。

不要忘記檢查不平衡的資料！

正如第 6 章所討論的，不要忘了分析資料以檢查不平衡的類別。整個背景顏色資料集有點不平衡：有 512 種顏色的輸出為 0，833 種顏色的輸出為 1。這可能會影響準確度，也可能是隨機權重和偏差造成高於 50% 準確度的原因。如果資料極度不平衡（例如 99% 的資料都是同一類），請記住使用混淆矩陣來追蹤偽陽性和偽陰性。

到目前為止，一切在結構上都有意義嗎？在繼續之前，請隨時查看到目前為止的所有內容。我們只剩最後一個主題要介紹：優化權重和偏差。按一下濃縮咖啡機或冷萃咖啡吧（nitro coffee bar），因為這會是我們在本書中所進行的最複雜數學運算！

倒傳遞

在開始使用隨機梯度下降來優化神經網路之前，我們面臨的一個挑戰是弄清楚如何相對應地改變每一個權重和偏差值，即使它們都被糾結在一起以建立輸出變數，然後用來計算殘差。要如何找出每個權重 W_i 和偏差 B_i 變數的微分呢？需要使用第 1 章所介紹的鍊鎖法則。

計算權重和偏差的微分

我們還沒有準備好應用隨機梯度下降來訓練我們的神經網路，必須先得到關於權重 W_i 和偏差 B_i 的偏微分，並且運用鍊鎖法則。

雖然過程大致相同，但在神經網路上使用隨機梯度下降有些複雜。某一層中的節點會把它們的權重和偏差輸入到下一層，然後再應用另一組權重和偏差，這會建立一個類似洋蔥、需要解開的巢狀結構，從輸出層開始解開。

在梯度下降期間，我們需要弄清楚應該要調整哪些權重和偏差，以及該調整多少，以降低整體的成本函數。單一預測的成本將是神經網路 A_2 的平方輸出減去實際值 Y：

$$C = (A_2 - Y)^2$$

但是讓我們剝開一層，激發輸出 A_2 只是使用了激發函數的 Z_2：

$$A_2 = sigmoid(Z_2)$$

Z_2 又是應用於來自隱藏層的激發輸出 A_1 的輸出權重和偏差：

$$Z_2 = W_2 A_1 + B_2$$

A_1 是在 Z_1 的基礎上建構的，Z_1 會傳入 ReLU 激發函數：

$$A_1 = ReLU(Z_1)$$

最後，Z_1 是被隱藏層進行加權和偏差後的輸入 x 值：

$$Z_1 = W_1 X + B_1$$

我們需要找到會最小化損失的 W_1、B_1、W_2 和 B_2 矩陣，及向量中所包含的權重和偏差。透過微調它們的斜率，我們可以改變會對最小化損失產生最大影響的權重和偏差。然而，對權重或偏差的每一個微小推動都會一直傳遞到外層的損失函數，這就是鍊鎖法則可以幫助我們弄清楚這種影響的地方。

讓我們專注於找出輸出層的權重 W_2 和成本函數 C 間的關係。權重 W_2 的變化會導致未激發輸出 Z_2 發生變化。然後會再改變激發輸出 A_2，從而改變成本函數 C。使用鍊鎖法則，我們可以定義 C 對 W_2 的微分如下：

$$\frac{dC}{dW_2} = \frac{dZ_2}{dW_2}\frac{dA_2}{dZ_2}\frac{dC}{dA_2}$$

把這三個梯度相乘時，可以衡量 W_2 的變化會改變成本函數 C 的程度。

現在要計算這三個微分，可使用 SymPy 來計算範例 7-7 中成本函數對 A_2 的微分。

$$\frac{dC}{dA_2} = 2A_2 - 2y$$

範例 7-7　計算成本函數對 A_2 的微分

```
from sympy import *

A2, y = symbols('A2 Y')
C = (A2 - Y)**2
dC_dA2 = diff(C, A2)
print(dC_dA2) # 2*A2 - 2*Y
```

接下來，計算 A_2 對 Z_2 的微分（範例 7-8）。請記住，A_2 是激發函數的輸出，在本範例中是邏輯函數。所以實際上只是在取一個 sigmoid 曲線的微分。

$$\frac{dA_2}{dZ_2} = \frac{e^{-Z_2}}{\left(1 + e^{-Z_2}\right)^2}$$

範例 7-8　求 A_2 對 Z_2 的微分

```
from sympy import *

Z2 = symbols('Z2')

logistic = lambda x: 1 / (1 + exp(-x))
```

```
A2 = logistic(Z2)
dA2_dZ2 = diff(A2, Z2)
print(dA2_dZ2) # exp(-Z2)/(1 + exp(-Z2))**2
```

Z_2 對 W_2 的微分會是 A_1，因為它只是一個線性函數，而且會傳回斜率（範例 7-9）。

$$\frac{dZ_2}{dW_1} = A_1$$

範例 7-9　Z_2 對 W_2 的微分

```
from sympy import *

A1, W2, B2 = symbols('A1, W2, B2')

Z2 = A1*W2 + B2
dZ2_dW2 = diff(Z2, W2)
print(dZ2_dW2) # A1
```

綜合以上所述，這裡是求 W_2 的權重變化會影響成本函數 C 多少的微分：

$$\frac{dC}{dw_2} = \frac{dZ_2}{dw_2}\frac{dA_2}{dZ_2}\frac{dC}{dA_2} = (A_1)\left(\frac{e^{-Z_2}}{\left(1+e^{-Z_2}\right)^2}\right)(2A_2 - 2y)$$

執行具有三個輸入 R、G 和 B 值的輸入 X 時，獲得 A_1、A_2、Z_2 和 y 的值。

不要迷失在數學中！

算到這裡會很容易迷失在數學中，而忘記最初想要達成的目標，也就是找到成本函數對輸出層中某一權重（W_2）的微分。當您發現自己困在雜草中，忘記想要做什麼時，請往後退一步、去散個步、喝杯咖啡、並提醒自己您的目標。如果做不到，就從頭開始，按照自己的方式來工作，直到找回之前迷失的那點。

然而，這只是神經網路的一個組成部分，也就是 W_2 的微分。這裡是範例 7-10 中的 SymPy 計算，用來鍊鎖我們需要的其餘偏微分。

範例 *7-10* 計算神經網路所需的所有偏微分

```
from sympy import *

W1, W2, B1, B2, A1, A2, Z1, Z2, X, Y = \
    symbols('W1 W2 B1 B2 A1 A2 Z1 Z2 X Y')

# 計算成本函數對 A2 的微分
C = (A2 - Y)**2
dC_dA2 = diff(C, A2)
print("dC_dA2 = ", dC_dA2) # 2*A2 - 2*Y

# 計算 A2 對 Z2 的微分
logistic = lambda x: 1 / (1 + exp(-x))
_A2 = logistic(Z2)
dA2_dZ2 = diff(_A2, Z2)
print("dA2_dZ2 = ", dA2_dZ2) # exp(-Z2)/(1 + exp(-Z2))**2

# 計算 Z2 對 A1 的微分
_Z2 = A1*W2 + B2
dZ2_dA1 = diff(_Z2, A1)
print("dZ2_dA1 = ", dZ2_dA1) # W2

# 計算 Z2 對 W2 的微分
dZ2_dW2 = diff(_Z2, W2)
print("dZ2_dW2 = ", dZ2_dW2) # A1

# 計算 Z2 對 B2 的微分
dZ2_dB2 = diff(_Z2, B2)
print("dZ2_dB2 = ", dZ2_dB2) # 1

# 計算 A1 對 Z1 的微分
relu = lambda x: Max(x, 0)
_A1 = relu(Z1)
d_relu = lambda x: x > 0 # 若為正時斜率為 1，否則為 0
dA1_dZ1 = d_relu(Z1)
print("dA1_dZ1 = ", dA1_dZ1) # Z1 > 0

# 計算 Z1 對 W1 的微分
_Z1 = X*W1 + B1
dZ1_dW1 = diff(_Z1, W1)
print("dZ1_dW1 = ", dZ1_dW1) # X

# 計算 Z1 對 B1 的微分
dZ1_dB1 = diff(_Z1, B1)
print("dZ1_dB1 = ", dZ1_dB1) # 1
```

請注意，ReLU 是手動計算的，而不是使用 SymPy 的 `diff()` 函數。這是因為微分適用於平滑曲線，而不是 ReLU 上存在的鋸齒角。但是這個問題很容易解決，只需要為了正數把斜率宣告為 1，為了負數把斜率宣告為 0。這是有道理的，因為負數有一條斜率為 0 的水平線；但正數會保持原樣，斜率為 1 比 1。

這些偏微分可以鏈接在一起，以建立對權重和偏差的新偏微分。接著來計算 W_1、W_2、B_1 和 B_2 中的權重對成本函數的所有 4 個偏微分。前面已經求過了 $\frac{dC}{dw_2}$，現在把它和需要的其他 3 個鍊接微分一起展示：

$$\frac{dC}{dW_2} = \frac{dZ_2}{dW_2}\frac{dA_2}{dZ_2}\frac{dC}{dA_2} = (\mathrm{A}_1)\left(\frac{e^{-Z_2}}{\left(1+e^{-Z_2}\right)^2}\right)(2A_2 - 2y)$$

$$\frac{dC}{dB_2} = \frac{dZ_2}{dB_2}\frac{dA_2}{dZ_2}\frac{dC}{dA_2} = (1)\left(\frac{e^{-Z_2}}{\left(1+e^{-Z_2}\right)^2}\right)(2A_2 - 2y)$$

$$\frac{dC}{dW_1} = \frac{dC}{DA_2}\frac{DA_2}{dZ_2}\frac{dZ_2}{dA_1}\frac{dA_1}{dZ_1}\frac{dZ_1}{dW_1} = (2A_2 - 2y)\left(\frac{e^{-Z_2}}{\left(1+e^{-Z_2}\right)^2}\right)(W_2)(Z_1 > 0)(X)$$

$$\frac{dC}{dB_1} = \frac{dC}{DA_2}\frac{DA_2}{dZ_2}\frac{dZ_2}{dA_1}\frac{dA_1}{dZ_1}\frac{dZ_1}{dB_1} = (2A_2 - 2y)\left(\frac{e^{-Z_2}}{\left(1+e^{-Z_2}\right)^2}\right)(W_2)(Z_1 > 0)(1)$$

我們會使用這些鍊接梯度來計算成本函數 C 相對於 W_1、B_1、W_2 和 B_2 的斜率。

自動微分

如您所見，即使使用鍊鎖法則和 SymPy 之類的符號程式庫，解開微分仍然很乏味。這就是為什麼可微分程式庫正在興起的原因，比如 Google 製作的 JAX 程式庫（*https://oreil.ly/N96Pk*），幾乎和 NumPy 相同，但它可以計算被封裝為矩陣的參數的微分。

如果您想了解有關自動微分的更多資訊，這個 YouTube 影片（*https://youtu.be/wG_nF1awSSY*）解釋得很好。

隨機梯度下降

我們現在準備整合鍊鎖法則來執行隨機梯度下降。為了簡單起見，每次迭代中將只採樣一個訓練紀錄。批次和小批次梯度下降通常用在神經網路和深度學習，但有足夠的線性代數和微積分來在每次迭代中只處理一個樣本。

讓我們看一下範例 7-11 中使用倒傳遞隨機梯度下降（backpropagated stochastic gradient descent）的神經網路完整實作。

範例 *7-11* 使用隨機梯度下降來實作神經網路

```
import numpy as np
import pandas as pd
from sklearn.model_selection import train_test_split

all_data = pd.read_csv("https://tinyurl.com/y2qmhfsr")

# 學習率控制了我們趨近解答的速度
# 調的太小，它會花太長的時間來執行。
# 調的太大，它可能會走過頭而錯過解答。
L = 0.05

# 提取輸入行，縮小 255 倍
all_inputs = (all_data.iloc[:, 0:3].values / 255.0)
all_outputs = all_data.iloc[:, -1].values

# 切分訓練和測試資料集
X_train, X_test, Y_train, Y_test = train_test_split(all_inputs, all_outputs,
    test_size=1 / 3)
n = X_train.shape[0]

# 建構具有權重和偏差的神經網路
# 使用隨機初始化
w_hidden = np.random.rand(3, 3)
w_output = np.random.rand(1, 3)

b_hidden = np.random.rand(3, 1)
b_output = np.random.rand(1, 1)

# 激發函數
relu = lambda x: np.maximum(x, 0)
logistic = lambda x: 1 / (1 + np.exp(-x))

# 透過神經網路執行輸入以獲得預測輸出
def forward_prop(X):
    Z1 = w_hidden @ X + b_hidden
```

```
    A1 = relu(Z1)
    Z2 = w_output @ A1 + b_output
    A2 = logistic(Z2)
    return Z1, A1, Z2, A2

# 激發函數的微分
d_relu = lambda x: x > 0
d_logistic = lambda x: np.exp(-x) / (1 + np.exp(-x)) ** 2

# 傳回權重和偏差的斜率
# 使用鍊鎖法則
def backward_prop(Z1, A1, Z2, A2, X, Y):
    dC_dA2 = 2 * A2 - 2 * Y
    dA2_dZ2 = d_logistic(Z2)
    dZ2_dA1 = w_output
    dZ2_dW2 = A1
    dZ2_dB2 = 1
    dA1_dZ1 = d_relu(Z1)
    dZ1_dW1 = X
    dZ1_dB1 = 1

    dC_dW2 = dC_dA2 @ dA2_dZ2 @ dZ2_dW2.T

    dC_dB2 = dC_dA2 @ dA2_dZ2 * dZ2_dB2

    dC_dA1 = dC_dA2 @ dA2_dZ2 @ dZ2_dA1

    dC_dW1 = dC_dA1 @ dA1_dZ1 @ dZ1_dW1.T

    dC_dB1 = dC_dA1 @ dA1_dZ1 * dZ1_dB1

    return dC_dW1, dC_dB1, dC_dW2, dC_dB2

# 執行梯度下降
for i in range(100_000):
    # 隨機選擇一筆訓練資料
    idx = np.random.choice(n, 1, replace=False)
    X_sample = X_train[idx].transpose()
    Y_sample = Y_train[idx]

    # 透過神經網路執行隨機選擇的訓練資料
    Z1, A1, Z2, A2 = forward_prop(X_sample)

    # 透過倒傳遞來傳播誤差
    # 並傳回權重和偏差的斜率
    dW1, dB1, dW2, dB2 = backward_prop(Z1, A1, Z2, A2, X_sample, Y_sample)
```

```
    # 更新權重和偏差
    w_hidden -= L * dW1
    b_hidden -= L * dB1
    w_output -= L * dW2
    b_output -= L * dB2

# 計算準確度
test_predictions = forward_prop(X_test.transpose())[3]  # grab only A2
test_comparisons = np.equal((test_predictions >= .5).flatten().astype(int), Y_test)
accuracy = sum(test_comparisons.astype(int) / X_test.shape[0])
print("ACCURACY: ", accuracy)
```

這裡有很多內容，但它建立在本章學到的其他內容基礎上。100,000 次隨機梯度下降迭代，把訓練和測試資料分別拆分為 2/3 和 1/3 後，我在測試資料集中獲得大約 97-99% 的準確度，具體取決於隨機性是如何產生的。這意味著在訓練後，我的神經網路可以正確識別 97-99% 的測試資料，並做出正確的淺色 / 深色字體預測。

`backward_prop()` 函數是這裡的關鍵，實作了鍊鎖法則來接受輸出節點中的誤差（平方殘差），然後把它切開並向後傳遞到輸出和隱藏的權重 / 偏差以獲得對每個權重 / 偏差的斜率。然後取這些斜率並在 `for` 迴圈中來分別微調權重 / 偏差，像第 5 章和第 6 章中所做的那樣乘以學習率 `L`。進行一些矩陣向量乘法以根據斜率來向後傳遞誤差，並且在需要時轉置矩陣和向量，以便列和行之間的維度可以匹配。

如果您想讓神經網路更具互動性，這裡是範例 7-12 中的一段程式碼，可以在其中輸入不同的背景顏色（透過 R、G 和 B 值），看看它預測的是淺色或深色字體。把它附加到前面範例 7-11 程式碼的底部並試一試！

範例 *7-12*　為神經網路添加一個交談式殼層

```
# 進行互動並用新顏色來測試
def predict_probability(r, g, b):
    X = np.array([[r, g, b]]).transpose() / 255
    Z1, A1, Z2, A2 = forward_prop(X)
    return A2

def predict_font_shade(r, g, b):
    output_values = predict_probability(r, g, b)
    if output_values > .5:
        return "DARK"
    else:
        return "LIGHT"

while True:
    col_input = input("Predict light or dark font. Input values R,G,B: ")
```

```
    (r, g, b) = col_input.split(",")
    print(predict_font_shade(int(r), int(g), int(b)))
```

從頭開始建構自己的神經網路需要大量的工作和數學運算，但它可以讓您深入了解它們的真實本質。透過研究神經網路層、微積分和線性代數，我們對 PyTorch 和 TensorFlow 等深度學習程式庫在幕後所做的事情有了更深入的了解。

正如您從閱讀這一整章後所了解到的那樣，有很多活動部件可以使神經網路發揮作用。在程式碼的不同部分放置中斷點以查看每個矩陣運算在做什麼會很有幫助。您還可以把程式碼移植到 Jupyter Notebook 中，以更視覺式地了解每個步驟。

3Blue1Brown 倒傳遞

3Blue1Brown 有一些關於倒傳遞（*https://youtu.be/Ilg3gGewQ5U*）和神經網路背後的微積分（*https://youtu.be/tIeHLnjs5U8*）經典影片。

使用 scikit-learn

scikit-learn 中有一些有限的神經網路功能。如果您想深入學習，您可能會想要探索 PyTorch 或 TensorFlow，並獲得一台具有強大 GPU 的電腦（現在您有一個很好的藉口來獲得您一直想要的遊戲電腦！）有人告訴我，現在所有酷孩都在使用 PyTorch。然而，scikit-learn 確實有一些方便的模型可以用，包括 `MLPClassifier`，它代表「多層感知器分類器」（multi-layer perceptron classifier）。這是一個為分類而設計的神經網路，預設會使用邏輯輸出激發。

範例 7-13 是我們開發的背景顏色分類應用程式的 scikit-learn 版本。`activation` 引數指明了隱藏層的神經元所使用的激發函數。

範例 *7-13*　使用 *scikit-learn* 的神經網路分類器

```
import pandas as pd
# 載入資料
from sklearn.model_selection import train_test_split
from sklearn.neural_network import MLPClassifier

df = pd.read_csv('https://bit.ly/3GsNzGt', delimiter=",")

# 提取輸入變數（所有列、除了最後一行之外的所有行）
# 注意在此處我們應該要進行某種線性縮放
X = (df.values[:, :-1] / 255.0)
```

```
# 提取輸出行（所有列、最後一行）
Y = df.values[:, -1]

# 拆分訓練和測試資料
X_train, X_test, Y_train, Y_test = train_test_split(X, Y, test_size=1/3)

nn = MLPClassifier(solver='sgd',
                   hidden_layer_sizes=(3, ),
                   activation='relu',
                   max_iter=100_000,
                   learning_rate_init=.05)

nn.fit(X_train, Y_train)

# 印出權重和偏差
print(nn.coefs_ )
print(nn.intercepts_)

print("Training set score: %f" % nn.score(X_train, Y_train))
print("Test set score: %f" % nn.score(X_test, Y_test))
```

執行此程式碼，我的測試資料準確度約為 99.3%。

使用 *scikit-learn* 的 *MNIST* 範例

要查看使用 MNIST 資料集來預測手寫數字的 scikit-learn 範例，請參閱附錄 A。

神經網路和深度學習的局限性

儘管神經網路具有許多優勢，但它們在某些類型的任務中都遇到了困難。這種層、節點和激發函數的靈活性使它能夠以非線性方式來靈活地擬合資料……但可能太靈活了。為什麼這麼說？它可能會過度擬合資料。深度學習教育先驅、Google Brain 前負責人 Andrew Ng 在 2021 年的記者會上提到了這個問題。當被問到為什麼機器學習還沒有取代放射科醫生時，這是他在 *IEEE Spectrum* 論文中的回答（*https ://oreil.ly/ljXsz*）：

> 事實證明，當我們從史丹福醫院蒐集資料，然後訓練和測試同一家醫院的資料後，的確可以發表論文，表明「演算法」在某些情況下，可堪比放射科醫生。

> 但事實也證明，「當」您把同樣的模型、同樣的人工智慧系統帶到街上的一家老醫院，而他們使用了一台舊機器，且技術人員使用稍微不同的成像協議時，資料會漂移而導致人工智慧系統的效能顯著退化。相比之下，任何人類放射科醫生都可以沿著街道走到老醫院，並且做得很好。
>
> 因此，即使在某個特定時候，我們設定好這些資料好讓它運作，但臨床現實是，這些模型仍然需要大量工作才能投入生產。

換句話說，機器學習過度擬合史丹福醫院的訓練和測試資料集。當帶到使用不同機器的其他醫院時，由於過度擬合，效能會顯著下降。

自動化交通工具和自動駕駛汽車也面臨同樣的挑戰。只針對停車標誌訓練一個神經網路是不夠的！它必須針對停車標誌周圍的無數條件組合進行訓練：好天氣、陰雨天氣、白天和黑夜、塗鴉、被樹擋住、在不同的地點等等。在交通場景中，想想所有不同類型的車輛、行人、穿著服裝的行人，以及將遇到的無限量的例外狀況！只透過在神經網路中增加更多的權重和偏差，根本無法有效地捕捉路上遇到的每一種類型事件。

這就是自動駕駛汽車本身不會以端到端的方式來使用神經網路的原因。相反的，會分解為不同的軟體和感測器模組，而其中一個模組可能會使用神經網路在物件周圍繪製一個框，然後另一個模組會使用不同的神經網路來分類該框中的物件，例如行人。從這裡開始，基於規則的傳統邏輯會嘗試預測行人的路徑，而硬編碼邏輯會從不同的條件中練習反應。機器學習僅限於標籤製作的活動，而不是車輛的戰術和操作。最重要的是，如果在車輛前方偵測到未知物體，雷達等基本感測器就會停止，這只是另一種不使用機器學習或深度學習的技術堆疊。

這可能讓某些人驚訝，因為常聽聞神經網路和深度學習在國際象棋和圍棋（*https://oreil.ly/9zFxM*）等遊戲中擊敗人類，甚至在戰鬥飛行模擬中擊敗飛行員（*https://oreil. ly/hbdYI*）；這些新聞占據媒體版面。重要的是要記住，在像這樣的強化學習環境中，模擬的是封閉世界，可以透過虛擬的有限世界來產生和學習無限量的標記資料。然而，現實世界並不是我們可以產生無限量資料的模擬。此外，這不是一本哲學書，因此我們將跳過有關我們是否生活在模擬中的討論。對不起，Elon[譯註]！在現實世界中蒐集資料既昂貴又困難。最重要的是，現實世界充滿了無限的不可預測性和罕見的事件，所有這些因素促使機器學習從業者訴諸資料輸入勞工，來標記交通物件（*https://oreil.ly/mhjvz*）和其他資料的圖片。自動駕駛汽車新創公司通常必須把這種資料輸入工作和模擬資料結合起來，因為產生訓練資料所需的里程和邊緣案例的場景實在是太天文數字了，無法只透過駕駛數百萬英里的車隊來蒐集。

譯註　在此指 Tesla 創辦人 Elon Musk

這些都是人工智慧研究喜歡使用棋盤遊戲和電玩遊戲的原因，因為可以輕鬆乾淨地產生無限的標記資料。Google 的著名工程師 Francis Chollet 為 TensorFlow 開發了 Keras（並且還寫了一本很棒的書，*Deep Learning with Python*），他在一篇 Verge 文章（*https://oreil.ly/4PDLf*）中分享一些對此的觀察：

> 問題是，一旦您選擇了一個量度，您就會採取任何可行的捷徑來操控。例如，如果您把下棋當作智力量度（我們從 1970 年代到 1990 年代開始這樣做），您最終會得到一個精通下棋的系統，如此而已。沒有理由相信它也會做好其他事情。您最終會得到樹的搜尋和 *minimax*，但沒辦法再告訴您其他和人類智商相關的知識。現在的人在 *Dota* 或星際爭霸等電玩遊戲中追求技能，以此視為智商檢測方式，其實也是落入完全相同的智能陷阱……
>
> 如果我開始使用深度學習以超人的水平來「解」魔獸爭霸Ⅲ，只要我有足夠的工程人才和計算能力（像這樣的任務大約需要幾千萬美元）就可以。但是一旦我做到了，我會學到什麼關於智能或泛化的知識呢？好吧，什麼都沒有。充其量，我已經掌握了有關擴展深度學習的工程知識。所以我並不真正把它視為科學研究，因為它沒有教給我們任何我們不知道的東西。它並沒有回答任何懸而未決的問題。如果問題是「我們能在超人的水平上玩 X 嗎？」答案肯定是，「是的，只要您能產生足夠密集的訓練情況樣本，並把它們輸入到具有足夠表達能力的深度學習模型中。」而我們知道這一點已經有一段時間了。

也就是說，我們必須小心，不要把遊戲中的演算法效能和那些還沒解決、更廣泛的能力混為一談。機器學習、神經網路和深度學習都適用於狹隘的已定義問題，它們不能廣泛地推理或選擇自己的任務，或思考它們以前從未見過的物件。像任何撰寫的應用程式一樣，它們只是做程式設計它們來做的事情。

使用任何工具，解決問題，不應該偏袒神經網路或您可以使用的任何工具。考量一切之後，使用神經網路可能不是您面前任務的最佳選擇。在不把特定工具當作是主要目標的情況下，努力解決現在的問題始終是最重要的事情。深度學習的使用必須具戰略性的和有保證的。當然有使用案例，但在您的大多數日常工作中，您可能會使用更簡單、更有偏差的模型（例如線性迴歸、邏輯迴歸或傳統的基於規則的系統）來獲得更大的成功。但是，如果您發現自己必須對影像中的物件進行分類，並且您有預算和人力來建構該資料集，那麼深度學習將是您最好的選擇。

人工智慧的冬天來臨了嗎？

神經網路和深度學習有用嗎？當然！它們絕對值得學習。也就是說，您很有可能已經看到媒體、政治家和科技名人把深度學習稱為某種通用的人工智慧，即使不能超越人類的智能，也可以匹敵，甚至注定要控制世界。我參加過軟體開發社群權威人士的演講，他們告訴程式設計師，幾年後他們都將因為機器學習而失業，人工智慧將接管編寫程式碼。

十年過去了，這些預測在 2022 年仍然還沒實現，因為它們根本不正確。我們看到的人工智慧挑戰遠多於突破，我仍然需要自己開車、編寫自己的程式碼。神經網路受到人腦的粗略啟發，但絕不是大腦的複製品。它們的能力遠不能和您在*魔鬼終結者*（*The Terminator*）、*西方極樂園*（*Westworld*）或*戰爭遊戲*（*War Games*）等電影中看到的相提並論。取而代之的是，神經網路和深度學習只能解決特定問題，例如在對數千張影像進行優化後識別狗和貓的照片。如前文所述，它們無法推理或選擇自己的任務，也無法思考以前從未見過的不確定性或物件。神經網路和深度學習只接受程式設計指派的任務。

這種脫節可能會誇大了投資和預期，導致泡沫破裂，帶來另一個「人工智慧冬天」，幻想破滅和失望會導致人工智慧研究的資金枯竭。自 1960 年代以來，在北美、歐洲和日本，已經多次發生人工智慧冬天。另一個 AI 冬天很有可能即將到來，但這並不意味著神經網路和深度學習將失去作用，它們將繼續應用於擅長的問題：電腦視覺、音訊、自然語言和其他一些領域。也許您可以發現使用它們的新方法！使用最有效的方法，無論是線性迴歸、邏輯迴歸、傳統的基於規則的系統，還是神經網路。用對的工具正確的解決問題，就是這麼簡單的事，才會產生更大的威力。

結論

神經網路和深度學習提供了一些令人興奮的應用方式，我們在這一章中只是觸及皮毛。從識別影像到處理自然語言，不斷有應用神經網路及其不同風格的深度學習使用案例出現。

我們從頭開始學習了如何建構一個帶有一個隱藏層的簡單神經網路，用來預測是否應該針對背景顏色使用淺色或深色字體。還應用一些高級微積分概念來計算巢狀函數的偏微分，並把它應用於隨機梯度下降來訓練神經網路，談到像 scikit-learn 這樣的程式庫。雖然本書沒有足夠的篇幅來討論 TensorFlow、PyTorch 和更進階的應用程式，但仍有大量資源可以擴展您的知識。

3Blue1Brown 有一個關於神經網路和倒傳遞的精采播放清單（*https://oreil.ly/VjwBr*），值得您多次觀看。Josh Starmer 關於神經網路的 StatQuest 播放清單（*https://oreil.ly/YWnF2*）也很有幫助，特別是在把神經網路視覺化為流形（manifold）運算方面。另一個關於流形理論和神經網路的精采影片可以在 Art of the Problem（*https://youtu.be/e5xKayCBOeU*）上找到。最後，當您準備好深入研究時，請查看 Aurélien Géron 的 *Hands-On Machine Learning with Scikit-Learn, Keras, and TensorFlow*（O'Reilly 出版）以及 Francois Chollet 的 *Deep Learning with Python*（Manning 出版）。

如果您讀到本章的結尾，並且覺得能吸收所有內容，那麼恭喜您了！您不僅有效地學習了機率、統計、微積分和線性代數，而且還把它們應用於線性迴歸、邏輯迴歸和神經網路等實際應用。我們將在下一章討論您如何繼續前進，並開始您職業成長的新階段。

習題

將神經網路應用於第 6 章使用的員工留任資料。您可以從這裡匯入資料（*https://tinyurl.com/y6r7qjrp*）。嘗試建構這個神經網路，讓它在這個資料集上進行預測，並使用準確度和混淆矩陣來評估效能。這是解決這個問題的好模型嗎？是與否的理由分別為何？

雖然歡迎您從頭開始建構神經網路，但請考慮使用 scikit-learn、PyTorch 或其他深度學習程式庫來節省時間。

答案在附錄 B 中。

第八章

職涯建議和前方的道路

當我們讀完這本書時，最好評估一下要從這裡往哪裡走。您學習並整合廣泛的應用數學主題：微積分、機率、統計和線性代數。然後，您進一步應用這些技術，包括線性迴歸、邏輯迴歸和神經網路。在本章中，我們將介紹在資料科學職業生涯中，那令人陌生、興奮又奇特多樣化的環境導航時，如何使用這些知識。我會強調要有方向和切實目標的重要性，而不是在心中沒有實際問題的情況下只記住工具和技術。

由於我們正在遠離基本概念和應用方法，因此本章風格和本書其餘部分不同。您可能希望學習如何以專注和確實的方式，把這些數學建模技能應用到職業生涯中。但是，如果您想在資料科學事業中取得成功，您將必須學習一些硬技能，例如 SQL 和程式設計，以及培養專業意識的軟技能。後者尤其重要，這樣您就不會迷失在資料科學這一不斷變化的職業中，而讓看不見的市場力量殺得您措手不及。

我無法得知您的職業目標或您希望透過這些資訊達成的目標。不過，由於您正在閱讀這本書，因此我大膽猜測，您可能對資料科學職涯感到興趣，或者您曾經從事資料分析工作並希望把您的分析知識形式化。也許您來自軟體工程背景，想要掌握人工智慧和機器學習；也許您是某種類型的專案經理，並且發現自己需要具備了解資料科學或 AI 團隊的能力，以便可以應付挑戰。也許您只是一個好奇的專業人士，想知道要怎麼在實務層面上運用數學，而不僅僅是學術層面。

我會盡我所能滿足所有人的需求，並希望概括一些對大多數讀者有用的職涯建議。讓我們先重新定義資料科學，在客觀研究它之後，現在看它的角度將是職涯發展和該領域的未來。

作者太八卦了嗎？

我靠分享自己和他人的的經歷提供職涯建議，而不是像第 3 章中所提倡的那樣，以大型、可靠的調查和研究為主。這樣看來，大概很少人會把我說的話當真吧？但以下是我的觀點：我在財星 500 強（Fortune 500）世界工作了十幾年，見證資料科學運動能替組織帶來的轉變。我在世界各地的許多科技研討會上發言，聽取無數同行說著「我們公司也是這樣耶！」我閱讀許多部落格和具公信力的出版品，例如華爾街日報（*Wall Street Journal*）和富比士（*Forbes*）雜誌，足以意識到大眾期望與現實之間的脫節。我特別關注不同行業的造王者、領導者和追隨者，以及他們如何利用資料科學和人工智慧來創造或跟隨市場腳步。目前，我在南加州大學的航空安全和安保計畫，教授和指導利益相關者如何應用人工智慧的安全相關問題。

我在這裡說出我的經歷，只是為了表明雖然沒有做過正式的調查和研究，也許只是收集各方說法，但這些資訊來源都有持續論述。Tumblr 資深機器學習工程師 Vicki Boykis 寫了一篇部落格文章（*https://oreil.ly/vm8Vp*），和我的研究結果類似，強烈推薦各位閱讀。您可以對我的研究結果持保留態度，但請密切關注自身工作環境中的週遭變化，並確定您與管理階層和同事有同樣假設。

重新定義資料科學

資料科學是對資料進行分析以獲得可操作的觀察。在實務上，它是不同資料相關學科的融合：統計、資料分析、資料視覺化、機器學習、作業研究、軟體工程……這些只其中幾個例子。幾乎任何涉及資料的領域都可以稱為「資料科學」。缺乏明確的定義對該領域來說會是一個問題。畢竟，任何缺乏定義的東西都可以多方面解讀，就像抽象藝術。這就是人力資源部門對發布「資料科學家」職缺感到掙扎的原因，因為它們往往令人無法理解（*https://oreil.ly/NHnbu*）。圖 8-1 顯示了一個涵蓋不同領域和工具的傘，它們可能都屬於資料科學。

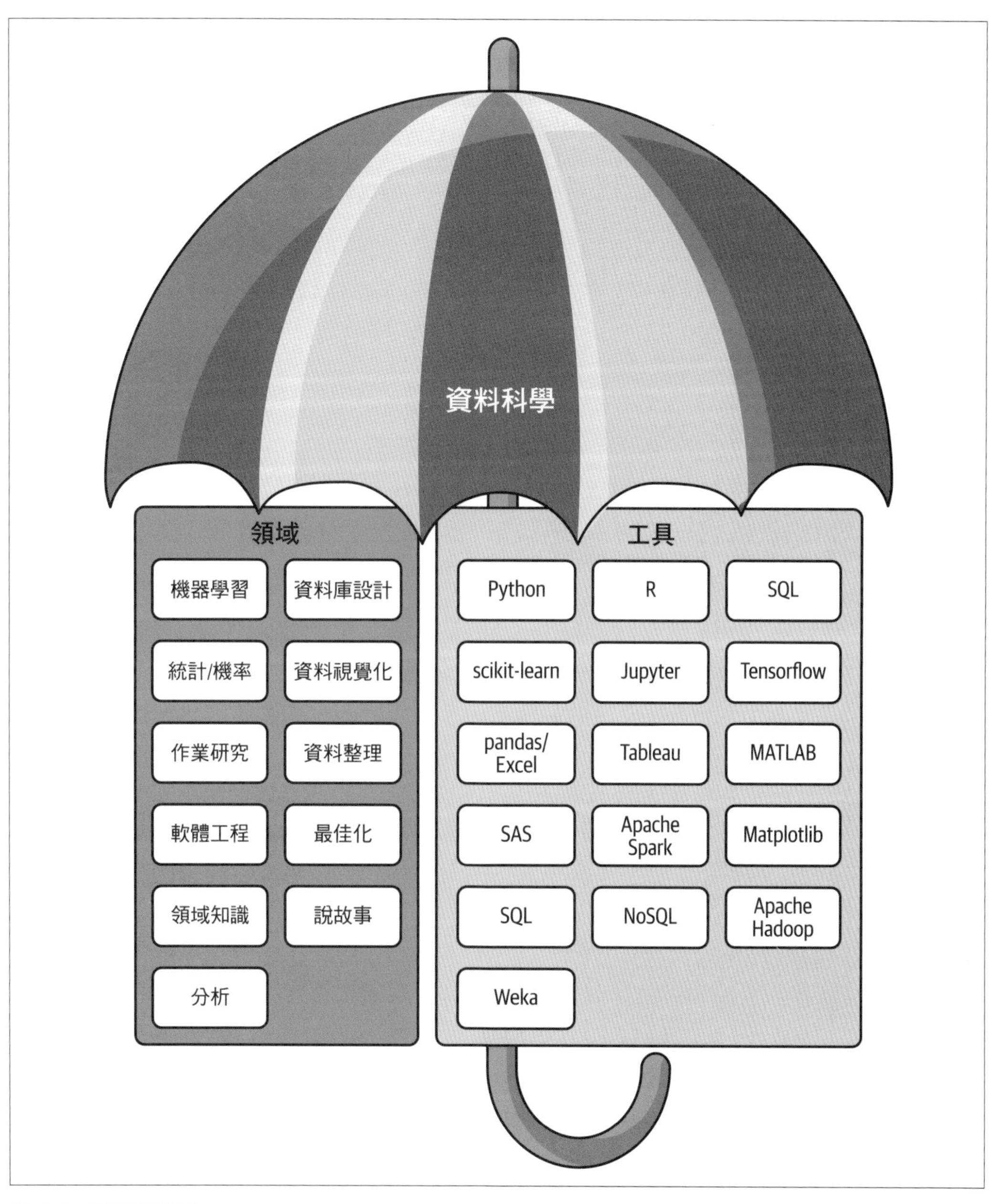
資料科學
領域
機器學習
資料庫設計
統計/機率
資料視覺化
作業研究
資料整理
軟體工程
最佳化
領域知識
說故事
分析
工具
Python
R
SQL
scikit-learn
Jupyter
Tensorflow
pandas/
Excel
Tableau
MATLAB
SAS
Apache
Spark
Matplotlib
SQL
NoSQL
Apache
Hadoop
Weka

圖 8-1 資料科學傘

事情怎麼會變成這樣？像資料科學這樣難以定義的領域，為什麼會成為企業界如此引人注目的力量？最重要的是，它的定義（或缺乏定義）會如何影響您的職業生涯？這些都是本章要討論的重要問題。

這就是為什麼我會告訴客戶，對資料科學（*data science*）的較好定義是精通統計、機器學習和最佳化的軟體工程。如果您把這 4 個領域（軟體工程、統計學、機器學習和最佳化）中的任何一個拿走，資料科學家就有表現不佳的風險。大多數組織都在努力地明確區分可以讓資料科學家發揮功效的技能，但所提供的定義應該要夠清楚。雖然有些人認為軟體工程在這裡的需求是有爭議性的，但我認為鑑於產業的發展方向，它是非常必要的。我們之後會談到這一點。

但首先，理解資料科學的最佳方式是追溯此術語的歷史。

資料科學簡史

資料科學的起源最早可以追溯到十七世紀，甚至早至八世紀（*https://oreil.ly/tYPB5*）。為了簡潔起見，讓我們從 1990 年代開始。分析師、統計學家、研究人員、「量化專家」（quant）和資料工程師在此時大多扮演不同的角色。工具堆疊通常由電子試算表、R、MATLAB、SAS 和 SQL 組成。

2000 年後情況開始迅速變化，網際網路和連接設備開始產生大量資料。隨著 Hadoop 的誕生，Google 把分析和資料收集推到難以想像的高度。隨著 2010 年的臨近，Google 的管理階層堅稱，統計學家將在未來十年擁有「令人垂涎」的工作（*https://oreil.ly/AZgfM*），這對接下來的事情是有先見之明的。

2012 年，**哈佛商業評論**（*Harvard Business Review*）把稱為資料科學的概念納入主流，並宣稱它是「二十一世紀最令人垂涎的工作」（*https://oreil.ly/XYbrf*）。在**哈佛商業評論**發表文章之後，許多公司和企業員工競相填補資料科學的空白。管理顧問已經準備好並鎖定教導財星 500 強的領導者，如何把資料科學帶進他們的組織。SQL 開發人員、分析師、研究人員、量化分析師、統計學家、工程師、物理學家和無數其他專業人士把自己重新命名為「資料科學家」。科技公司認為「分析師」、「統計學家」或「研究人員」等傳統職位名稱聽起來已經過時了，因此把這些職位重新命名為「資料科學家」。

自然地，財星 500 強公司的管理層承受著來自最高管理層的壓力，要求他們加入資料科學的潮流。最初的原因是大量資料正被收集，因此巨量資料（big data）正成為一種趨勢，需要資料科學家涉入其中。大約在這個時候，「資料驅動」（data-driven）這個詞成為跨行業的銘言。企業界認為和人不同的是，資料是客觀且公正的。

提醒：資料不是客觀公正的！

直到今天，許多專業人士和管理者都陷入了認為資料是客觀和公正的謬論。希望在閱讀完本書後，您知道這根本不是真的，如果您需要了解原因，請參閱第 3 章。

FAANG（Facebook、Amazon、Apple、Netflix 和 Google）大量招募那些鑽研深入研究的博士，而一般公司的管理和人力資源部門無法與之競爭，但是仍然面臨要聘用資料科學家的壓力。為此，他們採取一個有趣的措施：把現有的分析師、SQL 開發人員和 Excel 高手重新命名為「資料科學家」。2018 年，Google 首席決策科學家 Cassie Kozyrkov 在關於 Hackernoon 的部落格文章（*https://oreil.ly/qNl53*）中描述這個公開的祕密：

> 在 *HR* 的改名大咖調整員工資料庫以重塑形象之前，我憑藉著擁有的各個**資料科學家**頭銜，已經以眾多職稱從事這項工作，但職責絲毫沒有改變。我也不例外；我的社交圈裡到處都是以前的統計學家、決策支援工程師、定量分析師、數學教授、巨量資料專家、商業智慧專家、分析主管、研究科學家、軟體工程師、*Excel* 高手、僥倖念到博士的人……他們都是今天引以為豪的資料科學家。

資料科學在技術上並不排斥任何專業人士，因為他們都在使用資料來收集並觀察。當然，科學界也有一些反對意見，不願讓資料科學加冕為真正的科學。畢竟，您能想到一門不使用資料的科學嗎？ 2011 年，Pete Warden（Google TensorFlow 現任負責人）在 O'Reilly 的一篇文章（*https://oreil.ly/HXgvI*）中為資料科學寫了一篇有趣的辯護詞，清楚地闡明反對者關於此學科缺乏定義的論點：

> [關於資料科學缺乏定義，這] 可能是最深刻的反對意見，也是最有爭議的一個：對於資料科學所涵蓋的範圍，沒有被廣泛接受的界限。這只是讓統計學變得比較時尚的說法嗎？我不這麼認為，但我也沒有完整的定義。我相信大量的資料最近在世界上燃起一些火花，當我環顧四周，我看到那些具有共同特徵的人不屬於任何傳統類別。這些人傾向將目前主導各公司及產業的狹隘專業拋在身後，而是處理各方面，從查找資料、大規模處理資料、將其視覺化到賦予意義等。他們也似乎從審視資料的意義開始，繼之挑選有趣的項目以追蹤，而不像傳統科學家那樣，先選擇問題，再去找資料以闡明問題。

具有諷刺意味的是，Pete 也無法給出資料科學的定義，但他清楚地說明了為什麼資料科學存在著缺陷但還是有其作用。他還強調了研究的轉變，放棄了科學方法，轉而支持我們在第 3 章中討論過的資料探勘等曾經不受認可的實務。

就在哈佛商業評論文章發表幾年後，資料科學有一個有趣的轉變。它進一步合併人工智慧與機器學習，而不只是一個樞紐。無論如何，當機器學習和深度學習在 2014 年左右成為頭條新聞時，資料可視為創造人工智慧的「燃料」而有賣相。這自然地擴大了資料科學的範圍，並和人工智慧 / 機器學習運動產生了融合。特別是，ImageNet 挑戰激發了人們對人工智慧的興趣，並帶來機器學習和深度學習的復興。由於深度學習的進步，Waymo 和 Tesla 等公司承諾在幾年內實現自動駕駛汽車，這讓媒體更有興趣，也帶動訓練營的註冊。

這種對神經網路和深度學習的突然興趣產生了一個有趣的副作用。決策樹（decision tree）、支撐向量機（support vector machine）和邏輯迴歸等迴歸技術已經在學術界和專業統計學專業中隱藏了數十年，隨著深度學習的發展而成為公眾關注的焦點。同時，像 scikit-learn 這樣的程式庫也為進入此領域降低了門檻。這對建立資料科學專業人員產生了隱藏成本，他們不了解這些程式庫或模型是如何工作的，但還是會使用它們。

由於資料科學領域的發展速度超過對它定義的感知需求，因此很常看到資料科學家這個角色徹底成為萬用符號。我遇過幾個在財星 500 強公司中擁有資料科學家頭銜的人，有些人精通程式設計，甚至可能具有軟體工程背景，但並不知道統計的意義。其他人則停留在 Excel 中，幾乎不知道 SQL，更不用說 Python 或 R 了。有些資料科學人員在 scikit-learn 中自學一些函數，但很快發現自己陷入困境，因為他們所知有限。

這對您的意義是什麼？您如何在如此流行和混亂的環境中蓬勃發展？這一切都取決於您對哪些類型的問題或產業感興趣，而不是依賴雇主來定義角色。您不必成為資料科學家也可以從事資料科學；鑑於現在擁有的這些知識，您可以在許多領域發揮優勢。您可以是分析師、研究員、機器學習工程師、指導者、顧問以及無數其他不一定稱為資料科學家的角色。

但首先，讓我們討論一些可以繼續學習，並在資料科學就業市場中找到優勢的方法。

尋找您的優勢

實用的資料科學專業人士，不僅僅需要對統計學和機器學習的理解才能茁壯成長。在大多數情況下，期望資料可以隨時用於機器學習和其他專案是不合理的。相反的，您會發現自己在追逐資料來源、工程腳本和軟體、抓取檔案、抓取 Excel 工作簿、甚至建立自己的資料庫。至少 95% 的程式設計工作和機器學習或統計建模完全無關，而是建立、移動和轉換資料以讓茲運用。

最重要的是，您必須了解組織的全局和動態，上司可以在定義您的角色時做出假設，重要的是要識別這些假設，以便您了解它們會如何影響您。當您依賴客戶和領導階層的產業專業知識時，您應該負責提供技術性知識並闡明可行的方法。讓我們看看您可能需要的一些硬技能和軟技能。

SQL 熟練度

SQL，也稱為**結構化查詢語言**（*structured query language*），是一種用來檢索、轉換和寫入表格資料的查詢語言。**關聯式資料庫**（*relational database*）是組織資料的最常用方式，把資料儲存到相互連接的表格中，就像 Excel 中的 VLOOKUP。MySQL、Microsoft SQL Server、Oracle、SQLite 和 PostgreSQL 等關聯式資料庫平台都支援 SQL。您可能會注意到，SQL 和關聯式資料庫是如此緊密耦合，以至於「SQL」經常用在關聯式資料庫的品牌名稱中，例如「MySQL」和「Microsoft SQL Server」。

範例 8-1 是一個簡單的 SQL 查詢，它會從 `CUSTOMER` 表格中檢索 `STATE` 為 `'TX'` 紀錄的 `CUSTOMER_ID` 和 `NAME` 欄位。

範例 *8-1* 一個簡單的 *SQL* 查詢

```
SELECT CUSTOMER_ID, NAME
FROM CUSTOMER
WHERE STATE = 'TX'
```

簡而言之，如果不精通 SQL，就很難成為一名資料科學專業人士。企業使用資料倉儲（data warehouse），而 SQL 幾乎總是成為檢索資料的手段。`SELECT`、`WHERE`、`GROUP BY`、`ORDER BY`、`CASE`、`INNER JOIN` 和 `LEFT JOIN` 應該都是熟悉的 SQL 關鍵字。最好了解子查詢（subquery）、衍生表（derived table）、常用表格表達法和視窗函數（windowing function），以充分利用資料。

不要臉的置入行銷：作者有寫一本 *SQL* 書籍！

我為 O'Reilly 編寫過一本給 SQL 初學者的書籍：*Getting Started with SQL*（*https://oreil.ly/K2Na9*），只有一百多頁，一天就可以讀完。它涵蓋了基本要素，包括連接（join）和聚合（aggregation）以及建立您自己的資料庫。本書使用了 SQLite，不到一分鐘就可以設定好。

O'Reilly 還有其他很棒的 SQL 書籍，包括 Alan Beaulieu 所著的 *Learning SQL, 3rd Ed*，Alice Zhao 所著的 *SQL Pocket Guide, 4th Ed.*。在快速閱讀我的一百頁入門書後，也請查看這兩本書。

SQL 可以讓 Python 或者其他的程式設計語言能夠輕鬆地和資料庫進行通訊。如果您想從 Python 來向資料庫發送 SQL 查詢，您可以把資料當作是 Pandas DataFrame、Python 集合和其他結構來傳回。

範例 8-2 展示了一個使用 SQLAlchemy 程式庫以在 Python 中執行的簡單 SQL 查詢。它用命名元組（tuple）的形式來傳回紀錄。請務必下載此 SQLite 資料庫檔案（*https://bit.ly/3F8heTS*），把它放入您的 Python 專案中，並執行 `pip install sqlalchemy`。

範例 *8-2*　使用 *SQLAlchemy* 在 *Python* 中執行 *SQL* 查詢

```
from sqlalchemy import create_engine, text

engine = create_engine('sqlite:///thunderbird_manufacturing.db')
conn = engine.connect()

stmt = text("SELECT * FROM CUSTOMER")
results = conn.execute(stmt)

for customer in results:
    print(customer)
```

Pandas 和 NoSQL 呢？

我經常收到有關 SQL 的「替代品」問題，例如 NoSQL 或 Pandas。這些確實不是替代品，而是駐留在資料科學工具鏈中其他地方的不同工具。以 Pandas 為例。在範例 8-3 中，我可以建立一個 SQL 查詢、從表格 `CUSTOMER` 中提取所有紀錄、並把它們放入 Pandas DataFrame 中。

範例 *8-3*　將 *SQL* 查詢匯入 *Pandas DataFrame*

```
from sqlalchemy import create_engine, text
import pandas as pd

engine = create_engine('sqlite:///thunderbird_manufacturing.db')
conn = engine.connect()

df = pd.read_sql("SELECT * FROM CUSTOMER", conn)
print(df) # 印出作為 DataFrame 的 SQL 結果
```

這裡使用 SQL 來彌合關聯式資料庫和我的 Python 環境之間的差距，並將資料載入到 Pandas `DataFrame` 中。如果我有 SQL 能夠處理的高要求計算能力，那麼我在資料庫伺服器上使用 SQL，會比在我的電腦的本地端上使用 Pandas 更有效率。簡單地說，Pandas 和 SQL 可以一起工作，而不是相互競爭的技術。

NoSQL 也是如此，它包含了 Couchbase 和 MongoDB 等平台。雖然有些讀者可能不同意並提出有力反駁，但我認為比較 NoSQL 與 SQL，就像是在比較蘋果和橘子。是的，它們都會儲存資料並提供查詢功能，但這不會讓它們處於競爭中。它們對於不同的使用案例具有不同的品質。NoSQL 的意思是「不僅僅是（not only）SQL」，它更適合儲存非結構化資料，例如圖片或自由格式的文本文章。SQL 更適合儲存結構化資料，比 NoSQL 更積極地維護資料完整性，但代價是計算上的額外負擔以及較低的可擴展性。

SQL，資料的通用語

2015 年，許多人猜測 NoSQL 和 Apache Spark 等分散式資料處理技術將會取代 SQL 和關聯式資料庫。諷刺的是，事實證明 SQL 對資料使用者非常重要，以至於由於需求的緣故，而讓 SQL 層被添加到這些平台中。這些分層技術包括 Presto（*https://oreil.ly/Qf6c1*）、BigQuery（*https://oreil.ly/iCEWW*）和 Apache Spark SQL（*https://oreil.ly/IIPft*）等等。大多數資料問題都不是巨量資料問題，在查詢資料方面沒有什麼能表現得比 SQL 更好。因此，SQL 繼續蓬勃發展，並維持它作為資料世界通用語的地位。

另一方面，NoSQL 和巨量資料平台的推廣可能是銀彈症候群（Silver Bullet Syndrome）的一個教訓。來自 JetBrains 的 Hadi Hariri 在 2015 年就這個話題發表演講（*https://oreil.ly/hPEIF*），值得一看。

程式設計能力

通常，許多資料科學家不擅長程式設計，至少未達軟體工程師的水準；然而，學會設計程式這件事變得越來越重要，提供更多優勢機會。請學習物件導向程式設計、函數式程式設計、單元測試、版本控制（例如 Git 和 GitHub）、Big-O 演算法分析、密碼學以及您遇到的其他相關電腦科學概念和語言特性。

原因在於。假設您根據給定的一些樣本資料建立了一個看來能解決問題的迴歸模型，例如邏輯迴歸或神經網路。您要求 IT 部門的內部程式設計師把它「插入」到現有軟體中。

他們有所懷疑地聽著您的論點。「我們需要用 Java 而不是 Python 來重寫它，」他們不情願地說。「你的單元測試在哪裡？」另一個問。「你沒有定義任何類別或型別嗎？我們必須重新設計此程式碼以讓它成為物件導向。」最重要的是，他們不了解您的模型的數學運算，並且理所當然地擔心它會在以前從未見過的資料上出現異常行為。由於您沒有定義單元測試——這對於機器學習來說並不簡單——因此他們不確定要如何驗證模型的品質。他們還會問要如何管理兩個版本的程式碼（Python 和 Java）？

您開始對此感到不悅，並且說，「我不明白為什麼不能插入到 Python 腳本。」其中一個人若有所思地停頓了一下，回答：「我們可以用 Flask 來建立一個 Web 服務，而不必用 Java 重寫。但這樣，其他問題並沒有消失；我們還是得顧慮 Web 服務的可擴展性和高流量。等一下……也許可以把它當作是虛擬機器規模集（scale set）來部署到 Microsoft Azure 雲端，但仍然需要建構後端。您看，無論如何，想處理它都必須重新設計。」

這正是為什麼許多資料科學家的工作永遠離不開筆記型電腦的原因。事實上，把機器學習投入生產變得如此難以捉摸，以至於近年來已成為一個獨角獸和熱門話題。資料科學家和軟體工程師之間存在著巨大的差距，因此資料科學專業人士現在自然有成為軟體工程師的壓力。

這可能聽起來勢不可擋，因為資料科學的範圍已經超載，有許多學科和要求。但是，這並不是要證明您需要學習 Java。您可以成為一名使用 Python（或任何您喜歡的可用程式語言）的高效軟體工程師，但必須擅長。要學習物件導向程式設計、資料結構、函數式程式設計、並行（concurrency）和其他設計模式。解決這些 Python 主題的兩本好書如下，Luciano Ramalho 的 *Fluent Python, 2nd Ed*（O'Reilly），和 Al Sweigart 的 *Beyond the Basic Stuff with Python*（No Starch）。

Data Science Gophers

Daniel Whitenack 在 2016 年為 O'Reilly（*https://oreil.ly/j4z4F*）寫了一篇文章〈Data Science Gophers〉，宣傳 Go 程式語言在資料科學方面的優點。值得注意的是，它突顯了一些在資料科學模型成為主流討論之前，把它投入生產的問題。

在這之後，請學習解決包括資料庫 API、Web 服務（*https://oreil.ly/gN9e7*）、JSON 剖析（parsing）（*https://oreil.ly/N8uef*）、正規運算式（regular expression）（*https://oreil.ly/IyD2P*）、網頁抓取（web scraping）（*https://oreil.ly/9oWWb*）、安全和密碼學（*https://oreil.ly/oxliO*）、雲端運算（Amazon Web Services、Microsoft Azure），以及任何其他可以讓您在建立系統時具有生產力的知識。

如前所述，您掌握的程式設計語言不一定是 Python，可以是另一種語言，但我會鼓勵使用此語言，因為它廣泛使用和部署。在撰寫本文時，具有較高就業能力的語言包括 Python、R、Java、C# 和 C++。Swift 和 Kotlin 在 Apple 和 Android 裝置上占據主導地位，兩者都是出色的、得到良好支援的語言。儘管這些語言許多都不是資料科學的主流語言，但學習 Python 之外至少一種語言，來獲得更多的曝光率可能會有所幫助。

Jupyter 筆記本呢？

資料科學家經常因為編寫糟糕的程式碼而受到批評。出現這種情況的原因有很多，但其中一個罪魁禍首可能是 Jupyter 筆記本（Jupyter Notebook）所鼓勵的工作流程。

您可能想知道為什麼我在本書中沒有（或鼓勵）使用 Jupyter 筆記本。Jupyter 筆記本是編寫資料科學程式碼的流行平台，讓您可以把筆記本、可執行的程式碼片段和控制台 / 圖表輸出放在同一個地方。它們相當有用，並提供一種用資料來講述故事的便捷方式。

話雖如此，筆記本根本不是進行資料科學工作的必要條件，除非您的雇主要求。我們在本書中介紹的所有內容都是用純 Python 來完成的，不用筆記本。我是故意這樣做的，因為我不想給讀者增加額外工具的負擔。這可能違反慣例，但您可以在不接觸筆記本的情況下來擁有健康的職業生涯。

原因如下：筆記本鼓勵不良的程式設計習慣。筆記本鼓勵強調線性而不是模組化的工作流程，這意味著它們不利於編寫可重用的程式碼。可重用性（reusability）可以說是軟體程式設計的最基本目標。最重要的是，包含程式碼片段的筆記本單元可以用任意順序來執行，或多次重新執行。如果您不小心，您可能會建立令人困惑的狀態和錯誤，這些狀態和錯誤可能只會造成明顯的錯誤，但最壞的情況是會造成令人忽視的微妙計算錯誤。特別是如果您是初學者，這是學習 Python 一種令人抓狂的方式，因為這些技術陷阱對新手來說並不明顯。這也是一種遇見和呈現所發現事物的方式，只是發現它會是臭蟲所造成的結果，因此不太可能成真。

我並不是在提倡您避免使用筆記本。如果它們讓您和您的工作場所感到快樂，請務必使用它們！但是，我主張不要依賴它們。*Data Science from Scratch*（O'Reilly）的作者 Joel Grus 在 JupyterCon 上就這個主題發表了演講，您可以在此處觀看（*https://oreil.ly/V00bQ*）。

錨定偏差和第一個程式設計語言

技術專業人士容易產生偏好，或依賴於某一技術和平台，尤其是程式語言。但請盡量避免！故步自封會扼殺生產力；而且不同程式語言能配合不同情境下使用，別忘了這件事。另一個現實是，程式語言之所以流行與否，通常和它的設計優缺點無關，只是看公司想不想花錢支援它而已，這樣就能決定它的生存機會。

第 3 章討論過不同類型的認知偏差。另一種是錨定偏差（anchoring bias）（*https://oreil.ly/sXNh0*），它說明我們會偏向於我們所學習的第一件事，例如程式語言。如果您非學習一門新的語言不可，請保持開放的心態並給它一個機會！沒有語言是完美的，重要的是它能完成工作。

但是，如果該語言的支援已瀕臨死亡、沒有進行更新或缺乏公司維護者而令人質疑時，請務必小心。這方面的範例包括 Microsoft 的 VBA（*https://oreil.ly/B8c5A*）、Red Hat 的 Ceylon（*https://oreil.ly/LJdw4*） 和 Haskell（*https://oreil.ly/ASnnN*）。

Java 資料科學程式庫

雖然不像 Python 資料科學程式庫那麼受歡迎，但 Java 確實有幾個受到強力支援的等效程式庫。ND4J（*https://github.com/deeplearn ing4j/nd4j*）是 Java 虛擬機器的 NumPy、SMILE（*https://haifengl.git hub.io*）是 scikit-learn，TableSaw（*https://github.com/jtablesaw/tablesaw*）則是相當於 Pandas 的 Java 版本。

Apache Spark（*https://spark.apache.org*）實際上是在 Java 平台上編寫的，特別是使用了 Scala。有趣的是，Apache Spark 曾一度推動 Scala 成為資料科學的主流語言，儘管它並沒有達到 Scala 社群所希望的程度。這就是為什麼要花很多努力，來增加 Python、SQL 和 R 的相容性，而不僅僅是 Java 和 Scala。

資料視覺化

您應該精通的另一項技術技能是資料視覺化。樂於製作圖表、圖形和繪圖，這些圖表不只可以向管理階層講述故事，還有助於您自己的資料探索工作。您可以使用 SQL 命令來匯總資料，但有時長條圖或散布圖可以讓您在更短的時間內了解資料。

但要使用什麼工具來進行資料視覺化？這個問題很難回答，因為有太多的碎片（fragment）和選擇。如果您在傳統的辦公環境中工作，Excel 和 PowerPoint 通常是首選的視覺化工具，您知道嗎？它們都很不錯！我不會把它們用在所有事情上，但它們確實可以完成絕大多數任務。需要中小型資料集的散布圖？還是直方圖？沒問題！您可以在把資料複製 / 貼上到 Excel 工作簿後的幾分鐘內就建構一個。這對於一次性的圖形視覺化來說非常有用，而且在需要的情況下使用 Excel 並不丟人。

但是，在某些情況下，您可能會希望編寫可以建立圖形的腳本，以便它是可重複和可一再利用，或者和您的 Python 程式碼整合。matplotlib（*https://matplotlib.org*）已經出現一段時間了，當 Python 是您所使用的平台時，您會經常遇見它。Seaborn（*https://seaborn.pydata.org*）在 matplotlib 之上提供了一個包裝器，讓它更容易用在常見的圖表類型。我們在本書中經常使用的 SymPy，以 matplotlib 為它的後端。然而，有些人認為 matplotlib 已經非常成熟，甚至接近古蹟狀態。像 Plotly（*https://plotly.com/python*）這樣的程式庫正在興起並且很好用，它是基於 JavaScript D3.js 程式庫（*https://d3js.org*）開發的。就個人而言，我覺得 Manim（*https://www.manim.community*）很不錯。它產生的 3Blue1Brown 風格的視覺化效果非常出色，並且會讓使用者發出「哇！」的驚嘆聲，在考慮到它所擁有的動畫能力之下，它的 API 也非常容易使用。但是，它是一個年輕的程式庫，尚未成熟，這意味著隨著每個版本的發展，您可能會遇到破壞性的程式碼更改。

一一去探索所有解決方案總是件好事，如果您的雇主 / 客戶沒有偏好，您可以找到最適合您的解決方案。

也有像 Tableau（*https://www.tableau.com/prod ucts/desktop*）這樣的商業性授權平台，在某個程度上是可以使用的。他們著手建立專門用於視覺化的專有軟體，並建立一個拖放介面，以便非技術使用者可以存取。Tableau 甚至有一份名為 *Make Everyone in Your Organization a Data Scientist*（*https://oreil.ly/kncmP*）的白皮書，但它對前面提到的資料科學家定義問題並沒有幫助。我發現 Tableau 面臨的挑戰，是它只能把視覺化做好並且需要大量授權。雖然您可以在一定程度上整合 Python 與 TabPy（*https://tableau.github.io/TabPy/docs/about.html*），但最好還是選擇使用前面提到的那些功能強大開源程式庫，除非您的雇主想使用 Tableau 。

軟體授權也能充政治味

想像一下，您建立了一個 Python 或 Java 應用程式，它請求一些使用者輸入、檢索和處理不同的資料來源、執行一些高度客製化的演算法、然後呈現一個視覺化和具結果的表格。經過好幾個月的努力，您在一次會議上展示了它，但隨後其中一位經理舉手問道：「為什麼不在 Tableau 中這樣做呢？」

對於一些經理來說，這是一顆難以下嚥的藥丸，因為他們知道他們已經花費了數千美元來購買企業軟體授權，而您走進來並使用了一個功能更強大（儘管使用起來更複雜）且沒有授權成本的開源解決方案。您可以強調 Tableau 並不支援這些演算法或您必須要建立的整合性工作流程。畢竟，Tableau 只是視覺化軟體。它不是一個從頭開始的程式設計平台來建立一個客製化的、高度定製的解決方案。

領導階層經常有 Tableau、Alteryx 或其他商業工具無所不能的印象。畢竟，他們為此花了很多錢，並且可能收到來自供應商的良好宣傳，他們自然希望證明成本是合理的，並讓盡可能多的人來使用授權。他們可能會花費更多預算培訓員工來使用該軟體，並希望其他人能夠維護您的作品。

請對此保持敏感。如果管理階層要求您使用他們付錢購買的工具，那麼請探索您是否可以讓它運作。但是，如果它在您的特定任務中存在限制或嚴重的可用性妥協的話，請禮貌地坦誠相告。

了解您的產業

讓我們比較兩個產業：電影串流媒體（例如 Netflix）和航太防禦（例如 Lockheed Martin）。它們有什麼共同點嗎？幾乎沒有！兩者都是由技術驅動的公司，但一個是為消費者提供串流電影，另一個則是製造帶有軍械的飛機。

當我就人工智慧和系統安全提出建議時，我首先要指出的一件事是，這兩個產業對風險的容忍度非常不同。一家電影串流公司可能會強調他們有一個人工智慧系統，該系統可以學習向消費者推薦哪些電影，但是當它的推薦再糟糕不過時，它會造成多大的災難呢？好吧，在最壞的情況下，您會有一個輕度煩躁的消費者，因為他們浪費了兩個小時看一部不好看的電影。

但是航太防禦公司呢？如果一架戰鬥機搭載了自動射擊目標的人工智慧，但它一旦犯錯，將造成多大的災難性呢？我們現在談論的可是人命，而不是電影推薦！

這兩個產業要承受的風險，有非常大的差距。當然，航太防禦公司會更謹慎評估任何實驗系統，這表示一堆繁文縟節和安全工作小組會評估並隨時喊停他們認為高風險的專案，而且這樣做是合理的。但有趣的是，電影推薦等低風險應用，除了造就人工智慧在矽谷新創公司中的成功以外，也和國防工業的執行者和領導階層，一起創造了 FOMO（fear of missing out，害怕錯過）。這可能最能夠說明，這兩個領域的風險承受能力差異並不突顯的例子。

當然，這兩個產業之間存在著廣泛的風險嚴重程度，從「激怒使用者」一直到「損失人命」。銀行可能會使用人工智慧來確定誰有資格來獲得貸款，但這會帶來歧視某些人口統計資料的風險。刑事司法系統已經在假釋和監視系統中試驗了人工智慧，結果卻遇到了同樣的歧視問題。社交媒體可能會使用人工智慧（*https://oreil.ly/VoK95*）來確定哪些使用者的貼文是可以接受的，但當它壓制「無害」內容（偽陽性）時會激怒使用者，以及當「有害」內容未被壓制時會激怒立法者（偽陰性）。

這表示您需要了解自己的產業。如果您想做大量的機器學習，您可能希望在偽陽性和偽陰性不會危及或擾亂任何人的低風險行業工作。但是，如果這些都不吸引您，您就是想開發更大膽的應用，比如自動駕駛汽車（*https://oreil.ly/sOYs6*）、航空和醫學，那麼請期待，您的機器學習模型會一再遭到拒絕。

在這些高風險產業中，如果需要特定的博士學位和其他正式證書，請不要感到驚訝。即使擁有專業的博士學位，偽陽性和偽陰性也不會神奇地消失。如果您不想追求這種堅定的專業化，學習機器學習以外的其他工具可能會更好，包括軟體工程、優化、統計和商業規則系統／啟發（heuristic）。

生產性學習

2008 年的一齣脫口秀特別節目中，喜劇演員 Brian Regan 把缺乏好奇心的他，拿來和會閱讀報紙的人比較。他說，頭版故事永遠沒有結論，所以他不想翻到指定頁面，來了解故事結局。「經過 9 年的審判，陪審團終於在第 22 頁的 C 欄繼續作出裁決……，我想我永遠不會知道裁決是什麼。」他不屑一顧地嘲諷。然後，他模仿了那些會翻到那頁的人，驚呼著：「我要學習！我想認識新事物！」

儘管 Brian Regan 可能有意自嘲，但也許他在某些方面是對的；沒有動機的學習難以持續，不感興趣並不總是一件壞事。如果您拿起一本微積分課本而沒有學習它的目的，您可能最終會灰心喪氣。您需要有一個專案或目標，如果您發現一個主題很無趣，為什麼還要學習呢？就我個人而言，當我對與自己不相關的主題失去興趣時，真是令人難以置信的解放；更令人驚訝的是，我的工作效率還會飆升。

這並不意味著您不應該好奇。然而，那裡有很多資訊，優先考慮您所學到的東西是一項非常寶貴的技能。您可以問某件事物為什麼是有用的，如果您不能得到一個直接的答案，就讓自己繼續前進！每個人都在談論自然語言處理嗎？這並不意味著您也要！大多數企業都不需要自然語言處理，因此可以說這不值得您付出努力或時間。

無論您在工作中有專案，還是為自學建立自己的專案，都有一些切實可行的工作要做。只有您才能決定什麼是值得學習的，並且您可以擺脫 FOMO，去追求您覺得有趣和相關的東西。

從業者對上顧問

這可能只是一個普遍化的說法，但有兩種類型的知識專家：從業者（practitioner）和顧問（advisor）。為了找到您的優勢，請先辨別您想成為什麼樣的人，並相對應地調整您的職涯發展。

在資料科學和分析領域，從業者是編寫程式碼、建立模型、搜尋資料並嘗試直接創造價值的人。顧問就是給出意見（consultant），會告訴管理層他們的目標是否合理、幫助制定戰略並提供方向。有時，從業者可以努力成為顧問。有時顧問從來都不是從業者。每個角色都有優點和缺點。

從業者可能會喜歡寫程式、進行資料分析和執行可以直接創造價值的有形工作，他們的一個好處是實際上會進行開發並擁有硬技能。然而，埋頭於程式碼、數學和資料中，很容易忽視大局，和組織與產業其他部分失去聯繫。我從管理階層那裡聽到的一個常見抱怨是，他們的資料科學家想要解決**他們**覺得有趣但並不會為組織增加價值的問題。我也聽到過從業者的抱怨，他們想要曝光和往上爬，但又覺得自己在組織中可有可無。

誠然，顧問的工作在某些方面較為輕鬆。他們向管理人員提供建議和資訊，並為企業提供戰略方向。他們通常不是編寫程式碼或搜尋資料的人，而是幫助管理階層僱用這樣的人。職業風險是不同的，因為他們不用像從業者那樣擔心要滿足衝刺活動的截止日期、處理程式碼錯誤或表現不好的模型；但他們確實必須一直保持知識淵博、可信和中肯。

要成為一名有用的顧問，您必須**真正**知識淵博並且知道其他人不知道但關鍵且重要的資訊，再根據客戶需求微調。為了保持中肯，您必須每天閱讀、閱讀、一再閱讀……尋找和綜合其他人忽視的資訊。熟悉機器學習、統計學和深度學習是不夠的，您必須關注客戶的產業以及其他產業，追蹤誰成功、誰失敗。在許多人都在尋找靈丹妙藥的商業環境中，您還必須學會正確配對問題與其解決方案。要做到這一切，您必須成為一個有效的溝通者，並以對您的客戶有幫助的方式來分享資訊，而不僅僅是展示您所知道的。

顧問的最大風險是提供之後證明是錯誤的資訊。一些顧問在把責任轉移到外部因素這方面非常有效，例如「業內沒有人會預見到這一點」或「這是一個六標準差（six-sigma）事件！」意味著不受歡迎的事件只有五億分之一的機會會發生，但還是發生了。另一個風險是沒有從業者的硬技能，並且和業務的技術方面脫節。這就是為什麼定期在家練習寫程式和建模是個好主意，或者至少讓技術書籍成為您書單的一部分。

最後，一個好的顧問會試圖成為客戶與其最終目標之間的橋梁，通常會填補存在的巨大知識空白，它不是對最大小時數計費和發明繁重的工作，而是真正找出困擾您的客戶的問題，並幫助他們在晚上入睡。

成功並不總是關於獲利能力

要辨別您的客戶如何定義「成功」。企業正在追求人工智慧、機器學習和資料科學以求成功，對吧？但什麼是成功？

是盈利能力嗎？不總是。在高度投機的經濟中，成功可能是另一輪風險投資融資、客戶增長或收入增長，或者即使公司損失數百萬或數十億美元，估值也很高。這些度量都與盈利能力無關。

為什麼會這樣？創投對長期投資的包容度已經讓獲利能力不那麼重要了，因為他們相信它會在以後達成。然而，這可能會像 2000 年的網際網路泡沫一樣產生泡沫。

最後，公司要想長期成功，就必須達成盈利，但並不是每個人都有這個目標。許多創辦人和投資者只是想在泡沫破滅之前乘勢而上並套現，通常是在公司透過 IPO 向公眾出售時。

這對您來說代表什麼意思？無論您是從業者還是顧問，在新創公司或財星 500 強公司工作，都要認識到是什麼在激勵您的客戶或雇主。他們是否在尋求更高的估值？實際盈利能力？內在價值還是感知價值？這將直接影響您的工作以及您的客戶想要聽到的內容，您可以據此來判斷您是否可以幫助他們。

如果您想了解更多關於風險投資、投機估值和創業文化的影響，華爾街日報作家 Eliot Brown 和 Maureen Farrell 的 *The Cult of We*（*https://www.cultofwe.com*）非常棒。

當專案是根據工具而不是問題來計畫時，專案很可能不會成功。這意味著作為顧問，您必須磨練自己的傾聽技巧並確定客戶難以提出的問題，更不用說找到答案了。如果一家大型快餐連鎖店聘請您來幫助制定「人工智慧戰略」，而您看到他們的人力資源部門急於聘請深度學習人才，那麼您的工作就是要問：「您要解決哪些深度學習問題？」如果您不能得到明確的答案，您會想要鼓勵管理階層退後一步，評估他們作為一個產業實際面臨的真正問題。他們是否存在人員調度效率低下的問題？好吧，他們不需要深度學習。他們需要的是線性規劃！對一些讀者來說，這似乎是基本的，但現在很多管理人員都在努力做出這些區分。我不只一次遇到供應商和顧問，他們把他們的線性規劃（linear programming）解決方案標榜為 AI，然後就可以在語義上和深度學習混為一談。

資料科學工作中要注意的地方

要了解資料科學就業市場，最好把它和一部寓意深刻的美國影集做比較。

2010 年，美國影集 *Better Off Ted* 的第 1 季第 12 集〈Jabberwocky〉，就傳達了一些關於企業流行語的深刻涵義。這一集中，男主角 Ted 在他的公司虛構一個名為「Jabberwocky」專案，以隱藏資金。但好笑的是，他的經理、執行長，最後整家公司都開始埋首在「Jabberwocky」專案，就算沒有人知道那是什麼東西。而且這個專案還持續升級，成千上萬的員工假裝在「Jabberwocky」項目工作，沒有一個人停下來詢問他們到底在幹嘛，原因很簡單，沒有人願意承認自己搞不清楚狀況，對重要的事情一無所知。

Jabberwocky 效應（*Jabberwocky effect*）是一種都市傳說，也就是產業或組織可以讓流行語／專案永遠留存，即使沒有人可以成功地定義它。組織可能會周期性地成為這種行為的受害者，讓專業術語在定義不明的情況下流傳，而群體行為則允許這種模棱兩可的現象。常見的例子包括區塊鏈（blockchain）、人工智慧、資料科學、巨量資料、比特幣、物聯網、量子計算、NFT、「資料驅動」、雲端運算和「數位顛覆」（digital disruption）。即使是有形的、引人注目的、具體的專案，也可能成為只有少數人理解，但很多人談論的神祕流行語。

為了阻止 Jabberwocky 效應，您必須成為具有生產力對話的催化劑。要對專案或倡議的方法和手段（不僅僅是品質或結果）感到好奇。說到你要扮演的角色，公司是僱用您來充當「Jabberwocky」，還是推動實際並具體的專案？他們是否因為 FOMO（害怕錯過）而成為流行語和僱用您的受害者？或者他們真的有僱用您的特定及功能性需求？搞清楚這件事，可以知道您能在這家公司發揮所長，還是會讓職業生涯停滯。

以此為背景，現在就來考慮一些在資料科學工作中需要注意的事情，從角色定義開始。

角色定義

假設您在面試後成為資料科學家。您問了關於這個角色的問題，並得到直接的答案，因此得到工作；最重要的是，您應該知道您將從事哪些專案。

您總是想成為一個明確定義並有切實目標的角色，不需要猜測工作內容。更好的是，您的領導階層具有清晰的願景，並了解業務需求；您成為明確定義目標的執行者並了解您的客戶。

相反的，如果聘用您的部門是因為想要在「資料驅動」或「資料科學」方面擁有競爭優勢，這將是一個危險信號。很有可能，您手邊會有很多待解問題，並得一直提出任何容易實現的目標；當您詢問做事方法時，大家都會告訴您，把「機器學習」應用於業務上。當然，當您只是一把錘子時，一切都開始看起來像釘子。在出現目標或待解問題之前，資料科學團隊就會先感受到找出解決方案（例如機器學習）的壓力；一旦發現問題，就很難獲得利益相關者的支持和資源調整，並且焦點會馬上轉移至另一個更容易實現的目標。

公司雇用您，是因為您的職位現在很流行，而不是因為需要您，這正是問題所在。難以定義的角色，會影響到接下來要討論的其他問題，讓我們先來關注組織焦點。

組織焦點和支援

另一個需要注意的因素是組織在特定目標上的一致性，以及是否有共識。

自資料科學熱潮以來，許多組織重組以擁有中央資料科學團隊。高層的願景是讓資料科學團隊巡視、建議和幫助其他部門成為資料驅動型並採用機器學習等創新技術，他們還可能負責打破部門之間的資料孤島（data silo）。雖然這在紙上談兵時聽起來是個好主意，但許多組織都發現這充滿了挑戰。

原因如下：管理階層建立一個資料科學團隊，但沒有明確的目標。因此，這個團隊的任務是尋找要解決的問題，而不是得到授權解決已知的問題。如前文所述，這就是為什麼資料科學團隊在制定目標之前就已經擁有解決方案（例如機器學習）但惡名昭彰的原因。他們完全沒有能力打破資料孤島，因為這已經超出他們的專業範圍。

打破資料孤島是一項 *IT* 工作！

想使用資料科學團隊來「打破組織中的資料孤島」是錯誤的。資料孤島通常是由於缺乏資料倉儲基礎設施，而且各部門把資料存放在電子試算表和祕密資料庫中，而不是放在集中化並受支援的資料庫中。

如果資料孤島是一個問題，您需要的是伺服器、雲端實例、經過認證的資料庫管理員、安全協定和 IT 任務編組來把所有這些組織起來。這不是資料科學團隊有能力做的事情，而且非常小的公司，可能也沒有所需的專業知識、預算和組織權限來達成這個目標。

一旦出現了問題，就很難獲得利益相關者的支援和資源的調整。如果找到機會時，則需要強而有力的領導人來執行以下操作：

- 有明確的目標和路線圖
- 獲得用在收集資料和支援基礎設施的預算
- 獲得資料存取權並協商資料所有權
- 包括利益相關者的支援和領域知識
- 利益相關者的預算時間和會議

如果這些要求沒有在資料科學團隊聘用前達成，聘用之後更不可能，因為資料科學團隊的角色是被動地確定範圍和預算。如果更高的領導階層沒有協調資源並且沒有得到各方必要支持，資料科學專案就不會成功。這就是為什麼從**哈佛商業評論**（*https://oreil.ly/IlicW*）到 *MIT Sloan Review*（*https://oreil.ly/U9C9F*）都不乏指責組織沒有為資料科學做好準備的文章。

最好在組織上和它的客戶是在同一部門的資料科學團隊工作，資訊、預算和溝通的分享會更加自由和具有凝聚力。這樣一來，就會減少緊張局勢，因為透過把每個人都放在同一個團隊而不是政治競爭，可以緩解跨部門的政治。

資料存取是政治性的

組織會保護他們的資料並不是什麼祕密，但這不僅僅是出於安全性或不信任問題。資料本身是一種高度政治化的資產，許多人甚至不願意向自己的同事提供存取權限。出於這個原因，即使是同一組織內的部門也不會互相共享資料：他們不希望其他人做他們的工作，更不用說把它做錯了。可能會需要他們的全職專業知識來解讀資料，而且也需要他們的領域知識。畢竟，他們的資料是他們的事！如果您要求存取他們的資料，您就是在要求介入他們的事。

最重要的是，資料科學家可能會高估他們解讀外國資料集的能力，以及使用所需領域的專業知識。為了克服這個障礙，您必須和每個具有專業知識的合作夥伴建立信任和認同、協商知識轉移；有需要的話，讓他們在專案中發揮重要作用。

充足的資源

另一個需要注意的風險是沒有足夠的資源來完成您的工作。我們很難在資源不足的情況下投入一個角色。當然，鬥志旺盛和足智多謀是一項寶貴的品質。但即使是最鬥志昂揚的軟體工程師／資料科學家明星，也會很快發現自己陷入困境。有時您就是需要一些花錢的東西，但雇主卻無法為此保留預算。

假設您需要一個資料庫來執行預測工作。您和第三方資料庫的連接不佳，經常停機和斷線。您最不想聽到的就是「想辦法修好它！」但這就是您面臨的情況。您考慮在本地端複製資料庫，但要做到這一點，需要每天儲存 40 GB 的資料，因此需要伺服器或雲端實例。現在，這顯然超乎你的能力，一個資料科學家成為沒有 IT 預算的 IT 部門！

在這些情況下，您必須考慮如何在不損害專案的情況下偷工減料。您可以只保留最新資料並刪除其餘資料嗎？您是否能建立一些進行錯誤處理的 Python 腳本，在發生斷線時重新連接，同時分批拆分資料，以便從最後一個成功的批次中獲取資料？

如果這個問題／解決方案聽起來很具體，沒錯，我確實必須這樣做，而且沒錯，它確實有效！在不產生更多成本的情況下提出變通方案並簡化流程會令人滿意。但不可避免的是，對於許多資料專案，您可能需要資料生產線、伺服器、叢集、基於 GPU 的工作站和其他桌上型電腦無法提供的計算資源。換句話說，這些東西可能會花錢，而您的組織可能無法為它們制定預算。

數學建模在哪裡？

如果您想知道為何聘用來進行迴歸、統計、機器學習和其他應用數學的自己，卻在做一些遊手好閒的 IT 工作，這在當前的企業環境中並不少見。

但是，您正在處理資料，而這隱含地就會導致類似 IT 的工作。重要的是，確保您的技能仍然和工作以及所需的結果相匹配。我們將在本章的其餘部分討論這個問題。

合理的目標

這是一個需要注意的大問題。在充滿了炒作和不大可能實現的承諾的環境中，很容易遇到不合理的目標。

在某些情況下，經理聘請資料科學家並期望他們毫不費力地進入狀況，為組織增加指數性的價值。如果組織仍以手動工作為主，而且到處都需要自動化的話，這肯定會發生。例如，如果組織在電子試算表中完成所有工作，並且以純粹的猜測來預測，這對資料科學專業人員來說是一個很好的機會，可以把流程簡化到資料庫中，甚至可以使用簡單的迴歸模型來取得進展。

另一方面，如果組織聘請資料科學家，在他們的軟體中實作機器學習以專門識別影像中的物件時，這會困難得多。一位消息靈通的資料科學家必須向管理層解釋這是一項至少要花費數十萬美元的努力！不僅需要收集圖片，還必須僱用人工來標記影像中的物件（*https://oreil.ly/ov7S5*）。而那還只是收集資料而已！

資料科學家通常會在前 18 個月向管理階層解釋他們無法完成工作的原因，因為他們仍在嘗試收集和清理資料，這是機器學習工作量的 95%。管理階層可能會對此感到失望，因為他們誤信流行說法，也就是機器學習和人工智慧可以廢除手動流程，卻發現他們只是把一套手動流程換成了另一套：採購已標記資料。

因此，要警惕那些設定了不合理目標的環境，並找到和管理階層一起管理應有期望的作法，尤其是當其他人向他們承諾「只要輕鬆地按個鈕」時。某些著名的商業期刊和高收費管理顧問公司都聲稱，超級聰明的 AI 即將到來，缺乏技術專長的經理在這種大肆宣傳之下，可能會成為受害者。

Cui Bono？

拉丁語 cui bono 的意思是「誰受益？」當 Jabberwocky 效應如火如荼蔓延時，當您發現自己試圖理解某些行為時，這是一個很好的問題。當媒體在宣傳有關人工智慧的故事時，誰會從中受益？無論答案是什麼，媒體都會從點擊次數和廣告收入中受益。高收費的管理顧問公司圍繞著「人工智慧戰略」創造更多的計費時間。晶片製造商可以宣傳深度學習以銷售更多顯示卡，雲端平台可以為機器學習專案銷售更多資料儲存空間和 CPU 時間。

這之中有什麼共同點呢？他們不僅把人工智慧當作是銷售產品的手段，而且和客戶的成功沒有長期利益關係。他們出售的是單位，而不是專案成果，就像在淘金熱期間出售鏟子一樣。

但是，我並不是說這些媒體和供應商的動機是不道德的，為公司賺錢和養家糊口是他們員工的工作，宣傳產品聲明是合法且可以達成的。然而，不可否認的是，一旦提出聲明後，即使意識到那是無法實現的，也很難收回。許多企業可能會轉向並努力重新調整，而不是承認他們的聲明沒有成功。所以只要注意這種動態，而且別忘了一再問「cui bono」?

與現有系統競爭

這類的審慎應該屬於「合理的目標」這個項目之下，但我認為這種情況很普遍，值得自成一類。有一種微妙但卻有問題的角色類型，是想要取代目前並未損壞的系統角色；這種情況可能出現在明明無事可做，但又需要裝忙的工作環境中。

幾年前，您的雇主與供應商簽訂了安裝銷售預測系統的合約，經理現在要求您提高準確度 1%，以改進預測系統。

您看到這裡的統計問題了嗎？如果您閱讀第 3 章，1% 的資料在統計上並不顯著，隨機性很容易就讓您提升這 1%，而無須付出任何努力。相反的，隨機性可能也會朝另一個方向擺動，而那種您無法控制的市場力量，可能會否定您所做的任何努力。糟糕的銷售季度和您無法控制的因素（例如競爭對手進入貴公司的市場）會使收入減少 –3%，而不是您無法避免地進行 p-hack 時所獲得的 1%。

這裡的首要問題是，除了例行性工作之外，結果並不在您的影響力範圍之內，這種情況可不太理想。如果正在和您競爭的現有系統已經損壞而且簡陋，或是完全是以手動來完成而沒有自動化，這是一回事；但是和一個沒有損壞的系統競爭會讓自己陷入困境。當您看到這種專案時，可能的話能跑多遠就跑多遠。

「您會說什麼……？您在這裡做什麼？」

企業是否會聘請資料科學家去擔任沒有價值的職位，儘管他工作出色且努力工作？會。人為無法控制的因素會抵消所有工作成果，對此保持敏銳的觀察力很重要。

1999 年的 Mike Judge 喜劇電影**上班一條蟲**（*Office Space*）成為美國許多企業員工的狂熱經典之作。在電影中，IT 工作者兼主角 Peter Gibbons 必須向 8 位不同經理匯報的程式設計工作進行了心理檢查。當裁員顧問問他每天在做什麼時，他誠實地回答說，他做了「大約 15 分鐘的實際工作」。我不會在那些沒看過的讀者前破哏，但就像任何經典喜劇一樣，結果可能不是您能想到的。

為了詳細說明前面的例子，替換一個沒有損壞的系統是已故人類學家 David Graeber 所說的**狗屁工作**（*bullshit job*）（請原諒我說粗話）。根據 Graeber 的說法，狗屁工作是一種完全沒有意義、不必要或有害的有償工作，以至於即使是員工也無法證明其存在的合理性，而不得不假裝成必須要這樣。在他的書 *Bullshit Jobs* 和 2013 年的病毒式文章（*https://www.strike.coop/bullshit-jobs*）中，Graeber 認為這些工作正變得如此普遍，以至於對勞動力和經濟造成心理傷害。

雖然 Graeber 的作品充斥著各種偏見和未經證實的說法，還有缺乏經驗證據這種爭議，但很難聲稱這些狗屁工作不存在。在 Graeber 的辯護中提到，這在經驗上很難衡量，很少有工人會誠實地回答調查，因為他們害怕危及自己的職業生涯。

資料科學職業可以避免這些問題嗎？Google 首席決策科學家 Cassie Kozykrov 分享了一個有意思的故事（*https://oreil.ly/fwPKn*），有助於回答這個問題：

> 幾年前，一位在科技產業工作的工程總監朋友哀嘆他那沒用的資料科學家。我告訴他，「我認為您僱用資料科學家，就像毒梟在後院養老虎一樣。您不知道養老虎要做什麼，但其他毒梟都有一個。」

哎呀。管理階層是否有可能聘請資料科學家來提高組織的公信力和企業地位？如果您發現自己從事的工作目標並是非創造價值，請從戰略上思考如何對積極的改變發生影響。您能創造機會而不光是等待別人提供嗎？您能否有意義地掌握您確定的計畫並因此發展您的職涯？如果這是不可能的，請給自己追求更好機會的權利。

一個不是您所期待的角色

當您開始一個角色並發現它不是您所期待的，您會怎麼做呢？例如，您被告知您的角色將是統計和機器學習，但您發現自己正在做類似 IT 的工作，因為組織的資料基礎建設根本沒有完成足夠的開發來進行機器學習。

您也許可以把困難努力地轉變成機遇，接受由資料科學家角色轉變為 IT 角色，並在此過程中獲得一些資料庫和程式設計技能。作為常駐 SQL 專家或技術專家，您甚至可能成為不可或缺的一部分，而且在專業上發揮所長。當您簡化業務的資料操作和工作流程時，您正在設定您的業務，以便因應未來更複雜的應用程式。隨著營運順利進行，您可以分配時間在感興趣的領域，追求學習和專業成長。

另一方面，如果您希望進行統計分析和機器學習，卻發現自己正在對損壞的電子試算表、Microsoft Access 和 VBA 巨集進行除錯，您可能會感到失望。在這種情況下，至少要成為變革的倡導者。推動工具現代化，提倡使用 Python 和現代資料庫平台，例如 MySQL 甚至 SQLite。如果您能做到這一點，那麼至少您會處於一個能夠允許更多創新的平台，並且更接近於能夠應用本書中的概念。這也將使組織受益，因為工具的支援和靈活性會增加，而且 Python 人才比 Microsoft Access 和 VBA 等過時的技術更容易獲得。

什麼是影子 IT？

影子資訊技術（*shadow information technology*，影子 IT，*https://oreil.ly/9ZDb8*）是一個用來描述在 IT 部門之外建立系統的辦公室工作人員的術語。這些系統可以包括資料庫、腳本和程序以及供應商和員工製作的軟體，而且沒有 IT 部門參與。

影子 IT 過去在組織中並不受歡迎，因為它不受監督並且在 IT 部門的控制範圍之外運作。當財務、行銷和其他非 IT 部門決定手動控制自己的 IT 營運時，這必定會給組織帶來效率低下和安全問題的隱性成本。當 IT 部門和非 IT 部門發生衝突時，可能會出現令人討厭的政治效應，相互指責對方管太多，或者只是為了工作的安全而選擇角色。

然而，資料科學運動的一個好處是更多人能接受影子 IT 是創新的必備條件。非 IT 人員可以建立資料集、Python 腳本和迴歸工具來進行原型設計和實驗。然後，IT 部門可以挑選這些創新，並在它們成熟時正式支援。這也會讓業務變得更加靈活。業務規則更改可以只是對 Python 腳本或內部資料庫的快速編輯，而不是向 IT 服務台提交工單。這種改變是否應該要接受嚴格的測試和繁瑣的審查，必然是為了反應性而不得不的取捨。

整體而言，如果您發現自己處於影子 IT 角色（這是很有可能的），請確保您已經了解風險並和 IT 部門能夠融洽地相處。如果您成功了，以這種方式來支援您的業務可能會獲得賦權和回報。如果您感覺到和 IT 部門發生衝突，請和領導階層保持聯繫並讓他們知道。如果您可以如實說出工作內容是「原型設計」和「探索」，您的領導階層可以爭辯說它超出了 IT 範圍。不過，在沒有領導階層支持的情況下，永遠不要過於自我主張，讓他們來處理跨部門的政治。

找不到您夢想的工作嗎？

雖然您總是可以離開一個角色，但也一定要評估您的期待有多實際。您所追求的尖端技術是否過於尖端？

以自然語言處理為例。您想使用深度學習來建構聊天機器人。然而，要做這件事的工作量並不大，因為大多數公司對聊天機器人沒有實際需求。為什麼呢？因為聊天機器人根本還不存在。雖然像 OpenAI 這樣的公司有像 GPT-3（*https://openai.com/blog/gpt-3-apps*）這樣的有趣研究，但它主要意義在於，這就是個有趣的研究。GPT-3 最終是一個基於機率，會把單字連接在一起的樣式識別器，因此它沒有常識。有研究證明了這一點，其中包括紐約大學的 Gary Marcus（*https://oreil.ly/fxakC*）。

這意味著建立具有更廣泛應用的聊天機器人是一個懸而未決的問題，並且尚未成為絕大多數企業的價值主張。如果自然語言處理是您真正想要追求的東西，並且您發現這會和職涯機會脫節，最好的選擇可能是進入學術界，專心研究。雖然有像 Alphabet 這樣的公司進行了類似的學術研究，但其中許多員工來自學術界。

因此，當您在就業市場中巡航時，請確保您的期望符合實際。如果期望超出就業市場所能提供的，請強烈考慮走學術路線。當您想要的工作類型經常需要博士學位或特定學歷時，您也應該考慮這條路線，否則學歷會成為您夢想工作的障礙。

我該何去何從？

既然已經涵蓋了資料科學領域，我們該何去何從？資料科學的未來是什麼？

首先，要認知到資料科學家這分工作帶來的負擔，它等於默認擁有無窮知識，這主要是因為缺乏明確且標準的定義。如果我們觀察過去 10 年來資料科學運動帶來的教訓，那就是定義很重要。資料科學家正在蛻變成為精通統計、優化和機器學習的軟體工程師，甚至可能不再擁有資料科學家這個頭銜。雖然和資料科學家成為「二十一世紀最令人垂涎的工作」相比，這是一個更廣泛的要求，但擁有這些技能變得越來越有其必要性。

另一種選擇是專注於更聚焦的職位，而這在過去幾年中越來越常發生。電腦視覺工程師、資料工程師、資料分析師、研究員、作業研究分析師和顧問／諮商師等角色正在捲土重來。我們看到的資料科學家角色越來越少，而且這種趨勢可能會在未來 10 年繼續，主要是由於角色專業化。順應這一趨勢當然是一種選擇。

值得注意的是，勞動市場發生了巨大變化，這就是為什麼您需要本章所列的競爭優勢。雖然資料科學家在 2014 年被視為獨角獸，擁有六位數的薪水，但如今，任何公司的資料科學家工作都可以輕鬆地收到數百或數千份應徵，而且只提供五位數的薪水。資料科學學位和訓練營培養出爆炸性的資料科學專業人士。因此，一般來說，它是著眼於資料科學家或更一般資料科學市場具有競爭力的工作機會。這就是為什麼追求分析師、作業研究和軟體開發人員等職位不一定是個壞主意！Tumblr 的機器學習工程師 Vicki Boykis 在她的部落格文章〈Data Science is different Now〉（*https://oreil.ly/vm8Vp*）中可能說得最好：

> 請記住，最終目標……是擊敗攻讀資料科學學位、訓練營和完成教程的人群。
>
> 您想踏入大門，獲得與資料為伍的職位，並朝著您夢想中的工作前進，同時盡可能多地了解整個科技產業。
>
> 不要因為分析而癱瘓。選擇一小塊東西，然後從那裡開始。做點小事。學點小事，建些小東西。告訴其他人。請記住，您在資料科學領域的第一份工作可能不是資料科學家。

結論

這章節不同於本書其他部分，但如果您想在資料科學工作環境中巡航並有效地應用本書中的知識，本章很重要。學習統計工具和機器學習只是因為大部分的工作環境會讓您轉往其他工作，這件事可能會令人不安。發生這種情況時，請藉此機會繼續學習並獲得技能。當您將基本數學知識與程式設計和軟體工程能力相結合時，您的價值將因為了解 IT 和資料科學間的差距而增加十倍。

切記避免炒作，要用實際的解決方案，不要過於拘泥於技術性問題，以至於無法因應市場力量。了解管理階層、領導者以及一般人的動機，不僅僅要了解事物如何運作，更要了解為何發揮作用；要探究為什麼解決問題非得靠某種技術或工具不可，而不只是了解它的技術性運作方式。

不要為學習而學習，而是為了開發能力而學習，並使用正確工具解決問題。最有效的學習方法之一，是選擇讓您感興趣的問題（而不是工具！）拉動那條讓人感到好奇的線，就能接二連三一直下去。在心中設定一個目標，步步走向正確的兔子洞，並知道自己什麼時候可以獨立作業。採用這種方法絕對有用，而且會讓人訝異，您能在這麼短的時間內，獲得如此多的專業知識。

補充主題

使用 SymPy 進行 LaTeX 渲染

隨著您對數學符號的熟悉程度越來越高，接受 SymPy 運算式並以數學符號來顯示它們會很有幫助。

最快的方法是在運算式上使用 SymPy 中的 `latex()` 函數，然後把結果複製到 LaTeX 數學檢視器。

範例 A-1 是一個接受簡單運算式並把它轉換為 LaTeX 字串的範例；當然也可以把微分、積分和其他 SymPy 運算的結果渲染為 LaTeX。但是先讓我們用這個簡單明瞭的例子。

範例 A-1　使用 SymPy 來把運算式轉換為 LaTeX

```
from sympy import *

x,y = symbols('x y')

z = x**2 / sqrt(2*y**3 - 1)

print(latex(z))

# 印出
# \frac{x^{2}}{\sqrt{2 y^{3} - 1}}
```

這個 `\frac{x^{2}}{\sqrt{2 y^{3} - 1}}` 字串是排版後的 mathlatex，有多種工具和文件格式可以支援。但要簡單地渲染 mathlatex，請轉到 LaTeX 方程式編輯器。這裡是我在網路上使用的其中兩個：

- Lagrida LaTeX Equation Editor（*https://latexeditor.lagrida.com*）
- CodeCogs Equation Editor（*https://latex.codecogs.com*）

在圖 A-1 中，我使用 Lagrida 的 LaTeX 編輯器來渲染數學運算式。

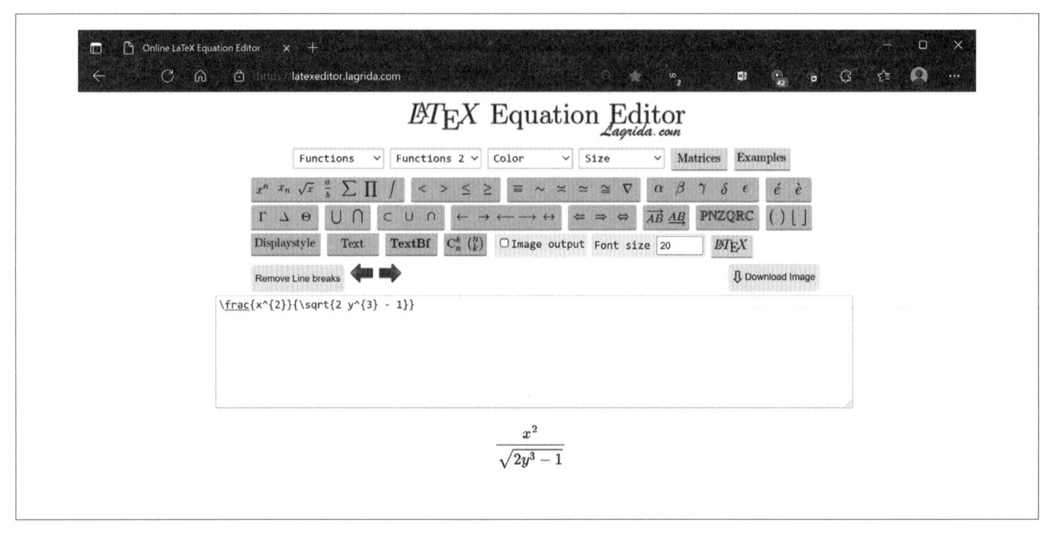

圖 A-1　使用數學編輯器來查看 SymPy 的 LaTeX 輸出

如果要省下複製 / 貼上步驟，可以把 LaTeX 作為引數直接附加到 CodeCogs LaTeX 編輯器的 URL，如範例 A-2 所示，它會在瀏覽器中顯示渲染後的數學方程式。

範例 A-2　使用 CodeCogs 打開一個 mathlatex 渲染

```
import webbrowser
from sympy import *

x,y = symbols('x y')

z = x**2 / sqrt(2*y**3 - 1)

webbrowser.open("https://latex.codecogs.com/png.image?\dpi{200}" + latex(z))
```

如果您使用 Jupyter，可以使用外掛程式來渲染 mathlatex（*https://oreil.ly/mWYf7*）。

從頭開始的二項分布

如果您想從頭開始練習二項分布，範例 A-3 中是您需要的所有東西。

範例 *A-3* 從頭開始建構二項分布

```
# 階乘會把直到 1 的連續遞減整數相乘
# 範例： 5! = 5 * 4 * 3 * 2 * 1
def factorial(n: int):
    f = 1
    for i in range(n):
        f *= (i + 1)
    return f

# 產生二項分布所需的係數
def binomial_coefficient(n: int, k: int):
    return factorial(n) / (factorial(k) * factorial(n - k))

# 二項分布計算 n 次試驗中出現 k 次事件的機率
# 給定 k 發生的 p 機率
def binomial_distribution(k: int, n: int, p: float):
    return binomial_coefficient(n, k) * (p ** k) * (1.0 - p) ** (n - k)

# 10 次試驗，每次試驗的成功機率為 90%
n = 10
p = 0.9

for k in range(n + 1):
    probability = binomial_distribution(k, n, p)
    print("{0} - {1}".format(k, probability))
```

使用 `factorial()` 和 `binomial_coefficient()`，可以從頭建構一個二項分布函數。階乘函數會把從 1 到 `n` 的連續整數範圍相乘。例如，5 的階乘 5! 將是 1 * 2 * 3 * 4 * 5 = 120。

二項式係數函數允許我們從 n 個可能性中選擇 k 個結果，而不考慮順序。如果 $k = 2$ 和 $n = 3$，那會分別產生集合（1,2）和（1,2,3）。在這兩個集合之間，可能的不同組合將是（1,3）、（1,2）和（2,3）。這裡有三個組合，因此二項式係數為 3。當然，使用 `binomial_coefficient()` 函數，可以透過使用階乘和乘法來避免所有排列（permutation）工作。

在實作 `binomial_distribution()` 時，請注意要如何獲取二項式係數並把它乘以成功機率 `p` 發生了 `k` 次（因此是指數）。然後乘以相反的情況：失敗機率 `1.0 - p` 發生了 `n - k` 次。這能解釋在多個試驗中事件發生與未發生的機率 `p`。

從頭開始的 Beta 分布

如果您對如何從頭開始建構 beta 分布感到好奇，您會需要重用二項分布的 factorial() 函數以及第 2 章中建構的 approximate_integral() 函數。

就像第 1 章中所做的那樣，在曲線下為所求的範圍填入矩形，如圖 A-2 所示。

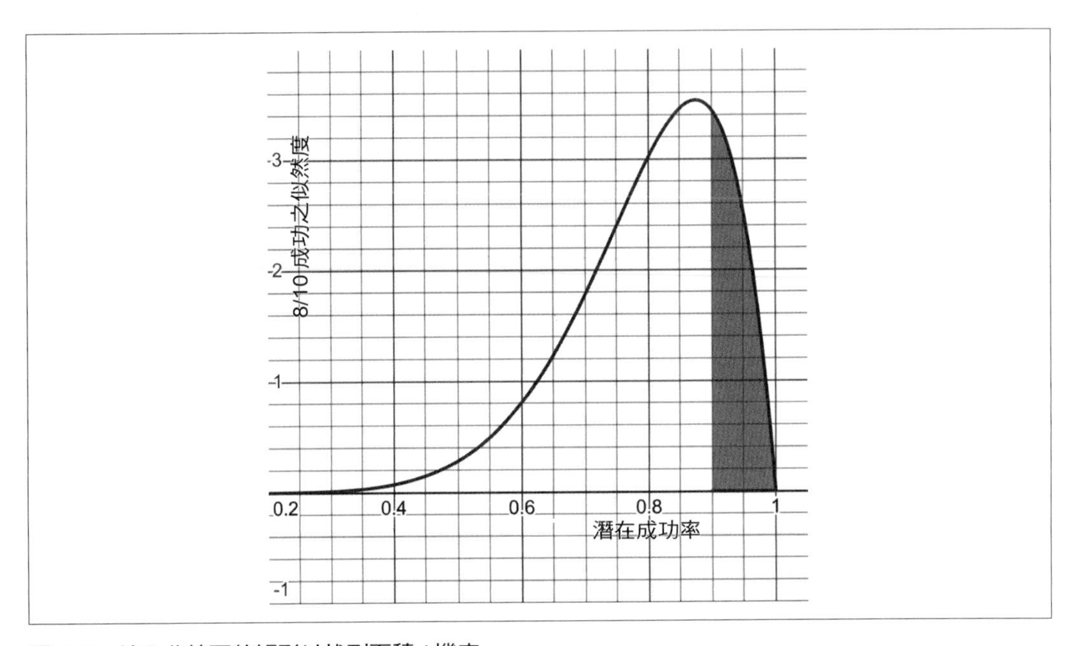

圖 A-2　填入曲線下的矩形以找到面積 / 機率

這裡只使用了 6 個矩形；如果使用更多矩形，會得到更好的準確度。讓我們從頭開始實作 beta_distribution() 並整合 0.9 和 1.0 之間的 1,000 個矩形，如範例 A-4 所示。

範例 A-4　從頭開始實作 Beta 分布

```
# 階乘會將直到 1 的連續遞減整數相乘
# 範例： 5! = 5 * 4 * 3 * 2 * 1
def factorial(n: int):
    f = 1
    for i in range(n):
        f *= (i + 1)
    return f

def approximate_integral(a, b, n, f):
    delta_x = (b - a) / n
```

```
    total_sum = 0

    for i in range(1, n + 1):
        midpoint = 0.5 * (2 * a + delta_x * (2 * i - 1))
        total_sum += f(midpoint)

    return total_sum * delta_x

def beta_distribution(x: float, alpha: float, beta: float) -> float:
    if x < 0.0 or x > 1.0:
        raise ValueError("x must be between 0.0 and 1.0")

    numerator = x ** (alpha - 1.0) * (1.0 - x) ** (beta - 1.0)
    denominator = (1.0 * factorial(alpha - 1) * factorial(beta - 1)) / \
            (1.0 * factorial(alpha + beta - 1))

    return numerator / denominator

greater_than_90 = approximate_integral(a=.90, b=1.0, n=1000,
    f=lambda x: beta_distribution(x, 8, 2))
less_than_90 = 1.0 - greater_than_90

print("GREATER THAN 90%: {}, LESS THAN 90%: {}".format(greater_than_90,
    less_than_90))
```

您會注意到 `beta_distribution()` 函數提供了一個給定的機率 `x`、一個量化成功度的 `alpha` 值和一個量化失敗度的 `beta` 值。此函數會傳回我們觀察到給定可能性 `x` 的可能性。但同樣的，為了獲得觀察到機率 `x` 的機率，需要在 `x` 值的範圍內找到一個面積。

值得慶幸的是，第 2 章已經定義了 `approximate_integral()` 函數並準備好了，可以計算成功率大於 90% 和小於 90% 的機率，如最後幾行所示。

推導貝氏定理

如果您想理解貝氏定理的用處，而不只是相信我的話，讓我們先做出以下的假設性實驗。有 100,000 人的母體。把它和我們給定的機率相乘，可以得到喝咖啡的人數和患癌症的人數：

$N = 100{,}000$
$P(\text{喝咖啡的人}) = .65$
$P(\text{癌症}) = .005$
$\text{喝咖啡的人} = 65{,}000$
$\text{癌症患者} = 500$

共有 65,000 名咖啡飲用者和 500 名癌症患者。現在這 500 名癌症患者中，有多少人會喝咖啡？我們得到一個可以用來和這 500 人相乘的條件機率 P(咖啡 | 癌症)，這應該會得出 425 名有喝咖啡的癌症患者：

$$P(\text{喝咖啡的人}|\text{癌症}) = .85$$
$$\text{罹患癌症的喝咖啡的人} = 500 \times .85 = 425$$

現在喝咖啡的人患癌症的比例是多少？該把哪兩個數字相除？我們已經有了喝咖啡並患有癌症的人數。因此，來計算它對咖啡飲用者總數的比例：

$$P(\text{癌症}|\text{喝咖啡的人}) = \frac{\text{罹患癌症的喝咖啡的人}}{\text{喝咖啡的人}}$$

$$P(\text{癌症}|\text{喝咖啡的人}) = \frac{425}{65{,}000}$$

$$P(\text{癌症}|\text{喝咖啡的人}) = 0.006538$$

等一下，我們只是翻轉了條件機率嗎？是的，的確如此！從 P(喝咖啡的人 | 癌症) 開始，最終以 P(癌症 | 喝咖啡的人) 結束，透過選取母體的兩個子集合（65,000 名咖啡飲用者和 500 名癌症患者），然後使用擁有的條件機率來應用聯合機率，最終得到 425 名既喝咖啡又患有癌症的人。然後，把它除以咖啡飲用者的數量，得到一個人在喝咖啡的情況下患癌症的機率。

但是貝氏定理在哪裡呢？請聚焦於 P(癌症 | 喝咖啡的人) 運算式，並使用之前計算的所有運算式把它展開：

$$P(\text{癌症}|\text{喝咖啡的人}) = \frac{100{,}000 \times P(\text{癌症}) \times P(\text{喝咖啡的人}|\text{癌症})}{100{,}000 \times P(\text{喝咖啡的人})}$$

請注意，值為 100,000 的人口 N 同時存在於分子和分母中，因此抵消了，現在看起來是不是很眼熟？

$$P(\text{癌症}|\text{喝咖啡的人}) = \frac{P(\text{癌症}) \times P(\text{喝咖啡的人}|\text{癌症})}{P(\text{喝咖啡的人})}$$

果然，這應該符合貝氏定理！

$$P(\text{A}|\text{B}) = \frac{P(\text{B}|\text{A}) * \text{P}(B)}{P(A)}$$
$$P(\text{癌症}|\text{喝咖啡的人}) = \frac{P(\text{癌症}) \times P(\text{喝咖啡的人}|\text{癌症})}{P(\text{喝咖啡的人})}$$

因此，如果您對貝氏定理感到困惑或難以理解其背後的概念，請嘗試根據提供的機率來獲取固定母體的子集合。然後，追蹤您用來翻轉條件機率的方式。

從頭開始的 CDF 和逆 CDF

要計算常態分布的面積，當然可以使用第 1 章學習到，並在附錄前面應用在 beta 分布的矩形填充方法。它不需要累積密度函數（CDF），而只是在機率密度函數（PDF）下填充矩形。使用這種方法，可以使用 1,000 個填充矩形對正常的 PDF 求出黃金獵犬體重落在 61 到 62 磅之間的機率，如範例 A-5 所示。

範例 A-5　Python 中的常態分布函數

```
import math


def normal_pdf(x: float, mean: float, std_dev: float) -> float:
    return (1.0 / (2.0 * math.pi * std_dev ** 2) ** 0.5) *
      math.exp(-1.0 * ((x - mean) ** 2 / (2.0 * std_dev ** 2)))


def approximate_integral(a, b, n, f):
    delta_x = (b - a) / n
    total_sum = 0

    for i in range(1, n + 1):
        midpoint = 0.5 * (2 * a + delta_x * (2 * i - 1))
        total_sum += f(midpoint)

    return total_sum * delta_x

p_between_61_and_62 = approximate_integral(a=61, b=62, n=7,
  f= lambda x: normal_pdf(x,64.43,2.99))

print(p_between_61_and_62) # 0.0825344984983386
```

這會得到大約有 8.25% 的機率，一隻黃金獵犬的體重落在 61 到 62 磅之間。如果想利用已經為我們積分並且不需要任何矩形填充的 CDF，可以從頭開始宣告它，如範例 A-6 所示。

範例 A-6　在 Python 中使用反 CDF（稱為 *ppf()*）

```
import math

def normal_cdf(x: float, mean: float, std_dev: float) -> float:
    return (1 + math.erf((x - mean) / math.sqrt(2) / std_dev)) / 2

mean = 64.43
std_dev = 2.99

x = normal_cdf(66, mean, std_dev) - normal_cdf(62, mean, std_dev)

print(x)  # prints 0.49204501470628936
```

`math.erf()` 是誤差函數，通常用在計算累積分布上。最後，要從頭開始執行逆 CDF，您需要使用稱為 `erfinv()` 的 `erf()` 函數的反函數。範例 A-7 使用從頭開始設計的逆 CDF 來計算 1000 個隨機產生的黃金獵犬體重。

範例 A-7　產生隨機黃金獵犬體重

```
import random
from scipy.special import erfinv

def inv_normal_cdf(p: float, mean: float, std_dev: float):
    return mean + (std_dev * (2.0 ** 0.5) * erfinv((2.0 * p) - 1.0))

mean = 64.43
std_dev = 2.99

for i in range(0,1000):
    random_p = random.uniform(0.0, 1.0)
    print(inv_normal_cdf(random_p, mean, std_dev))
```

使用 e 來預測隨時間變化的事件機率

讓我們再看一個您可能會覺得有用的 *e* 使用案例。假設您是瓦斯桶的製造商。顯然的，您不希望桶子洩漏否則可能造成危險，尤其是在明火和火花周圍。測試新的儲存桶設計時，您的工程師報告說在給定年分有 5% 的可能性會洩漏。

您知道這是一個無法接受的高數字，但您想知道這種機率是如何隨著時間的推移而增加的。您問自己：「在 2 年內發生洩漏的機率是多少？ 5 年呢？ 10 年呢？」時間越長，瓦斯桶洩漏的機率難道不會越高嗎？歐拉數又可以來救場了！

$$P_{leak} = 1.0 - e^{-\lambda T}$$

此函數模擬事件隨時間的機率，在此案例中，事件就是桶子在 T 時間後會洩漏。e 還是歐拉數，λ 是每個時間單位（每年）的故障率，T 是經過的時間量（年數）。

繪製這個函數，其中 T 是 x 軸，洩漏的機率是 y 軸，$\lambda = .05$，圖 A-3 顯示結果。

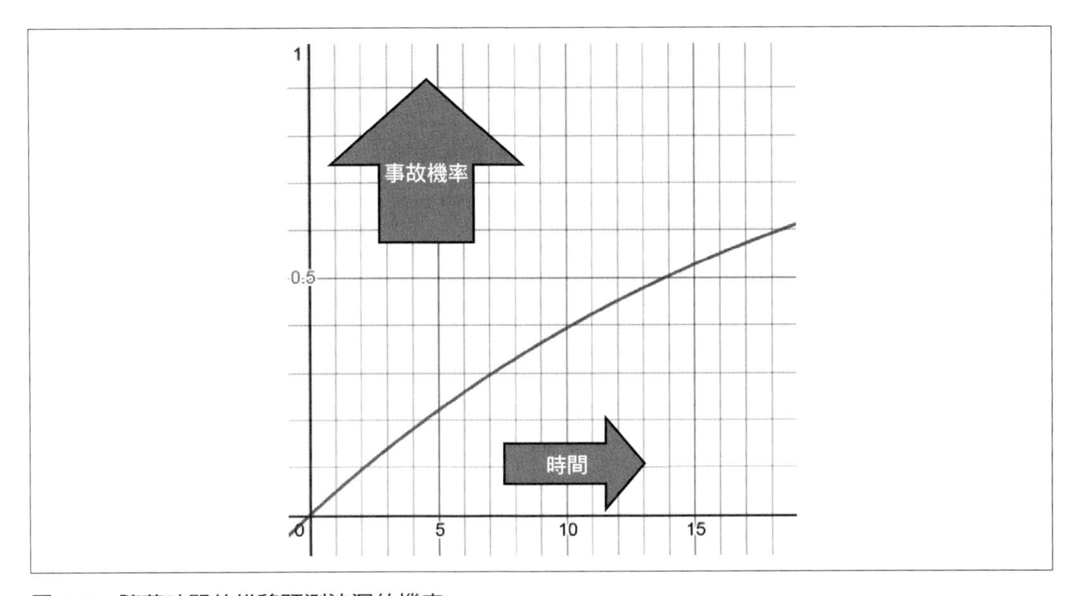

圖 A-3　隨著時間的推移預測洩漏的機率

範例 A-8 是 Python 中為 $\lambda = .05$ 以及 $T = 5$ 年來建模這個函數的方式。

範例 *A-8*　用來預測隨著時間推移發生洩漏機率的程式碼

```
from math import exp

# 一年內洩漏的機率
p_leak = .05

# 年數
t = 5

# 五年內洩漏的機率
# 0.22119921692859512
p_leak_5_years = 1.0 - exp(-p_leak * t)

print("PROBABILITY OF LEAK WITHIN 5 YEARS: {}".format(p_leak_5_years))
```

2 年後瓦斯桶故障的機率約為 9.5%，5 年後約為 22.1%，10 年後為 39.3%。時間越長，瓦斯桶洩漏的可能性就越大。我們可以泛化這個公式來預測給定時間段內具有某個機率的任何事件，並查看該機率在不同時間段內的變化。

爬坡和線性迴歸

如果您發現從頭開始建構機器學習的微積分令人頭昏腦脹，您可以嘗試一種更暴力的方法：爬坡（*hill climbing*）演算法，透過為多次迭代添加隨機值來隨機調整 m 和 b，這些隨機值將是正數或負數（這會使加法運算有效地成為減法），並且只保留會提高平方和的調整。

但這是否只是產生任何隨機數來進行調整？我們會更喜歡較小的移動，但有時我們可能會允許較大的移動。這樣一來，大部分都會進行微調；有需要的話，偶爾也會進行大幅度的調整。做到這一點的最佳工具是標準常態分布，其平均值為 0，標準差為 1。回想一下第 3 章，標準常態分布在 0 附近的值密度很高，並且越遠離 0（負方向和正方向），該值變得越小，如圖 A-4 所示。

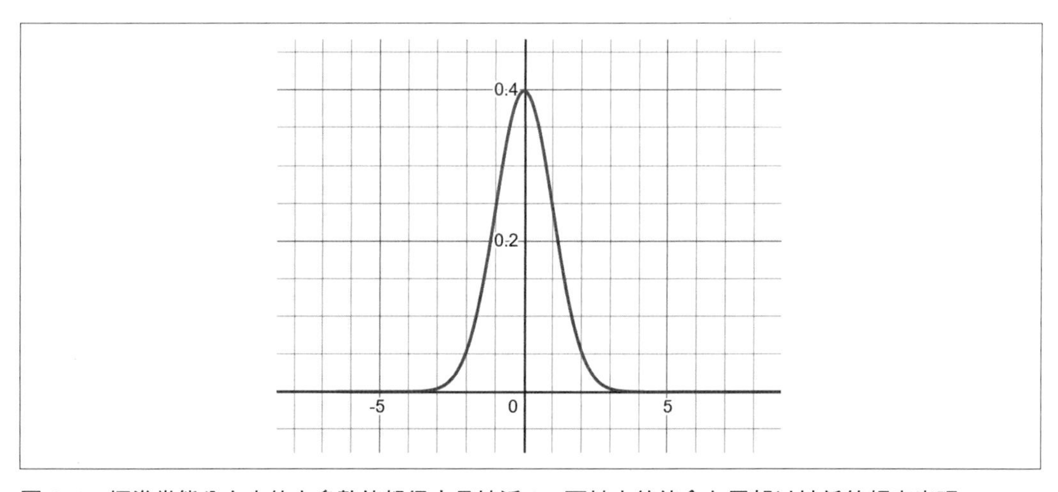

圖 A-4　標準常態分布中的大多數值都很小且接近 0，而較大的值會在尾部以較低的頻率出現

回到線性迴歸，從 0 或其他一些初始值來開始 `m` 和 `b`。然後在 `for` 迴圈中進行 150,000 次迭代，透過添加從標準常態分布中採樣的值來隨機調整 `m` 和 `b`。如果隨機調整改善／減少了平方和，就保留它；但是，如果平方和增加，就撤消這個隨機調整。換句話說，只保留能改善平方和的調整。讓我們看一下範例 A-9。

範例 A-9　使用爬坡法進行線性迴歸

```
from numpy.random import normal
import pandas as pd

# 從 CSV 檔案中匯入資料點
points = [p for p in pd.read_csv("https://bit.ly/2KF29Bd").itertuples()]

# 建構模型
m = 0.0
b = 0.0

# 要執行的迭代數
iterations = 150000

# 資料點數
n = float(len(points))

# 使用一個超大的損失來初始化
# 我們知道這個值會被取代
best_loss = 10000000000000.0

for i in range(iterations):

    # 隨機的調整 "m" 和 "b"
    m_adjust = normal(0,1)
    b_adjust = normal(0,1)

    m += m_adjust
    b += b_adjust

    # 計算損失，也就是平方誤差總和
    new_loss = 0.0
    for p in points:
        new_loss += (p.y - (m * p.x + b)) ** 2

    # 如果損失改善了，保留新的值。否則退回。
    if new_loss < best_loss:
        print("y = {0}x + {1}".format(m, b))
        best_loss = new_loss
    else:
        m -= m_adjust
        b -= b_adjust

print("y = {0}x + {1}".format(m, b))
```

您會看到演算法的進展，但最終您應該得到一個擬合函數，大約為 `y = 1.9395722046562853x + 4.731834051245578`，差不多就這樣。讓我們驗證這個答案。當我使用 Excel 或 Desmos 來執行線性迴歸時，Desmos 給了我 `y = 1.93939x + 4.73333`。不錯！很接近了！

為什麼需要一百萬次迭代？在實驗中，我透過足夠多的迭代發現了一點，那就是解答並沒有真正改善太多，而且會收斂到能接近最小化平方和的那組 `m` 和 `b` 的最佳值。您會發現許多機器學習程式庫和演算法都有一個用來當作執行迭代次數的參數，而它做的正是這件事。您需要有足夠的數量，以便它能大致收斂到正確的答案，但不要太多，以免它已經找到可接受的解答時，還繼續浪費計算時間。

您可能還有一個問題：為什麼我是以非常大的數字來開始 `best_loss`？這樣做是為了用一個我知道一旦搜尋開始，就會被覆寫的值來初始化最佳損失，然後比較它和每次迭代的新損失，看看是否會帶來改進。我也可以使用正無窮大 `float('inf')`，而不是一個非常大的數字。

爬坡和邏輯迴歸

就像前面的線性迴歸範例一樣，我們也可以將爬坡法應用於邏輯迴歸。同樣的，如果您發現微積分和偏微分同時出現太多時，請使用此技術。

爬坡方法相同：用常態分布的隨機值來調整 `m` 和 `b`。然而，確實有一個不同的目標函數，也就是最大概似度估計，如第 6 章所討論的。因此，只接受會增加概似度估計的隨機調整，並且經過足夠多的迭代後，應該會收斂到擬合的邏輯迴歸。

這一切全在範例 A-10 中示範。

範例 *A-10*　使用爬坡法來進行簡單的邏輯迴歸

```
import math
import random

import numpy as np
import pandas as pd


# Desmos 圖：https://www.desmos.com/calculator/6cb10atg3l

points = [p for p in pd.read_csv("https://tinyurl.com/y2cocoo7").itertuples()]
```

```
best_likelihood = -10_000_000
b0 = .01
b1 = .01


# 計算最大概似度

def predict_probability(x):
    p = 1.0 / (1.0001 + math.exp(-(b0 + b1 * x)))
    return p


for i in range(1_000_000):

    # 隨機選擇 b0 或 b1，並且隨機的調整它
    random_b = random.choice(range(2))

    random_adjust = np.random.normal()

    if random_b == 0:
        b0 += random_adjust
    elif random_b == 1:
        b1 += random_adjust

    # 計算總概似度
    true_estimates = sum(math.log(predict_probability(p.x)) \
        for p in points if p.y == 1.0)
    false_estimates = sum(math.log(1.0 - predict_probability(p.x)) \
        for p in points if p.y == 0.0)

    total_likelihood = true_estimates + false_estimates

    # 如果概似度改善了，保留此隨機調整。否則退回。
    if best_likelihood < total_likelihood:
        best_likelihood = total_likelihood
    elif random_b == 0:
        b0 -= random_adjust
    elif random_b == 1:
        b1 -= random_adjust

print("1.0 / (1 + exp(-({0} + {1}*x))".format(b0, b1))
print("BEST LIKELIHOOD: {0}".format(math.exp(best_likelihood)))
```

有關最大概似度估計、邏輯函數以及使用 `log()` 函數的原因等更多詳細資訊，請參閱第 6 章。

線性規劃簡介

每個資料科學專業人士都應該熟悉線性規劃（linear programming）這項技術，它透過調整具有「鬆弛變數」（slack variable）的方程組來解不等式系統。當線性規劃系統中包含離散整數或二元（0 或 1）變數時，稱為**整數規劃**（*integer programming*）。當使用線性連續和整數變數時，可稱它為**混合整數規劃**（*mixed integer programming*）。

雖然它比較像是演算法驅動而不是資料驅動，但線性規劃及其變體可用於解決廣泛的經典 AI 問題。雖然把線性規劃系統品牌化為 AI 這件事聽起來頗令人疑惑，但這的確是許多供應商和公司的常見做法，因為它增加了感知價值。

在實務上，最好使用許多可用的求解器程式庫來為進行線性規劃，但本節末尾會提供可從頭開始實作的資源。這些範例將使用 PuLP（*https://pypi.org/project/PuLP*），儘管 Pyomo（*https://www.pyomo.org*）也是選項之一，我們還會使用圖形直覺，儘管無法輕鬆視覺化超過三個維度的問題。

以下是範例。您有兩條產品線：iPac 和 iPac Ultra；iPac 的利潤為 200 美元，iPac Ultra 的利潤為 300 美元。

然而，裝配線只能工作 20 小時，而生產 iPac 需要 1 小時，生產 iPac Ultra 需要 3 小時。

一天只能提供 45 個套件，iPac 需要 6 個套件，而 iPac Ultra 需要 2 個套件。

假設所有的供貨都可以售出，應該出售多少 iPac 和 iPac Ultra 好讓利潤最大化？

讓我們首先注意第一個限制並把它分解：

> …裝配線只能工作 *20* 小時，而生產 *iPac* 需要 *1* 小時，生產 *iPac Ultra* 需要 *3* 小時。

把它表達為不等式，其中 x 是 iPac 單元的數量，y 是 iPac Ultra 單元的數量。兩者都必須是正數，圖 A-5 顯示我們可以相對應地繪製圖表。

$$x + 3y \leq 20(x \geq 0, y \geq 0)$$

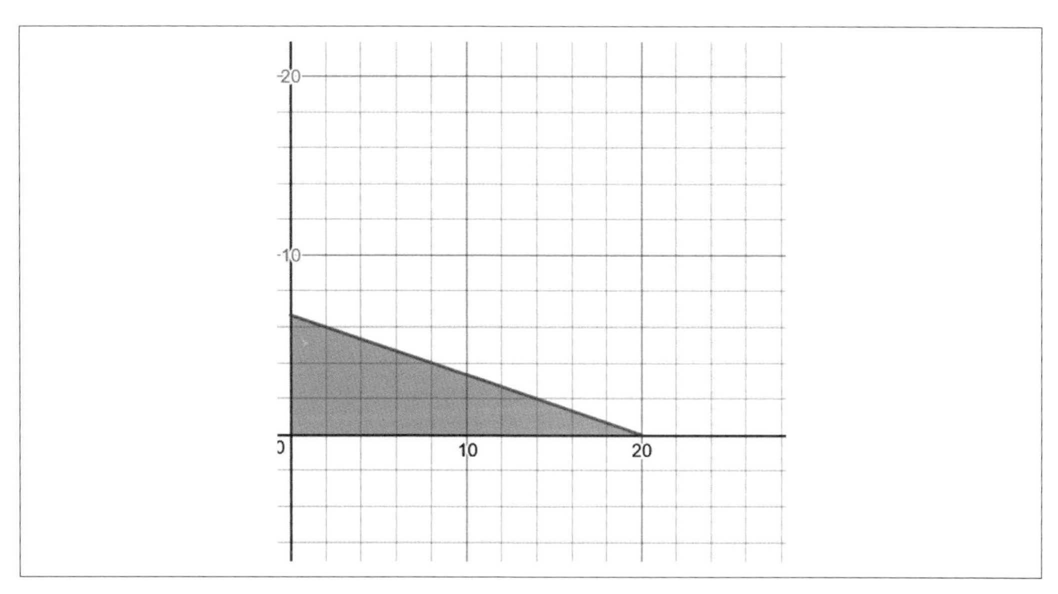

圖 A-5　繪製第一個限制

現在來看看第二個限制：

> 一天只能提供 *45* 個套件，*iPac* 需要 *6* 個套件，而 *iPac Ultra* 需要 *2* 個套件。

也可以相對應地在圖 A-6 中進行建模和繪製圖表。

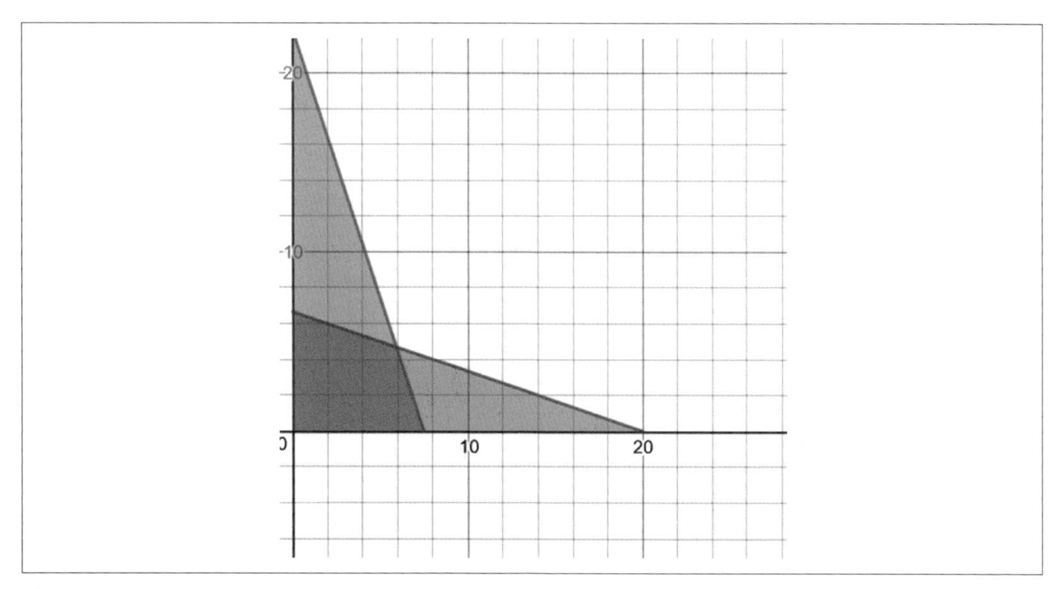

圖 A-6　繪製第二個限制

請注意，在圖 A-6 中，看得出來這兩個限制之間存在著重疊。解位於重疊區域，可稱之為**可行區域**（*feasible region*）。最後，在分別給定 iPac 和 iPac Ultra 的利潤金額時，最大化利潤 Z，而它會表達如下。

$$Z = 200x + 300y$$

如果把這個函數表達為一條線，可以盡可能地增加 Z，直到該線不再位於可行區域中。然後記下 x 和 y 值，如圖 A-7 所示。

目標函數的 *Desmos* 圖

如果您需要以更具互動性和動畫的方式來查看視覺化的此圖，請查看 Desmos（*https://oreil.ly/RQMBT*）。

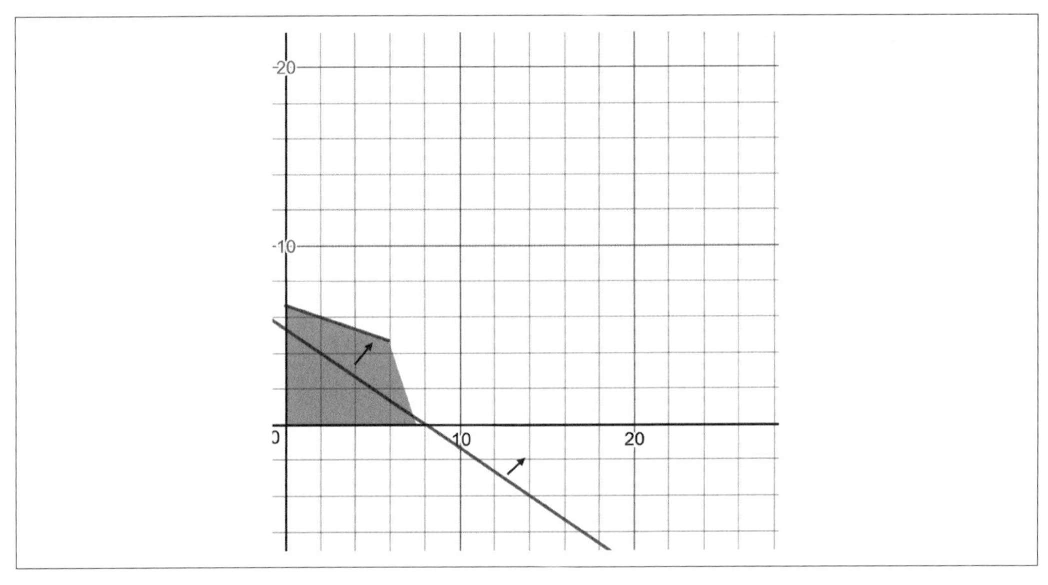

圖 A-7　增加目標線，直到它不再位於可行區域內

當您盡可能增加利潤 *Z* 而讓這條線「剛好接觸」可行區域時，您會落在可行區域的頂點或角上。該頂點提供了會使利潤最大化的 x 和 y 值，如圖 A-8 所示。

雖然可以使用 NumPy 和一堆矩陣運算來解開這個數值問題，但使用 PuLP 會更容易，如範例 A-11 所示。請注意，`LpVariable` 定義了要求解的變數。`LpProblem` 是使用 Python 運算子添加限制和目標函數的線性規劃系統。然後透過在 `LpProblem` 上呼叫 `solve()` 來求解變數。

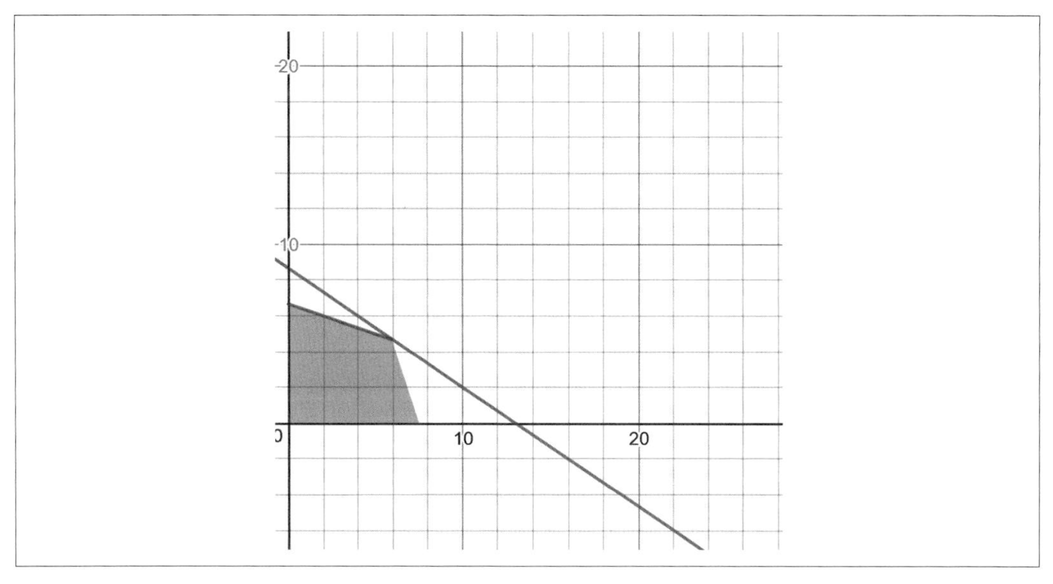

圖 A-8　線性規劃系統最大化後的目標

範例 *A-11*　使用 *Python PuLP* 求解線性規劃系統

```
# GRAPH" https://www.desmos.com/calculator/iildqi2vt7

from pulp import *

# 宣告您的變數
x = LpVariable("x", 0)   # 0<=x
y = LpVariable("y", 0) # 0<=y

# 定義問題
prob = LpProblem("factory_problem", LpMaximize)

# 定義限制
prob += x + 3*y <= 20
prob += 6*x +2*y <= 45

# 定義要最大化的目標函數
prob += 200*x + 300*y

# 求解問題
status = prob.solve()
print(LpStatus[status])

# 印出結果 x = 5.9375, y = 4.6875
```

```
print(value(x))
print(value(y))
```

您可能會好奇，建造 5.9375 和 4.6875 單元是有意義的嗎？如果可以容忍變數中的連續值，線性規劃系統的效率會更高，也許可以在之後把它們四捨五入。但是某些類型的問題絕對需要離散地處理整數和二元變數。

要強制地把 x 和 y 變數視為整數，請提供類別參數 cat=LpInteger，如範例 A-12 所示。

範例 *A-12*　強制變數以整數形式求解

```
# 宣告您的變數
x = LpVariable("x", 0, cat=LpInteger) # 0<=x
y = LpVariable("y", 0, cat=LpInteger) # 0<=y
```

從圖形上看，這意味著我們用離散的點而不是連續的區域來填充我們的可行區域。我們的解不一定會落在頂點上，而是落在最接近頂點的點上，如圖 A-9 所示。

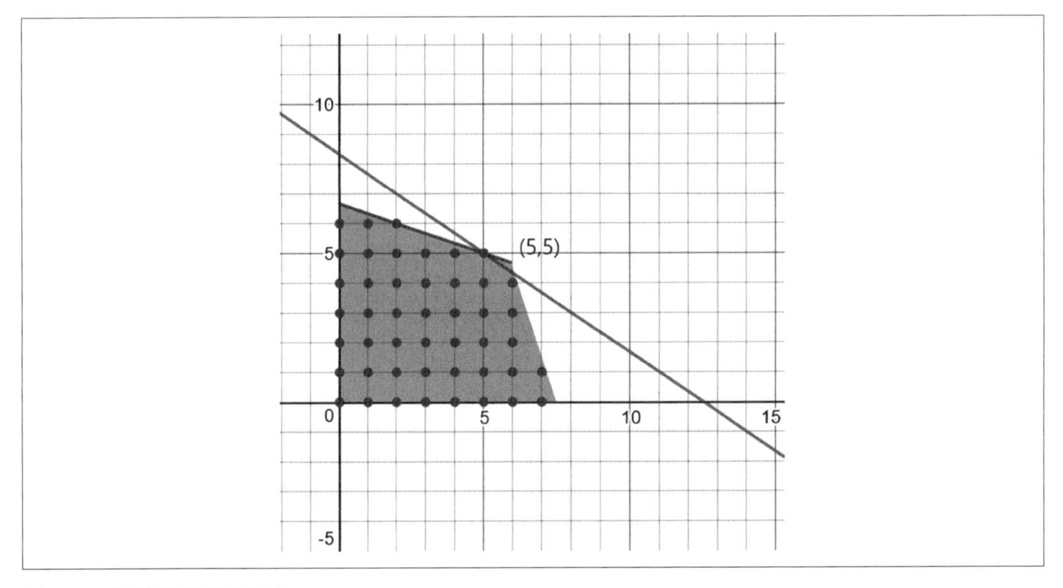

圖 A-9　離散線性規劃系統

線性規劃中有幾個特殊情況，如圖 A-10 所示。有時可能有很多解。有時可能根本無解。

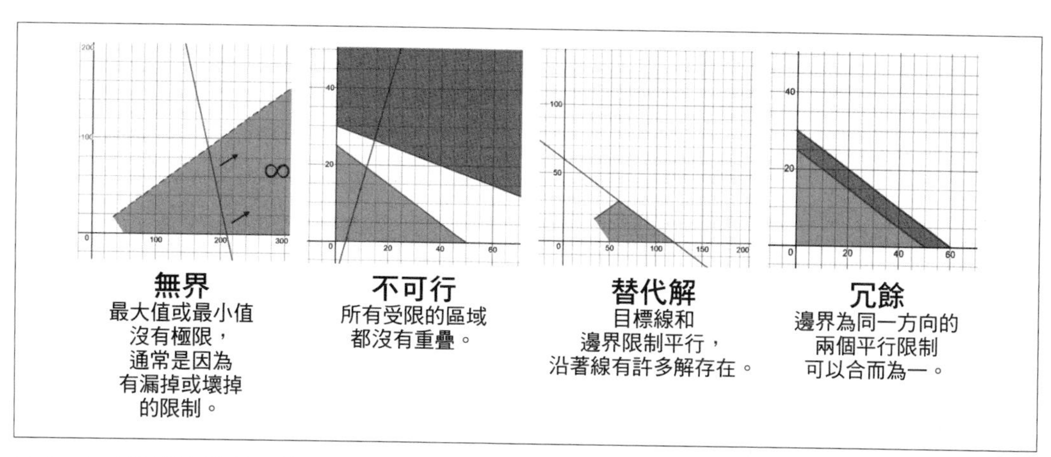

圖 A-10　線性規劃的特殊情況

這只是線性規劃的一個快速介紹性的範例，不幸的是，本書沒有足夠的空間來深入討論這個主題。它可用來解決令人驚訝的問題，包括對受限的資源（如工人、伺服器工作或房間）進行排程、解決數獨（Sudoku）和優化財務投資組合。

如果您想了解更多資訊，有一些不錯的 YouTube 影片可以觀看，包括 PatrickJMT（*https://oreil.ly/lqeeR*）和 Josh Emmanuel（*https://oreil.ly/jAHWc*）。如果您想深入研究離散最佳化，Pascal Van Hentenryck 教授在 Coursera（*https://oreil.ly/aVGxY*）上提供了一個很棒的服務。

使用 scikit-learn 的 MNIST 分類器

範例 A-13 展示了如何使用 scikit-learn 的神經網路來進行手寫數字分類。

範例 *A-13*　*scikit-learn* 中的手寫數字分類器神經網路

```
import numpy as np
import pandas as pd
# 載入資料
from sklearn.model_selection import train_test_split
from sklearn.neural_network import MLPClassifier

df = pd.read_csv('https://bit.ly/3ilJc2C', compression='zip', delimiter=",")

# 提取輸入變數（所有列、除了最後一行的所有行）
# 注意我們應該在這裡進行線性縮放
X = (df.values[:, :-1] / 255.0)
```

```
# 提取輸出行（所有列、最後一行）
Y = df.values[:, -1]

# 取得每一群組的計數來確保樣本是同等平衡的
print(df.groupby(["class"]).agg({"class" : [np.size]}))

# 切分訓練和測試資料
# 注意我使用了 'stratify' 參數來確保
# 每一類別在兩個集合中都是同樣比例的表達
X_train, X_test, Y_train, Y_test = train_test_split(X, Y,
    test_size=.33, random_state=10, stratify=Y)

nn = MLPClassifier(solver='sgd',
                   hidden_layer_sizes=(100, ),
                   activation='logistic',
                   max_iter=480,
                   learning_rate_init=.1)

nn.fit(X_train, Y_train)

print("Training set score: %f" % nn.score(X_train, Y_train))
print("Test set score: %f" % nn.score(X_test, Y_test))

# 顯示熱圖
import matplotlib.pyplot as plt
fig, axes = plt.subplots(4, 4)

# 使用全域最小 / 最大來確保所有權重都以相同的尺度顯示
vmin, vmax = nn.coefs_[0].min(), nn.coefs_[0].max()
for coef, ax in zip(nn.coefs_[0].T, axes.ravel()):
    ax.matshow(coef.reshape(28, 28), cmap=plt.cm.gray, vmin=.5 * vmin, vmax=.5 * vmax)
    ax.set_xticks(())
    ax.set_yticks(())

plt.show()
```

習題解答

第 1 章

1. 62.6738 是有理數，因為它的小數位數是有限的，因此可以表達成一個分數： 626738 / 10000.

2. $10^7 10^{-5} = 10^{7+-5} = 10^2 = 100$

3. $81^{\frac{1}{2}} = \sqrt{(81)} = 9$

4. $25^{\frac{3}{2}} = \left(25^{1/2}\right)^3 = 5^3 = 125$

5. 總額會是 \$1,161.47。Python 的腳本如下所示：

```
from math import exp

p = 1000
r = .05
t = 3
n = 12

a = p * (1 + (r/n))**(n * t)

print(a) # 印出 1161.4722313334678
```

6. 總額會是 \$1161.83。Python 的腳本如下所示：

```
from math import exp

p = 1000 # 本金，初始總額
r = .05 # 利率，以年計
t = 3.0 # 時間，年數

a = p * exp(r*t)

print(a) # 印出 1161.834242728283
```

7. 微分計算為 $6x$，這會讓 $x = 3$ 時的斜率為 18。SymPy 的程式碼如下所示：

```
from sympy import *

# 宣告 'x' 到 SymPy
x = symbols('x')

# 現在只要使用 Python 語法來宣告函數
f = 3*x**2 + 1

# 計算該函數的微分
dx_f = diff(f)
print(dx_f) # 印出 6*x
print(dx_f.subs(x,3)) # 18
```

8. 0 和 2 之間的曲線下面積為 10。SymPy 的程式碼如下所示：

```
from sympy import *

# 宣告 'x' 到 SymPy
x = symbols('x')

# 現在只要使用 Python 語法來宣告函數
f = 3*x**2 + 1

# 計算該函數對 x 的積分
# 對介於 x = 0 和 2 之間的面積
area = integrate(f, (x, 0, 2))

print(area) # 印出 10
```

第 2 章

1. 0.3 × 0.4 = 0.12；請參照第 44 頁之「聯合機率」。
2. (1 – 0.3) + 0.4 – ((1 – 0.3) × 0.4) = 0.82；請參照第 45 頁之「聯集機率」，並記住我們要找的是沒下雨，所以要從 1 減掉這個機率。
3. 0.3 × 0.2 = 0.06；請參照第 47 頁之「條件機率和貝氏定理」。
4. 以下的 Python 程式碼會計算出答案為 0.822，加上有超過 50 個旅客沒有出現的機率：

```
from scipy.stats import binom

n = 137
p = .40
p_50_or_more_noshows = 0.0

for x in range(50,138):
    p_50_or_more_noshows += binom.pmf(x, n, p)

print(p_50_or_more_noshows) # 0.822095588147425
```

5. 使用以下 SciPy 程式碼中顯示的 beta 分布，讓面積達到 0.5 並從 1.0 中減掉。結果約為 0.98，因此這枚硬幣不太可能是公平的。

```
from scipy.stats import beta

heads = 15
tails = 4

p = 1.0 - beta.cdf(.5, heads, tails)

print(p) # 0.98046875
```

第 3 章

1. 平均值為 1.752，標準差約為 0.02135。Python 程式碼如下所示：

```
from math import sqrt

sample = [1.78, 1.75, 1.72, 1.74, 1.77]

def mean(values):
```

```
    return sum(values) /len(values)

def variance_sample(values):
    mean = sum(values) / len(values)
    var = sum((v - mean) ** 2 for v in values) / len(values)
    return var

def std_dev_sample(values):
    return sqrt(variance_sample(values))

mean = mean(sample)
std_dev = std_dev_sample(sample)

print("MEAN: ", mean) # 1.752
print("STD DEV: ", std_dev) # 0.02135415650406264
```

2. 使用 CDF 來得到 20 到 30 個月之間的值，得到的面積約為 0.06。Python 的程式碼如下所示：

```
from scipy.stats import norm

mean = 42
std_dev = 8

x = norm.cdf(30, mean, std_dev) - norm.cdf(20, mean, std_dev)

print(x) # 0.06382743803380352
```

3. 每捲的平均長絲直徑有 99% 的可能性落在 1.7026 和 1.7285 之間。Python 的程式碼如下所示：

```
from math import sqrt
from scipy.stats import norm

def critical_z_value(p, mean=0.0, std=1.0):
    norm_dist = norm(loc=mean, scale=std)
    left_area = (1.0 - p) / 2.0
    right_area = 1.0 - ((1.0 - p) / 2.0)
    return norm_dist.ppf(left_area), norm_dist.ppf(right_area)


def ci_large_sample(p, sample_mean, sample_std, n):
# 樣本大小必須要超過 30

    lower, upper = critical_z_value(p)
    lower_ci = lower * (sample_std / sqrt(n))
    upper_ci = upper * (sample_std / sqrt(n))
```

```
    return sample_mean + lower_ci, sample_mean + upper_ci


print(ci_large_sample(p=.99, sample_mean=1.715588,
    sample_std=0.029252, n=34))
# (1.7026658973748656, 1.7285101026251342)
```

4. 行銷活動的 p 值為 0.01888。Python 的程式碼如下所示：

```
from scipy.stats import norm

mean = 10345
std_dev = 552

p1 = 1.0 - norm.cdf(11641, mean, std_dev)

# 採用對稱性的好處
p2 = p1

# 兩個尾巴的 p 值
# 我也可以只乘上 2
p_value = p1 + p2

print("Two-tailed P-value", p_value)
if p_value <= .05:
    print("Passes two-tailed test")
else:
    print("Fails two-tailed test")

# 雙尾 p 值 0.01888333596496139
# 通過雙尾檢定
```

第 4 章

1. 向量落在 [2, 3]。Python 的程式碼如下所示：

```
from numpy import array

v = array([1,2])

i_hat = array([2, 0])
j_hat = array([0, 1.5])

# 固定這條線
basis = array([i_hat, j_hat])
```

```
# 將向量 v 轉換成 w
w = basis.dot(v)

print(w) # [2. 3.]
```

2. 向量落在 [0, −3]。Python 的程式碼如下所示：

```
from numpy import array

v = array([1,2])

i_hat = array([-2, 1])
j_hat = array([1, -2])

# 固定這條線
basis = array([i_hat, j_hat])

# 將向量 v 轉換成 w
w = basis.dot(v)

print(w) # [ 0, -3]
```

3. 行列式是 2.0。Python 的程式碼如下所示：

```
import numpy as np
from numpy.linalg import det

i_hat = np.array([1, 0])
j_hat = np.array([2, 2])

basis = np.array([i_hat,j_hat]).transpose()

determinant = det(basis)

print(determinant) # 2.0
```

4. 可以，因為矩陣乘法允許我們把幾個矩陣組合成一個用來表達合併後的轉換矩陣。

5. $x = 19.8$，$y = -5.4$，$z = -6$。程式碼如下所示：

```
from numpy import array
from numpy.linalg import inv

A = array([
    [3, 1, 0],
    [2, 4, 1],
    [3, 1, 8]
```

```
])

B = array([
    54,
    12,
    6
])

X = inv(A).dot(B)

print(X) # [19.8 -5.4 -6. ]
```

6. 是的，它是線性相關的。儘管使用 NumPy 有一些浮點上的不精確性，但行列式實際上是 0：

```
from numpy.linalg import det
from numpy import array

i_hat = array([2, 6])
j_hat = array([1, 3])

basis = array([i_hat, j_hat]).transpose()
print(basis)

determinant = det(basis)

print(determinant) # -3.330669073875464e-16
```

要解決浮點問題，請使用 SymPy，您將會得到 0：

```
from sympy import *

basis = Matrix([
    [2,1],
    [6,3]
])

determinant = det(basis)

print(determinant) # 0
```

第 5 章

1. 正如第 5 章學到的，有許多工具和方法可以執行線性迴歸，但這裡是使用 scikit-learn 的解決方案。斜率為 1.75919315，截距為 4.69359655。

```
import pandas as pd
import matplotlib.pyplot as plt
from sklearn.linear_model import LinearRegression

# 匯入資料點
df = pd.read_csv('https://bit.ly/3C8JzrM', delimiter=",")

# 提取輸入變數（所有列、除了最後一行的所有行）
X = df.values[:, :-1]

# 提取輸出變數（所有列、最後一行）
Y = df.values[:, -1]

# 適配一條線到資料點上
fit = LinearRegression().fit(X, Y)

# m = 1.75919315, b = 4.69359655
m = fit.coef_.flatten()
b = fit.intercept_.flatten()
print("m = {0}".format(m))
print("b = {0}".format(b))

# 顯示一張圖表
plt.plot(X, Y, 'o') # 散布圖
plt.plot(X, m*X+b) # 直線
plt.show()
```

2. 我們得到 0.92421 的高相關性和 23.8355 的檢定值，統計顯著範圍為 ±1.9844。這種相關性絕對有用且具有統計上的意義。程式碼如下所示：

```
import pandas as pd

# 讀入資料到 Pandas dataframe
df = pd.read_csv('https://bit.ly/3C8JzrM', delimiter=",")

# 印出變數間的相關性
correlations = df.corr(method='pearson')
print(correlations)

# 輸出：
#          x        y
# x  1.00000  0.92421
```

```
# y  0.92421  1.00000

# 檢定統計顯著性
from scipy.stats import t
from math import sqrt

# 樣本大小
n = df.shape[0]
print(n)
lower_cv = t(n - 1).ppf(.025)
upper_cv = t(n - 1).ppf(.975)

# 檢索相關係數
r = correlations["y"]["x"]

# 執行檢定
test_value = r / sqrt((1 - r ** 2) / (n - 2))

print("TEST VALUE: {}".format(test_value))
print("CRITICAL RANGE: {}, {}".format(lower_cv, upper_cv))

if test_value < lower_cv or test_value > upper_cv:
    print("CORRELATION PROVEN, REJECT H0")
else:
    print("CORRELATION NOT PROVEN, FAILED TO REJECT H0 ")

# 計算 p 值
if test_value > 0:
    p_value = 1.0 - t(n - 1).cdf(test_value)
else:
    p_value = t(n - 1).cdf(test_value)

# 雙尾，所以乘上 2
p_value = p_value * 2
print("P-VALUE: {}".format(p_value))

"""
TEST VALUE: 23.835515323677328
CRITICAL RANGE: -1.9844674544266925, 1.984467454426692
CORRELATION PROVEN, REJECT H0
P-VALUE: 0.0 (extremely small)
"""
```

3. 在 $x = 50$ 時，預測區間在 50.79 和 134.51 之間。程式碼如下所示：

```
import pandas as pd
from scipy.stats import t
from math import sqrt

# 載入資料
points = list(pd.read_csv('https://bit.ly/3C8JzrM', delimiter=",") \
    .itertuples())

n = len(points)

# 線性迴歸線
m = 1.75919315
b = 4.69359655

# 為 x = 50 計算預測區間
x_0 = 50
x_mean = sum(p.x for p in points) / len(points)

t_value = t(n - 2).ppf(.975)

standard_error = sqrt(sum((p.y - (m * p.x + b)) ** 2 for p in points) / \
    (n - 2))

margin_of_error = t_value * standard_error * \
                  sqrt(1 + (1 / n) + (n * (x_0 - x_mean) ** 2) / \
                       (n * sum(p.x ** 2 for p in points) - \
        sum(p.x for p in points) ** 2))

predicted_y = m*x_0 + b

# 計算預測區間
print(predicted_y - margin_of_error, predicted_y + margin_of_error)
# 50.792086501055955 134.51442159894404
```

4. 測試資料集在分成三份並用 k 折評估——其中 $k = 3$——時表現合宜。您會在 MSE 中獲得大約 0.83 的平均值，在三個資料集上獲得 0.03 的標準差。

```
import pandas as pd
from sklearn.linear_model import LinearRegression
from sklearn.model_selection import KFold, cross_val_score

df = pd.read_csv('https://bit.ly/3C8JzrM', delimiter=",")

# 提取輸入變數（所有列、除了最後一行的所有行）
X = df.values[:, :-1]
```

```
# 提取輸出變數（所有列、最後一行）
Y = df.values[:, -1]

# 執行簡單線性迴歸
kfold = KFold(n_splits=3, random_state=7, shuffle=True)
model = LinearRegression()
results = cross_val_score(model, X, Y, cv=kfold)
print(results)
print("MSE: mean=%.3f (stdev-%.3f)" % (results.mean(), results.std()))
"""
[0.86119665 0.78237719 0.85733887]
MSE: mean=0.834 (stdev-0.036)
"""
```

第 6 章

1. 透過 scikit-learn 來執行時，準確度極高。當我執行它時，使用測試折疊時的平均準確度至少為 99.9%。

```
import pandas as pd
from sklearn.linear_model import LogisticRegression
from sklearn.metrics import confusion_matrix
from sklearn.model_selection import KFold, cross_val_score


# 載入資料
df = pd.read_csv("https://bit.ly/3imidqa", delimiter=",")

X = df.values[:, :-1]
Y = df.values[:, -1]

kfold = KFold(n_splits=3, shuffle=True)
model = LogisticRegression(penalty='none')
results = cross_val_score(model, X, Y, cv=kfold)

print("Accuracy Mean: %.3f (stdev=%.3f)" % (results.mean(),
results.std()))
```

2. 混淆矩陣會產生非常多的真陽性和真陰性，極少的偽陽性和偽陰性。執行這段程式碼，您就會看到：

```
import pandas as pd
from sklearn.linear_model import LogisticRegression
from sklearn.metrics import confusion_matrix
from sklearn.model_selection import train_test_split
```

```
# 載入資料
df = pd.read_csv("https://bit.ly/3imidqa", delimiter=",")

# 提取輸入變數（所有列、除了最後一行的所有行）
X = df.values[:, :-1]

# 提取輸出變數（所有列、最後一行）
Y = df.values[:, -1]

model = LogisticRegression(solver='liblinear')

X_train, X_test, Y_train, Y_test = train_test_split(X, Y, test_size=.33)
model.fit(X_train, Y_train)
prediction = model.predict(X_test)

"""
混淆矩陣會評估每一類別的準確度。
[[truepositives falsenegatives]
 [falsepositives truenegatives]]

對角線代表正確的預測，
因此我們想讓它們更高
"""
matrix = confusion_matrix(y_true=Y_test, y_pred=prediction)
print(matrix)
```

3. 接下來會展示一個用來測試使用者所輸入的顏色的互動式殼層。請考慮測試黑色（0, 0, 0）和白色（255, 255, 255），以查看是否分別正確預測了深色和淺色字體。

```
import pandas as pd
from sklearn.linear_model import LogisticRegression
import numpy as np
from sklearn.model_selection import train_test_split

# 載入資料
df = pd.read_csv("https://bit.ly/3imidqa", delimiter=",")

# 提取輸入變數（所有列、除了最後一行的所有行）
X = df.values[:, :-1]

# 提取輸出變數（所有列、最後一行）
Y = df.values[:, -1]

model = LogisticRegression(solver='liblinear')

X_train, X_test, Y_train, Y_test = train_test_split(X, Y, test_size=.33)
```

```
model.fit(X_train, Y_train)
prediction = model.predict(X_test)

# 測試一個預測
while True:
    n = input("Input a color {red},{green},{blue}: ")
    (r, g, b) = n.split(",")
    x = model.predict(np.array([[int(r), int(g), int(b)]]))
    if model.predict(np.array([[int(r), int(g), int(b)]]))[0] == 0.0:
        print("LIGHT")
    else:
        print("DARK")
```

4. 是的，邏輯迴歸在預測給定背景顏色的淺色或深色字體方面非常有效。不僅準確度非常高，而且混淆矩陣在右上角到左下角對角線上的數字也很高，而在其他單元格中的數字較低。

第 7 章

顯然有很多實驗和煉金術，您可以使用不同的隱藏層、激發函數、不同的測試資料集大小等等來試驗。我嘗試使用一個帶有三個節點的隱藏層和一個 ReLU 激發，我努力在我的測試資料集上獲得良好的預測結果。混淆矩陣和準確度一直很差，我所執行的任何配置更改也都很差。

神經網路可能失敗的原因是 1）測試資料集對於神經網路來說太小了（它們非常需要資料）和 2）有更簡單和更有效的模型，例如邏輯迴歸來解決這類問題。這並不是說您找不到可以運作的配置，但您必須小心不要以 p-hack 的方式來獲得一個和您所擁有的少量訓練和測試資料過度擬合的好結果。

以下是我使用的 scikit-learn 程式碼：

```
import pandas as pd
# 載入資料
from sklearn.metrics import confusion_matrix
from sklearn.model_selection import train_test_split
from sklearn.neural_network import MLPClassifier

df = pd.read_csv('https://tinyurl.com/y6r7qjrp', delimiter=",")

# 提取輸入變數（所有列、除了最後一行的所有行）
X = df.values[:, :-1]

# 提取輸出變數（所有列、最後一行）
```

```
Y = df.values[:, -1]

# 拆分訓練和測試資料
X_train, X_test, Y_train, Y_test = train_test_split(X, Y, test_size=1/3)
nn = MLPClassifier(solver='sgd',
                   hidden_layer_sizes=(3, ),
                   activation='relu',
                   max_iter=100_000,
                   learning_rate_init=.05)

nn.fit(X_train, Y_train)

print("Training set score: %f" % nn.score(X_train, Y_train))
print("Test set score: %f" % nn.score(X_test, Y_test))

print("Confusion matrix:")
matrix = confusion_matrix(y_true=Y_test, y_pred=nn.predict(X_test))
print(matrix)
```

索引

※ 提醒您：由於翻譯書排版的關係，部分索引名詞的對應頁碼會和實際頁碼有一頁之差。

符號

A

B

C

D

E

F

G

H

I

J

K

L

M

N

O

P

Q

R

S

T

U

V

W

X

Z

關於作者

Thomas Nield 是 Nield Consulting Group 的創辦人，同時也是 O'Reilly Media 和南加州大學講師。他喜歡幫助那些不熟悉技術性內容或被它嚇倒的人。Thomas 定期教授資料分析、機器學習、數學最佳化、人工智慧系統安全和實用人工智慧等課程；並撰寫了兩本書，*Getting Started with SQL* (O'Reilly) 和 *Learning RxJava* (Packt)。他也是 Yawman Flight 的創辦人和發明者，該公司開發用於飛行模擬和無人駕駛飛行器的通用手持控制器。

出版記事

本書封面上的動物是四條紋草鼠（four-striped grass mice，學名 Rhabdomys pumilio）。這些囓齒動物分布在非洲大陸南半部，棲息地各異，如稀樹草原、沙漠、農田、灌木叢，甚至城市中。正如牠的俗名所暗示的那樣，這種動物的背部有一組獨特的四條深色條紋。幼鼠出生時，就可以在無毛皮膚上看到這些條紋的色素線。

草鼠的皮毛顏色從深棕色到灰白色不等，側面和腹部顏色較淺，一般來說，可以長到大約 18-21 公分長（不包括尾巴，大致等於體長），重 30-55 克。這種老鼠在白天最活躍，而且是雜食性的，牠們的食物包括種子、植物和昆蟲，在夏季的幾個月裡，牠往往會吃更多的植物和種子材料，並且會維持脂肪儲存以渡過食物供應有限的時期。

鑑於四條紋草鼠的分布範圍很廣，因此很容易觀察，現已知牠們會在獨居和社交這兩種生活方式之間切換。在繁殖季節，牠們往往會保持分開（也許是為了避免過度的繁殖競爭），而且雌性對牠們的洞穴具有地域性。然而，除此之外，老鼠會成群結隊地覓食、避開捕食者、並擠在一起取暖。

O'Reilly 封面上的許多動物都瀕臨滅絕，牠們對世界都很重要。

封面插圖由 Karen Montgomery 根據自然歷史博物館的古董版畫創作而成。

資料科學基礎數學

作　　者：Thomas Nield
譯　　者：楊新章
企劃編輯：蔡彤孟
文字編輯：詹祐甯
設計裝幀：陶相騰
發 行 人：廖文良

發 行 所：碁峰資訊股份有限公司
地　　址：台北市南港區三重路 66 號 7 樓之 6
電　　話：(02)2788-2408
傳　　真：(02)8192-4433
網　　站：www.gotop.com.tw
書　　號：A651
版　　次：2023 年 04 月初版
建議售價：NT$680

國家圖書館出版品預行編目資料

資料科學基礎數學 / Thomas Nield 原著；楊新章譯. -- 初版. -- 臺北市：碁峰資訊, 2023.04
面；　公分
譯自：Essential Math for Data Science: take control of your data with fundamental linear algebra, probability, and statistics.
ISBN 978-626-324-437-5(平裝)
1.CST：機器學習　2.CST：資料探勘　3.CST：數學模式
312.831　　112001957

讀者服務

- 感謝您購買碁峰圖書，如果您對本書的內容或表達上有不清楚的地方或其他建議，請至碁峰網站：「聯絡我們」\「圖書問題」留下您所購買之書籍及問題。（請註明購買書籍之書號及書名，以及問題頁數，以便能儘快為您處理）
http://www.gotop.com.tw
- 售後服務僅限書籍本身內容，若是軟、硬體問題，請您直接與軟體廠商聯絡。
- 若於購買書籍後發現有破損、缺頁、裝訂錯誤之問題，請直接將書寄回更換，並註明您的姓名、連絡電話及地址，將有專人與您連絡補寄商品。